Alfred Eisenschink »Falsch geheizt ist halb gestorben«

Alfred Eisenschink

Falsch geheizt ist halb gestorben

Gesundheit und Rat für Millionen

Resch Verlag KG

Gesetzt aus der Futura Buchschrift
Gestaltung und Umschlag vom Verfasser
Offsetnachdruck : Verlagsdruckerei E. Rieder, Schrobenhausen
Printed in Germany

ISBN 3-87806-043-2

Vorwort

Neue Erkenntnisse sprechen gegen alte Gewohnheiten. Jedenfalls in Sachen Heizung. Die sogenannte moderne Heiztechnik mißbraucht den Luftraum menschlicher Behausungen für technische Manipulationen. Die Luft wird aufgeheizt, umgewälzt, mit Staub und Bakterien geschwängert, befeuchtet und belastet. Eine irregeleitete Industrie will uns weismachen, dieser Unfug wäre angenehm, gar wirtschaftlich. Abgestumpfte Innungen glauben, es ginge nicht anders, weil es immer schon so war. Doch hier irrt die Fachwelt.

Der menschliche Organismus verlangt trockene und kühle Atemluft. Durch Jahrtausende hat sich der naturgebundene Mensch danach gerichtet. Wir handeln mittlerweile der Natur zuwider. Unsere Lungen vertragen keinen Staub. Wir legen in unseren Wohnräumen Staubwolken an, halten sie mit Aufwand in Schwebe, befeuchten und atmen diese Substanz bis zum Eintritt des Lungenkrebses, leugnen auch noch den Zusammenhang, weil die Ursache nicht über Nacht wirkt, sondern nach 15 bis 30 Jahren.

Ist dieser Menschheit zu helfen? – Ja! Eine humane Heiztechnik kostet nicht mehr als die hergebrachte. Sie ist von Natur aus gesund und ökonomisch. Man muß sie nur einmal begriffen haben, das heißt, es ist keine Frage, wie sehr man daran glaubt, sondern ob man den Ablauf der naturgesetzlichen Vorgänge versteht.

Daß dies auf einem Gebiet wie dem der Heiztechnik manchem Laien leichter fällt als dem durchschnittlichen Fachmann, ist eine Zeiterscheinung.

Zur dritten Auflage

Das Wasser der Isar fließt nach wie vor ins Schwarze Meer. Es folgt einem Naturgesetz, das weder wirtschaftliche noch politische Kräfte zu beugen vermögen. Aus diesem Grund ist auch das naturgesetzlich begründete Anliegen dieses Buches aktuell geblieben. Die niedrigen Preise in den Rechenbeispielen hätte man ändern können. Weil dies aber nur Zahlen, doch keine Wertigkeit verschoben hätte, ist es aus Sparsamkeit unterblieben. Der Stoff entspringt einem 30jährigen Berufsleben, Beobachtungen und Erfahrungen, oft an der eigenen Haut, stets verglichen und abgewogen mit den feststehenden Erkenntnissen der elementaren Physik. Entsprechend groß war die Freude an der Übereinstimmung selbstgefundener Lösungen mit den Ergebnissen älterer oder neuerer wissenschaftlicher Forschung. Weil gängige Literatur an der Entstehung des Manuskripts nicht beteiligt war, fehlen auch die dem Zeitgeschmack gefälligen Hinweise darauf. Der verständige Leser freut sich über den Fingerzeig, nützt den Ratschlag und fragt nicht, woher der Autor das weiß. Dem Zweifler sei verraten, daß eine mittlerweile breit angelegte Dokumentation längst jedes Detail absichert.

Zur vierten Auflage

Es geht weiter aufwärts: Am 19. 11. 1982 veröffentlichte der neue Bundesminister für Raumordnung, Bauwesen und Städtebau Hinweise für richtiges Heizen und Lüften zum Schutze vor Gesundheits- und Bauschäden; u. a. rät er: »Trennen Sie sich von gegebenenfalls betriebenen Verdunstungseinrichtungen. Ihre Wirkung beruhte schon früher nur auf Einbildung und ist heute ... sogar schädlich. Das Gerücht, wonach trockene Luft ungesund sei, wird auch durch Zählebigkeit nicht wahr; die Atmungsorgane belastet allenfalls zuviel Staub.« Na, also!

Zur fünften Auflage

Die Zeiten ändern sich, man sieht es allenthalben. Die Zahl der wachen Zeitgenossen wächst täglich. Die 15 Jahre, die seit dem Erscheinen der Erstauflage vergangen sind, haben die Aktualität des Themas nicht verringert, sondern im Gegenteil ganz erheblich gesteigert. Die höchst bedrohlichen Umweltschäden haben auch die Sensibilität für gesundheitliche Probleme herkömmlicher Heizungen wachsen lassen.

Immer mehr Bauherren erkennen, daß die Heizung das Wohlbefinden im Haus erheblich beeinflußt. Allen, die sich die Mühe machen, im eigenen Haus oder Betrieb erstmals eine menschengerechte Heiztechnik zu realisieren, gilt nicht nur meine tägliche Arbeit, sondern auch mein aufrichtiger Dank.

Alfred Eisenschink — Januar 1987

»Zentralheizung schafft trockene Luft: Trockene Luft ist ungesund: Beim Betrieb einer Zentralheizung muß die Luft daher befeuchtet werden«: So steht es nicht nur in jedem Fachbuch seit etwa 1930, sondern das kennt jeder! Ja sogar die genauen Prozentzahlen der angeblich so notwendigen, relativen Feuchte sind vielen Leuten geläufig. Aber wie steht es tatsächlich mit der Luftfeuchte? – Richtig ist zunächst die allgemeine Erfahrung, daß nach längerem Aufenthalt in zentralbeheizten Räumen, insbesondere bei Raumlufttemperatur über 20° C eine Reizung der Mund- und Rachenschleimhäute eintritt. Empfindliche Menschen spüren es im Hals kratzen, die Lippen werden trocken und spröde. Getränke lindern zwar den Reiz, aber nur für kurze Zeit. Es lindert auch bisweilen – und das ist die Ursache des Trugschlusses – künstliche Befeuchtung der Raumluft. Indes hätten die Experten – und nicht nur diejenigen des Heizungsfaches – längst darauf kommen müssen, daß an diesen unangenehmen Reizungen vieles Schuld sein kann, nur eben nicht »trockene Luft«.

Falsche Regeln und falsche Begriffe!

Doch zunächst zu den Begriffen. Luft kann vieles mit sich führen: angenehme Düfte, Gestank, Ruß, Blütenstaub und Wasserdampf. Einige dieser Stoffe werden in der Luft schwebend gehalten, feinster Staub, kleinste Tröpfchen schwer verdampfender Flüssigkeiten. Andere Stoffe werden in der Luft verteilt, ähnlich wie Zucker in Wasser. Dazu gehören alle Gase und die Dämpfe verdampfender Flüssigkeiten, z. B. Wasserdampf.
Wieviel Wasserdampf in der Luft stehen kann, hängt von der Lufttemperatur ab. Die Luft und der in ihr verteilte Wasserdampf haben stets die gleiche Temperatur. Und diese Temperatur bestimmt den Dampfdruck, auch Dampfspannung genannt. Der Dampfdruck steigt oder fällt mit der Temperatur. Damit steigt oder fällt die Wassermenge, die als Dampf in der Luft verteilt sein kann. Wird feuchte, warme Luft stark abgekühlt, so fällt derjenige Anteil an Feuchtigkeit als Wasser aus der Luft

Die Physik der Luftfeuchte ist einfach:

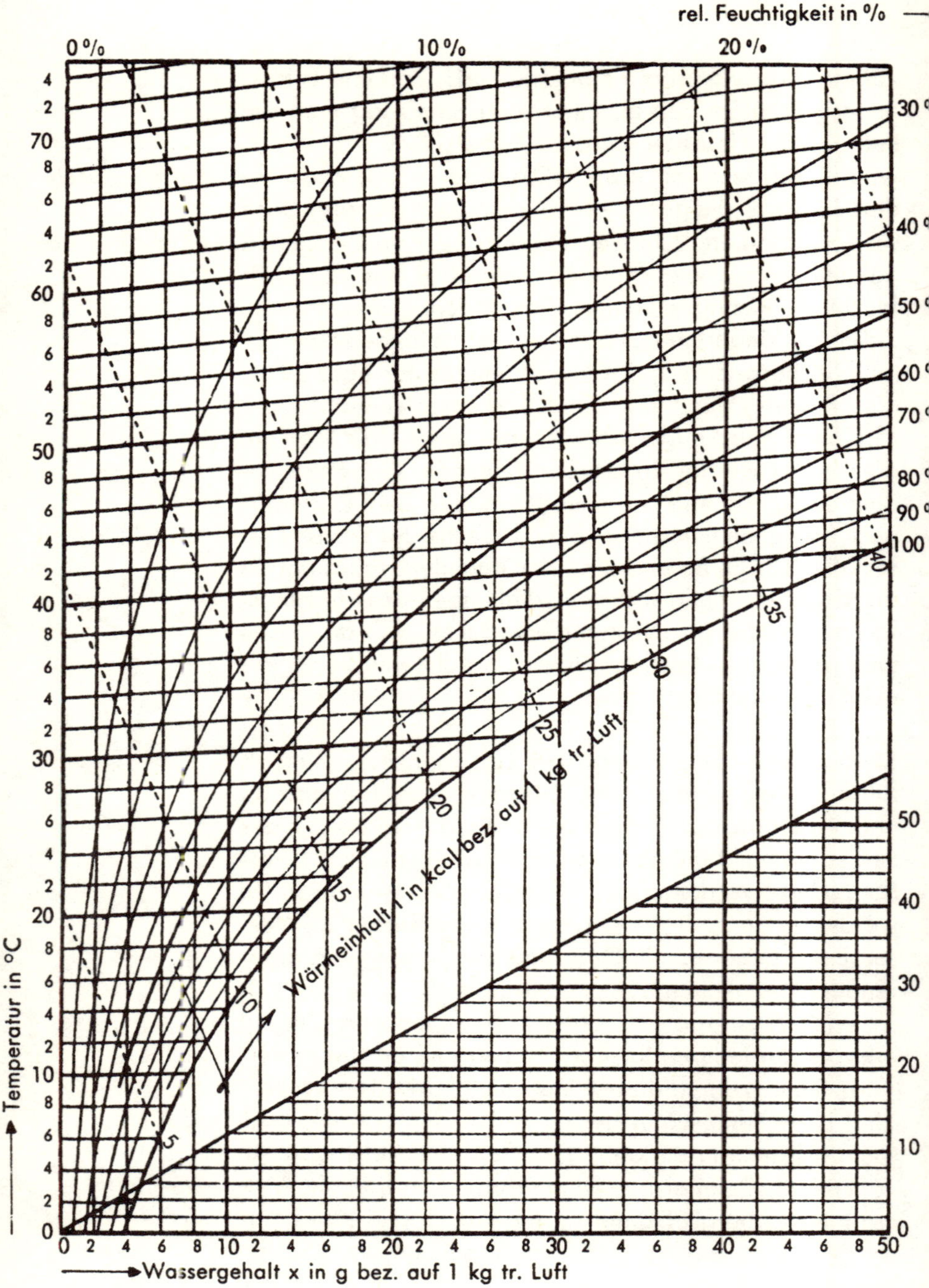

rel. Feuchtigkeit in %
0 %
10 %
20 %
30 %
40 %
50 %
60 %
70 %
80 %
90 %
100
Wärmeinhalt i in kcal bez. auf 1 kg tr. Luft
5
10
15
20
25
30
35
40
Temperatur in °C
Wassergehalt x in g bez. auf 1 kg tr. Luft

aus, der nach dem Dampfdruck der jeweiligen Temperatur zu viel ist. Eine wohlbekannte Witterungserscheinung, der Nebel, ist dafür ein gutes Beispiel. Tagsüber erwärmte Luft kühlt nachts stark ab. Unterhalb einer gewissen Temperatur scheidet die Luft den Wasserdampf, den sie nun nicht mehr mit sich führen kann, in Form feinster Wassertröpfchen aus. Die Tröpfchen sind so klein und leicht, daß sie in der Luft schweben und die Luft trüben. Das nennt man Nebel.

Nebel,

Wasser kann aber auch ohne Nebelbildung aus der Luft gefällt werden, z. B. wenn eine kalte Fensterscheibe beschlägt. Eine dünne Luftschicht unmittelbar an der Scheibe wird so stark gekühlt, daß ein Teil ihres Wasserdampfgehaltes ausfällt. Die Scheibe beschlägt.

... beschlagene Fenster,

Das Gleiche geschieht in Sommernächten auf grünen Wiesen. Zusammen mit dem Boden kühlt während der Nacht die unterste Luftschicht aus. Der Dampfdruck sinkt. Kondensierender Wasserdampf beschlägt die Grashalme als glitzernder Tau. Von dieser Erscheinung haben Techniker den Begriff »Taupunkt« abgeleitet. Gemeint ist damit der »Punkt« einer gedachten Temperaturkurve, an dem abkühlende Luft, oder auch ein anderes Gasgemisch ersten »Tau«, d. h. kondensierenden Dampf, absetzt.

... oder Tau kennt jeder

Luft, die eben Wasser, Tau oder Nebel abgegeben hat, ist gesättigt. Sie hat 100% des Wassergehaltes, den sie, entsprechend dem Dampfdruck ihrer Temperatur, zu tragen im Stande ist. Bei 25grädiger Luft sind das z. B. ziemlich genau 20 Gramm Wasser je Kilogramm Luft. Führt aber 25grädige Luft nur 10 g Wasser je kg mit sich, so ist das genau die Hälfte des bei 25° C höchstmöglichen Wassergehalts und man spricht von 50% relativer Feuchte. Relativ bedeutet »bezogen« und zwar auf den Taupunkt der jeweiligen Temperatur. Wenn 25grädige Luft nur eine Wassermenge von 5 g/kg trägt, ist das ein Viertel des Möglichen. Die relative Feuchte ist dann 25%. Diese Luft ist trockener, als eine von 50 oder 100%. Dafür ein praktisches Beispiel:

Physik ist manchmal etwas trocken

Angenommen es ist Winter, die Außentemperatur habe 0° C. Bei einer relativen Luftfeuchte von 50% beträgt der echte Wassergehalt der Luft dann 2 g/kg. Nach einem ebenfalls angenommenen kräftigen, morgendlichen Lüften erfüllt nun diese Luft einen beliebigen zentralbeheizten Raum. Eine halbe Stunde später ist diese Luft auf 25° C erwärmt. Theoretisch hat sie immer noch einen Wassergehalt von 2 g/kg. Das ist aber nur mehr ein Zehntel dessen, was sie bei 25° C tragen könnte, also nur noch eine relative Feuchte von 10%. Diese Luft ist infolge der Erwärmung zwangsläufig trockener geworden. Macht die Zentralheizung also tatsächlich die Luft trocken? – Ja, aber nicht nur die Zentralheizung! Jedes Lagerfeuer, jeder Kohle-, Öl- oder Gasofen, sogar der vielgeliebte Kachelofen hat diese Wirkung. In der Steinzeithöhle, im Nomadenzelt, in der Bauernstube und im Wohnzimmer hat seit jeher jedes Heizen die Luft trockener gemacht.

Einverstanden?

Wenn aber nur an einer bestimmten Art von Zentralheizung eine Begleiterscheinung unangenehm, um nicht zu sagen ungesund ist, kann es doch nicht ein Vorgang sein, der allen Heizungsarten seit jeher naturgesetzlich eigen ist. In der Tat fällt trockener Luft nicht die geringste Schuld zu. Trockene Luft ist nicht nur gesund. Sie ist lebenswichtig. Zum Verständnis dieser Behauptung ist es nötig, wenigstens einen Teil einer sehr wichtigen Lebenserscheinung zu betrachten, nämlich der Atmung.

Der gesunde Mensch atmet in jeder Minute seines Lebens fünf bis siebzig Liter Luft ein und aus. Die genaue Menge richtet sich nach dem Grad der jeweiligen körperlichen oder geistigen Leistung. Ein Teil dieser Atemluft nimmt in der Lunge an chemischen Vorgängen teil. Die gesamte Atemluft jedoch wird in der Lunge erwärmt und befeuchtet. Diese beiden Vorgänge interessieren ganz besonders.

Mit welcher Temperatur die Luft auch immer eingeatmet wird, sie kommt mit Körpertemperatur heraus. Wie trokken oder feucht die eingeatmete Luft gewesen sein mag, die ausgeatmete ist mit Wasserdampf gesättigt, ihre relative Feuchte beträgt immer 100%.

Sehr wichtig!

Das ist nur solange erstaunlich, als die innere Oberfläche der Lunge nicht bekannt ist. Ein voller Atemzug kommt mit einer Kontaktfläche von 100–120 Quadratmetern in innigste Berührung. Das Ausmaß dieser Fläche ist für Heizungsleute meist überraschend. Mit 1,8 m² ist die Oberfläche eines Durchschnittsheizkörpers dagegen fast garnichts. Millionen kleinster Lungenbläschen werden vom Blut dauernd warm und feucht gehalten. Zumindest kein technisches Wunder also, daß die Atemluft an dieser großen Berührungsfläche Körpertemperatur und 100% Feuchte annimmt. Und biologisch ist es auch kein Wunder. Es ist eher wunderbar, wie wirtschaftlich und vernünftig alles ineinandergreift. Die Wärmeabgabe des Körpers ist leistungsabhängig wie der Durchsatz an Atemluft, d. h. bei großer Anstrengung wird dem Menschen warm und er muß gleichzeitig stärker atmen, bei geringer Anstrengung entsteht weniger Körperwärme und es reicht eine entsprechend leichte Atmung.

Der Zusammenhang ist einleuchtend

Alle Wärme, die während großer Anstrengung im Körper entsteht, muß abgeführt werden. Schließlich darf sich die Temperatur des Organismus nicht erhöhen. Die Abgabe dieser Wärme erfolgt zum größten Teil über die Wasserdampfabgabe mit der Atemluft. Die Verdampfungswärme des Wassers ist so groß, daß mit der Ausatmung von 0,1 l Wasser die Temperatur des ganzen Körpers um 1° C gesenkt wird. Ein Zehntelliter Wasser wird ein arbeitender Mensch stündlich über die Atmung los. Weil er sie auf keine andere Weise besser und schneller los wird, ist die Wasserdampfabgabe über die Atmungsluft schlechthin lebensnotwendig.

Trockene Physik spricht gegen relative Feuchte

Nur logisch ist demnach die Folgerung, daß Wasser um so leichter abgegeben werden kann, je trockener die einzuatmende Luft ist. Dabei kommt es natürlich nicht auf die relative Feuchte, sondern auf den wirklichen Wassergehalt, die absolute Feuchte der Luft an. Beispiel:

ausgeatmet wird Luft von 37° C und 100% relativer Feuchte. In diesem Zustand führt 1 kg Luft ziemlich genau 41 g Wasser.

Hat die eingeatmete Luft 20° C und 30% Feuchte, trägt sie an Wasser echte 4 g/kg Luft. Jedem Kilogramm dieser Luft können (41 – 4 =) 37 Gramm Wasser aufgeladen werden.

Hat die Atemluft dagegen 25° C und 70% relative Feuchte, bringt sie an Wasser 14 g/kg mit und kann nur mehr 27 g/kg aufnehmen. Der Unterschied ist spürbar. Er ist jedermann aus tagtäglichem Erleben geläufig.

Zahlen belegen, was jeder kennt

20° C Luftemperatur und 30% relativer Feuchte, bedeuten 4 g/kg absolut. Das kann an einem herrlichen Maientag sein, an jedem Wintertag auf der gemütlichen Ofenbank. Da atmet sich's leicht.

4 g/kg absoluter Feuchte, das kann aber auch 0° C Lufttemperatur und 100% relative Feuchte sein. Ein Waldspaziergang im November, herrliche Luft! 4 g/kg absoluter Feuchte, reichen bei 38° C Lufttemperatur für 10% relativer Feuchte, so bläst es aus einem kleinen Haartrockner. Das ist angenehm warm und verschlägt niemandem den Atem.

Ganz anders bei Gewitterschwüle, bleischwer die Luft, schweißtreibend! – Und wie ist der Luftzustand? – z. B. 25° C, nur 60% relative Feuchte und nicht wie häufig angenommen 90%, oder noch mehr! Das sind 12 g/kg an absoluter Feuchte.

In einem Hallenbad 27° C, 70% relativer Feuchte, die Luft ist zum Schneiden, nur in der Badehose ist dieses »Klima« auszuhalten: absolute Feuchte 16 g/kg.

Als Maßstab für Behaglichkeit ist relative Feuchte absoluter Unsinn

Die Höhe der relativen Feuchte hat in diesen Beispielen offensichtlich eine sehr fragwürdige Beziehung zur Annehmlichkeit der Atemluft. Ganz klar geht aber aus den Beispielen die Bedeutung des absoluten Wassergehaltes hervor. In der Tat ist der Wassergehalt der Atemluft dafür maßgebend, ob sich die Luft »leicht« oder »schwer« atmet und nicht die relative Feuchte. Der Unterschied des Wassergehaltes zwischen der Einatmungs- und der Ausatmungsluft wird vom Organismus gewertet. Es kommt darauf an, wieviel Wasser der Atemluft aufgeladen werden kann. Je trockener die Atemluft, desto mehr Wasser schafft sie über die Lunge fort, um so angenehmer wird sie empfunden. Hoher Wassergehalt der eingeatmeten Luft beschränkt diesen Abtransport von Wasser aus dem Körper. Mit dem Anstieg des echten Wassergehaltes, der absoluten Feuchte, wächst daher die Beschwerlichkeit des Atmens. In einer Tabelle zusammengestellt wird der Wassergehalt der Atemluft zur Wertskala.

Wassergehalt der Luft	Eignung als Atemluft	Empfindung beim Atmen
0– 5	sehr gut	leicht, frisch
5– 8	gut	neutral
8–10	befriedigend	noch erträglich
10–20	zunehmend schlecht	schwer, schwül
20–25	schon gefährlich	feuchtheiß
über 25	ungeeignet	unerträglich
41	Wassergerhalt der Ausatmungsluft	
über 41	als Atemluft ungeeignet, weil tödlich!	

Absolute Feuchte in g/kg (Gramm Wasser je Kilogramm trockene Luft)

Geradezu ernüchternd wirkt die physiologisch offensichtlich unerläßliche Differenz des Wasserdampfgehaltes zwischen der Ausatmungs- und der Einatmungsluft. Obwohl ein Anteil von 41 g/kg abgeführt werden kann, wird Atemluft mit mehr als 10 g/kg Wassergehalt zunehmend kritisch.

Je trockener die Atemluft, desto gesünder ist sie. Die Zufallsgröße der relativen Feuchte nach der üblichen Definition ist bedeutungslos.

Das mag eine Enttäuschung sein für die Heizungstechniker, die fortwährend an der Luft herumbefeuchten. Bedauerlich ist das auch für jene Zeitgenossen, die an der Wand ein Hygrometer, ein Meßinstrument für relative

Befeuchtung macht Luft nur ungesund

Feuchte haben, und den Zeiger verfolgen, als hinge das Glück davon ab. Weniger erfreulich vielleich auch für die Luftbefeuchtungs-Industrie, die alle nur möglichen Gerätschaften produziert, angefangen von tönernen Köchern, mit und ohne Fließpapierpatente, bis zu Sprüh- und Kochmaschinen, mit denen sich unsere Luft nur ungesünder machen läßt.

Denen, die aus Gewohnheit Luftbefeuchter betreiben oder gar anderen empfehlen sei verraten: Luftbefeuchter sind ungefähr so gesund wie Spucknäpfe. Einige sehen sogar fast genauso aus. Deren sorglos junge Designer wissen eben nichts mehr vom Zeitalter der Spucknäpfe. Sonst würden Sie es vermeiden, daran auch nur entfernt zu erinnern.

Daß nur trockene Luft für den Menschen gesund sein kann und niemals feuchte, bestätigen eine ganze Reihe von Beobachtungen, die freilich von sich aus nicht immer den Zusammenhang offenbaren.

Das Lebewesen Mensch konnte durch Jahrtausende seinen Lebensraum frei wählen. Und die Mehrheit wählte nicht den üppigen, feuchtheißen Tropenwald, sondern jene klimatisch gemäßigten Zonen des Erdballes, die zwar ausreichend Niederschläge, aber übers Jahr gesehen verhältnismäßig trockene Luft bieten. Aus einer Erdkarte der jährlichen mittleren Lufttemperaturen läßt sich ableiten, daß die Zentren der bekannten alten Kulturen ausnahmslos in Gebieten liegen, die im Jahresdurchschnitt einen Wassergehalt der Luft von weniger als 10 g/kg garantieren oder zur Zeit der Hochform dieser Kulturen garantiert haben.

In den Grenzbereichen blieb es bei Blasrohr und Harpune

Auch heute lebt nur ein verschwindend kleiner Anteil der Weltbevölkerung in Gebieten mit einem mittleren Wassergehalt der Luft von mehr als 10 g/kg im Jahresmittel.

In die gleiche Richtung weist auch die Klimaverträglichkeit der menschlichen Rasse, deren Grenzen beileibe nicht jeder verspürt haben muß, um sie zu kennen. Die feuchtheißen Tropenwälder werden als »grüne Hölle« beschrieben. Sie sind es in der Tat. Bei Lufttemperaturen von 40° C und einer relativen Feuchte von 50%, liegt der Wassergehalt dennoch nur bei 23 g/kg. 40° C und 95% relative Feuchte, wie sie in allzu abenteuerlichen Berichten schon genannt wurde, liegen mit 47 g/kg absoluter Feuchte außerhalb des Klima-Bereichs, in dem der Mensch leben kann. Dieser Luftzustand wäre innerhalb weniger Minuten tödlich, weil der Wasserdampf aus der Luft in der Lunge kondensieren würde. Es käme zu einem Tod durch »Ertrinken«.

In Sibirien, auf Grönland, im Norden Alaskas ist die Luft bei Temperaturen unter –20° C praktisch wasserfrei. Weder die Menschen, die dort leben, noch die Forscher, die durch diese Gegenden reisten haben jemals über »trockene Luft« in der Weise geklagt, wie das der zentralbeheizte Mensch von heute tut. Der Einwand, Polarforscher hätten von »Polardurst« berichtet, widerlegt nichts. Dieser Durst ist keine Folge des Luftzustandes, sondern der übermäßigen körperlichen Anstrengung und des salzfreien Schmelzwassers, das gelegentlich getrunken wurde. Schmelzwasser aus polarem Schnee oder Eis ist fast so rein, wie destilliertes Wasser. Wer davon genügend trinkt, stirbt an einer Erscheinung, deren mildeste Form »Durst« ist.

Eine andere Tatsache ist ebenfalls erwähnenswert. Angesichts moderner Lungen-Heilverfahren läuft sie Gefahr, in Vergessenheit zu geraten. Bis in die zwanziger Jahre war der schweizerische Gebirgsort Davos ein weltbekannter Kurort für Lungenkranke. Diesen Ruf erlangte der Ort in dem Graubündener Hochtal nicht durch hochentwickelte Heilverfahren, sondern durch die trockene, staubfreie Luft. In rund 1500 m Höhe zwischen Gebirgszügen von 3000 m Höhe ist die Luft dort das ganze Jahr über trockener als anderswo. Frisches Fleisch, im Winter ans Fensterkreuz gehängt, wird in kurzer Zeit zu einem dauerhaften Nahrungsmittel, zum luftgetrockneten Bündnerfleisch. Und genau diese Trockenheit hat den

Kranken wohlgetan. Ihre Heilung beweist, daß trockene Luft nicht ungesund sein kann.
Daß winterlich trockene Luft ausgesprochen angenehm ist, wissen alle Wintersportler und ganz besonders die Skifahrer. Auf den Pisten hat die Luft im Januar kaum mehr als 1 g/kg Wassergehalt. Bei großer Anstrengung macht diese Luft Durst. Aber es kommt niemals zu Reizungen der Atemwege, wie sie für zentralbeheizte Räume typisch sind.

Die Zentralheizungsluft ist zehnmal so feucht, wie die winterkalte Bergluft und läßt dennoch die Lippen unangenehm trocken werden. Irgendetwas kratzt im Hals, es stellt sich Durst ein. Trinken lindert den Reiz nur kurzfristig. Die Beschwerden können leichter werden, wenn die Raumluft künstlich befeuchtet wird.
Diese Beobachtung an sich ist richtig. Nur der Schluß, daß Trockenheit reize, wenn Feuchtigkeit lindere, ist falsch. Es reizt nämlich nicht die Trockenheit, sondern der Staubgehalt der Luft. Diese Erkenntnis macht augenblicklich klar, weshalb die besagten Reizungen bei den einzelnen Heizungsarten in unterschiedlicher Stärke auftreten. Besonders unangenehm ist die Erscheinung bei jenen Heizungsarten, die viel Luft stark bewegen, nur um sie aufzuheizen. Die Luftbewegung wirbelt den Staub auf, hält ihn beständig in Schwebe.
Darüberhinaus läßt sich auch erklären, wieso es möglicherweise zu scheinbar exakten Werten über die »notwendige« relative Feuchte der Luft in zentralbeheizten Räumen kommen konnte. Bei den ersten Heizungen die zu angeblich trockener Luft führten, herrschte ein Temperaturgefälle der übereinanderliegenden Luftschichten vor. Unter der Decke war es um 20° C oder noch mehr wärmer, als dicht über dem Fußboden. In Kopfhöhe gemessene 50% relativer Feuchte, bringen die Grenzschicht über dem Fußboden nahe an den Taupunkt. Im Bereich der Staubpartikel kondensierende Feuchte bindet daher den Staub. Am Boden gebundener Staub kann

schließlich die Atemwege (vorübergehend) nicht mehr reizen. Das ist der physikalische Mechanismus. Letztlich kommt es dabei auf die Bindung des Staubes an. Die relative Feuchte ist mit Sicherheit nur ganz zufällig zum Maßstab geworden. Im Gegensatz zum Staubgehalt ist sie leicht meßbar. Zumindest ändert sich mit der relativen Feuchtigkeit die Zeigerstellung an den so beliebten Hygrometern. Wer sollte auch schon dahinterkommen, daß es beim Zusammenhang von Zeigerstellung und Schleimhautreizung nicht um feuchte Luft, sondern um feuchten Staub geht. Wenn nicht die Heizungsleute, dann auf alle Fälle die Mediziner! Aber diese haben eben auch nur den vermeintlichen Zusammenhang gesehen und die Beobachtungen falsch ausgelegt. Zugute gekommen ist dem General-Irrtum die Tatsache, daß alles künstliche Feuchten den Wassergehalt der Raumluft nur auf 8–10 g/kg heben kann. Dieser Wert ist gerade noch erträglich. Wäre das nicht der Fall, hätte man sicher die Wahrheit eher gefunden.

So mildert die Natur unsere Fehler

Lassen wir uns also nicht länger täuschen. Trockene Luft ist gesünder als feuchte. Sie ist aber nur dort möglich, wo Staub vermieden, zumindest nicht unnötig aufgewirbelt wird.

Naturgemäß gilt für die Temperatur der Atemluft das Gleiche wie für deren Wassergehalt. Wieder ist die Differenz entscheidend, zwischen der Temperatur der Einatmungs- und der Ausatmungsluft.

Die obere Grenze liegt fest, denn Ausatmungsluft hat immer Körpertemperatur. Schließlich bringt ein mittlerer Atemzug 2 Liter Luft mit durchschnittlich 100 Quadratmeter Lungenoberfläche in Berührung. Grob gerechnet erreicht die Luft dabei eine Schichtdicke von zwei hundertstel Millimeter. Dabei muß die Luft auf die Temperatur der Kontaktfläche, eben auf Körpertemperatur kommen. Gelegentlich steht in medizinischen Büchern ein etwas geringerer Wert. Der jeweilige Autor hat dann in Messungen oder Berechnungen den sog. Totraum, den

Die Lungenfläche ist zweimal so groß, wie die durchschnittliche Wohnfläche

Inhalt des Nasen- und Rachenraumes miteinbezogen. Das sind rund 100 ccm bei jedem Atemzug, die die Luftröhre vielleicht noch erreichen, aber an keinem chemischen oder physikalischen Prozeß vollständig teilnehmen.

Die sog. Atemgröße, der stündliche Luftdurchsatz der Lunge beträgt 0,3 bis 4,3 Kubikmeter (m^3/h). Für die weiteren Betrachtungen können daraus angenehmere 0,5 bis 5,0 kg/h gemacht werden. Der unterste Wert ist süßem Schlummer, der oberste Wert großer Anstrengung zuzuschreiben.

Seit 1906 wissen wir es!

Nun ist in allen Schulbüchern der Heizungsleute ein Schaubild zu finden, das den Wärmeinhalt i und den Wassergehalt x der Luft veranschaulicht: das i-x-Bild für feuchte Luft. 1906 hat es Professor Richard Mollier erstmals aufgezeichnet, und seither könnte man damit den Wärmeinhalt der Atemgröße vor und nach dem Aufenthalt der Luft in der Lunge ohne weiteres bestimmen. Man könnte, doch man tut es nicht. Jedenfalls nicht als Mitglied der Heizungsbranche. Wie könnte sonst im bekanntesten Heizungslehrbuch, das seit 1930 in dutzenden von Auflagen erschienen ist, immer noch wörtlich stehen: »der auf die Atmung entfallende Anteil der Entwärmung (des menschlichen Körpers) ist nur gering. Infolgedessen spielt die Atmung bei der physikalischen Wärmeregelung im Vergleich zur Haut nur eine untergeordnete Rolle«.

Warum schreiben das Fachautoren immer wieder ab?

Aus Molliers i-x-Diagramm läßt sich ermitteln, daß der Atemluft eine Wärmemenge von rund 30 Kilokalorien je Kilogramm (kcal/kg) aufgeladen werden kann. Multipliziert mit der Atemgröße werden daraus ($0{,}5 \cdot 30 =$) 15 bis ($50 \cdot 30 =$) 150 Kilokalorien je Stunde (kcal/h). Das aber ist wiederum der Wert, der in allen Heizungslehrbüchern als »stündliche Wärmeabgabe« des Menschen erscheint.

Die »Entwärmung« über die Atemluft muß also von besonderer Bedeutung sein, wenn ihre leicht berechenbare Größe geradezu identisch ist mit den Werten für die ge-

samte Wärmeabgabe, die die sog. Fachliteratur angibt und die der Mensch zweifelsfrei stündlich auch abgibt. Nicht weniger fragwürdig ist auch die überlieferte Aufteilung dieser angeblichen Wärmeabgabe, wonach durch Konvektion und Leitung, durch Strahlung und durch Verdunstung jeweils rund ein Drittel entschwinden sollen.
Konvektion, d. h. Wärmemitführung durch Luft, könnte die Atemluft einschließen. Was aber die von der Kleidung nicht bedeckte Körperoberfläche sonst an wenig bewegte Raumluft abgeben kann ist denkbar wenig. Die indirekte Berührung mit Sitzmöbeln oder mit dem Fußboden leitet doch wohl fast keine Wärme ab. Nicht anders ist es mit der Abstrahlung. Daran ist wiederum die von Kleidern nicht bedeckte Körperoberfläche beteiligt. Bei einem Temperaturgefälle von 5–10° C bringt die Abstrahlung stündlich höchstens ein paar Kilokalorien. Was gar zwischen den Fingern oder auf der Stirn eines Menschen an Wasser verdampft werden kann, fällt, wenn dieser Mensch nicht gerade in Angst und Schrecken versetzt wird, gegenüber der Wasserverdunstung über die Atmung wirklich nicht ins Gewicht.

Angstschweiß ist gottlob selten

Aus der Fehleinschätzung der Regulierung des Wärmehaushalts des menschlichen Körpers resultiert eine im Ausmaß unglaubliche Fehlentwicklung der gesamten Heizungs- und Klimatechnik.
Hätte man früher nachgerechnet, daß die Hauptwärmeabgabe über die Atemluft und deren Feuchte erfolgt, wäre die Bedeutung des Wassergehaltes der Luft klar geworden. Die relative Luftfeuchte wäre längst vergessen, die sog. Klimatechnik wäre anders verlaufen. Eine richtige Zuordnung der Lufttemperatur hätte die fragwürdige Entwicklung aller Luftheizungssysteme unmöglich werden lassen, und die Heiztechnik hätte so eine ganz andere Entfaltung erfahren. Die Heiztechnik hätte sogar medizinische Erkenntnisse fördern können.
Sie kann das allerdings heute noch: wenngleich nur indirekt durch ihre Fehler.

Relative Feuchte führte die Branche auf den Holzweg

Unter den Ärzten gibt es eine Gruppe besonderer Spezialisten. Ihr Fachgebiet ist die Laboratoriums-Diagnostik. Sie untersuchen mit modernsten Mitteln Blutproben und Sekrete der Patienten. Die Ergebnisse der Untersuchungen dienen der Diagnose, der Krankheitsbestimmung und sind dem Arzt am Krankenbett Grundlage für die richtige Behandlung.
Gelegentlich werden die Arbeiten der Laboratoriums-Medizin auch noch statistisch ausgewertet. Das läßt Rückschlüsse zu, legt Zusammenhänge dar, die sonst womöglich verborgen blieben.

Staub in der Luft fördert Lungenkrebs!

Eine der jüngsten Erkenntnisse dieser Art, erst zaghaft formuliert, kaum veröffentlicht, ist der Zusammenhang zwischen dem Staubgehalt der Luft, neuerdings gern »Staubpegel« genannt, und der Häufigkeit von Lungen-Karzinomen, vom Volksmund als »Lungenkrebs« bezeichnet: Die neuesten Untersuchungsergebnisse zeigen, daß mit steigendem Staubpegel der Atmungsluft die Zahl der Erkrankungen an Lungenkrebs zunimmt.
Als Gegenmittel wird ärztlich empfohlen, öfters zu schneuzen, außerdem »zweimal täglich« die Nasenhöhlen mit klarem Wasser zu spülen.
Wer die Schneid hat, seine eigene Schneuze insbesondere am Morgen öfter zu begutachten, wird schnell einsehen, daß die Laboratoriums-Mediziner recht haben.
Den bis hierher noch zweifelnden Heizungstechniker muß dieses Forschungsergebnis treffen. Was wir über Luftfeuchte, Lufttemperatur und Atmung wissen, spricht schon gegen Luftheizungssysteme. Die Folgen der Erhöhung des Staubpegels durch alle Arten von Luftheizungen machen diese Systeme vollends unmöglich.
Der Staubpegel der Luft ist in der freien Natur sehr gering. Wenn er steigt, ist Zivilisation im Spiel. Was Schornsteine auswerfen oder Autoschlangen aufwirbeln, sei außer Betracht gelassen. Der Staub, der durch die Heizungen von heute in die Luft gelangt, der ständig in der Atemluft gehalten wird, ist weitaus schlimmer. Diesem Staub ist die Menschheit ständig ausgesetzt. Es gibt

Staub in der Atemluft ist lebensgefährlich

kaum eine Fabrikhalle, kaum ein Kaufhaus, kein größeres Lager und kaum eine Werkstätte, in der nicht sog. Lufterhitzer beständig Staub aufwirbeln. Immer höhere »Luftraten« pro Mann und Maus, immer größere »Luftwechselzahlen« werden empfohlen, gefordert, ja sogar vorgeschrieben. Mit »Weitwurfgittern« und »Luftwalzen« wird geprahlt. In den »Luftvorhängen« der Kaufhauseingänge fliegen Toupets, an den »Luftschleusen« mancher Hallentore segeln die Mützen vom Kopf. An den hohen Staubpegel denkt keiner. Dabei ist er ausgesprochen lebensgefährlich für alle, die ihm dauernd ausgeliefert sind. Und es bedarf nicht einmal großer Ventilatoren, um die Grenzen der Unschädlichkeit zu überschreiten. Was sog. moderne Zimmeröfen, die mit Öl oder Gas befeuerten ebenso, wie die elektrischen, was Radiatoren und Konvektoren, ganz zu schweigen von Decken- oder gar Fußbodenheizungen, an Staub in Schwebe halten, ist kaum vorstellbar. In eine Wertung dieser Heizsysteme muß daher der verursachte Staubpegel in jedem Falle einbezogen werden.

Wer hat daran gedacht?

Noch vor dieser Wertung, aber, ein kleiner Seitenblick auf einen häuslichen Staubpegelerhöher von ganz besonderer Penetranz. Es ist ein Gerät, das fast in keinem Haushalt mehr fehlt, ja sogar in vielen Haushalten mehrfach vorhanden ist: der Staubsauger.
Als unentbehrlicher Helfer der Hausfrau ist er ein beispielloses Exemplar für Raumluft-Verschmutzung. Jeder Versandhauskatalog, jeder Elektrogeräte-Hersteller wirbt für seine Staubsauger technisch mit der Saugkraft, gemessen in »mm Wassersäule«. Dabei ist für diese Art von Leistung nur wichtig: ein genügend schlechter Staubsack.

Wer hätte das gedacht?

Als Saugkraft kann sich nur auswirken, was der Staubsack an Luft durchläßt. Weil Luft nur durch (mikroskopisch) feine Löcher aus dem Staubsack kommt, kann auch (mikroskopisch) feiner Staub hindurch. Um so mehr, je größer die Saugkraft!

Hersteller, Hausfrauen und die Stiftung Warentest beurteilen Staubsauger nach der Saugkraft, weil es von dieser Größe abhängt, ob ein weißer Wollfaden von einem schwarzen Borstenteppich »mühelos weggesogen« wird oder nicht.

Dabei wäre es wichtiger, Staubsauger nach dem »Filter-Wirkungsgrad« zu werten und zwar streng nach der »Korngröße« der Staubpartikel. Einen Wollfaden kann man mit den Fingern auflesen, Mikrostaub ist aus der Lunge nicht mehr zu entfernen, es sei denn als Karzinom.

Staubsauger verschlechtern Raumluft

Die Poren der Staubsäcke lassen nämlich bei tagtäglichem Saugen immer denselben Staub gleicher Korngröße durch, blasen ihn beständig in die Atemluft. Weil mit Schuhsohlen und Hundepfoten, von Kleidern und Vorhängen, durch Gemüsekörbe und Einkaufstaschen, täglich neuer Staub in die Wohnung kommt, vergrößert sich auch täglich der aufwirbelbare Anteil des Mikrostaubes. Zusätzlich produzieren auch die Staubsauger welchen, indem sie grobkörnigen zerkleinern. Geräte mit offenen Ventilatorrädern machen das besonders intensiv.

Staubsauger-Konstrukteure haben keine Zeit darüber nachzudenken, denn sie werden von ihren Chefs – das sind immer Verkäufertypen – gedrängt, neue Modelle mit höherer Saugkraft, mit mehr »mm Wassersäule« zu bauen.

Hausfrauen, noch dazu wenn sie tüchtig sind, können diese Staubaufwirbler-Anklage bestätigen: nach dem Staubsaugen wischen sie mit dem Tuch den Staub von den Möbeln. Nicht vorher!

In mancher Wohnung führt mancher Staubsauger in Verbindung mit mancher Staubsauger-Gewohnheit zu einem unglaublichen Staubgehalt der Luft. In manchen Büros ist es zehnmal unglaublicher. Wer es trotzdem nicht glaubt, mache die Schneuze-Kontrolle.

Ein gutes Indiz sind auch die Zimmerwände, einschließlich der Decke. Wenn sie nach dem Malern, nach dem

Tapezieren, relativ schnell dunkel werden, liegt hoher Staubgehalt der Luft vor. (Wieso der Staub an die Wände gerät, steht in einem anderen Kapitel.)
Was ist dagegen zu tun? Kurzfristig: bei geöffneten Fenstern und Türen staubsaugen. Es muß ziehen »wie Hechtsuppe«. Wenn dadurch mehr Staub herein, als hinauszieht, steht das Haus in der falschen Gegend. Im Normalfall sorgt der Zug für die Erneuerung der Luft, nimmt er den gefährlichen Mikrostaub mit ins Freie.
Langfristig gibt es auch eine Abhilfemaßnahme: beim Kauf eines Staubsaugers hartnäckig nach dem Filterwirkungsgrad fragen und immer wieder sagen, daß »mm Wassersäule« für Staubsauger-Qualitäten kein Maßstab ist.

Wichtig für jeden Warentest

Einen ganz besonderen gesundheitlichen Vorteil von besseren Staubsaugern hätten viele Allergiker. Haut, Atmungsorgane oder Stoffwechsel-Funktionen dieser geplagten Menschen, reagieren auf manche Stoffe überempfindlich. Pollenkörner, Erdbeeren und Tomaten, Katzenhaare gehören dazu. Erwiesenermaßen auch »Hausstaub«. Ärztlich empfohlene Abhilfe: Polstermöbel, Teppiche, Gardinen aus der Wohnung entfernen, Urlaub an der See oder in Davos.
Ein Blick auf die Staubsauger, denen die Menschen ausgesetzt sind, könnte diese Therapie, wenn nicht ersetzen, so zumindest ergänzen. Doch nun wieder zur Heiztechnik.

Es gibt Leute, die frieren im Winter in ihrer Stube oder auch im Büro, wenn und solange »es nicht 27 Grad hat«. Das wäre nicht weiter schlimm und auch keiner Beachtung wert, wenn diese persönliche Erfahrung von jenen Leuten nicht auf alle möglichen anderen Räume übertragen würde. Sobald sie irgendwo ein Thermometer sehen, stellen sie anhand seiner Anzeige fest, wie sehr sie frieren. Danach müssen Heizkörperventile geöffnet und Fenster geschlossen werden, bis jene ganz bestimmten Grade herrschen.

Mal sehen, ob mir kalt ist!

Merkwürdig ist, daß diese Thermometer-Menschen nur im tiefen Winter ihre Forderungen stellen, im Sommer denken sie nicht daran, z. B. bei 20 Grad zu frieren. Bei 27 Grad gar, machen sie eher noch vor ihren Mitmenschen schlapp.
Sind 27 Grad im Sommer etwas anderes als im Winter? Natürlich nicht, oder vielmehr doch!
Die Wahrnehmung des Luftzustandes erfolgt bei jedem Kontakt mit einem neuen Luftraum, z. B. beim Wechsel vom Flur ins Zimmer, oder vom Zimmer in den Garten, durch den ersten Atemzug. Werden dabei Grenzwerte überschritten kommt es zu unwillkürlichen Reflexen, die die Atmung beeinflussen, in besonders krassen Fällen sogar unterbinden. Dabei führt kühlere, trockene Luft zur Steigerung der Atemgröße, zu tiefen Atemzügen, wärmere und auch noch feuchte Luft zur Verringerung der Atemgröße, bisweilen zum Abbruch des Luftholens. Ein alter Ausspruch lautet: es verschlägt einem den Atem.
Neben dieser Sofort-Warn-Einrichtung, die den akuten Luftzustand erfaßt, verfügt der menschliche Körper über vorzügliche Klima-Sensoren in seiner Haut. Eine große Zahl temperaturempfindlicher Punkte meldet fortlaufend thermische Wahrnehmungen aus der Umgebung. Dabei spielt die Lufttemperatur eine untergeordnete Rolle solange die Luft nicht ungewöhnlich bewegt ist. Einmal, weil die Hauptfläche der Haut bekleidet ist, und der unbekleidete Teil zwischen den Flaumhärchen der Haut eine temperierte Grenzschicht hält, zum anderen Male, weil die Haut bei durchschnittlichen Lufttemperaturen nur in sehr geringem Maße und nur sehr allmählich von der Umgebungsluft erwärmt oder gekühlt wird. Das Ausmaß des Wärmeübergangs wird von der Luftgeschwindigkeit beeinflußt. Je größer die Strömungsgeschwindigkeit der Luft an der Haut, umso größer der Wärmeübergang.
Dieser konvektive Wärmeaustausch wird vom Wärmeaustausch durch Strahlung überlagert. Bekanntlich strahlt jeder feste Körper beständig Wärme an seine

Umgebung ab und nimmt gleichzeitig von dort Strahlung auf. Die Bilanz zwischen Ausstrahlung und Einstrahlung je Zeiteinheit entscheidet darüber, ob sich die Temperatur eines bestimmten Körpers erhöht oder senkt. Die Stärke des Wärmeaustausches durch Strahlung hängt von der 4. Potenz der Differenz der absoluten Temperatur (° K) ab. Dies bedeutet eine erheblich verstärkte Ein- oder Abstrahlung z. B. der Hautoberfläche, wenn die Umgebungstemperatur von der Hauttemperatur sehr abweicht. Bezeichnet man die Summe der Einstrahlungen aus der Umgebung als Strahlungstemperatur so wird verständlich, daß es zur Wärmeaufnahme der Haut kommt, wenn die Strahlungstemperatur über der Hauttemperatur liegt und zur Wärmeabgabe, wenn die Strahlungstemperatur unter der Hauttemperatur liegt. Die Strahlungstemperatur ist in ruhender Luft annähernd meßbar mit einem Thermometer, dessen Kugel geschwärzt ist. Die Lufttemperatur wird im Gegensatz dazu mit einem Thermometer gemessen, dessen Kugel von einem Strahlungsreflektor, z. B. einem polierten Metallzylinder gegen Einstrahlung geschützt ist.

Die in der Praxis bedeutende Strahlungstemperatur ist jeweils diejenige der Einstrahlungshalbkugel des Bezugspunktes. Für einen Punkt auf der Stirn einer Versuchsperson liegt diese Strahlungstemperatur anders, als für einen Punkt im Nacken der Versuchsperson, auf dem Handrücken kann sie anders sein als in der Handfläche. Praktische Beobachtungen haben gezeigt, daß eine ungleichmäßige Strahlungstemperatur schwankende, aber auch höhere Lufttemperaturen erträglich werden läßt. Je gleichmäßiger die Strahlungstemperatur, umso exakter muß die individuell verlangte Lufttemperatur eingehalten werden. So muß in Versuchsräumen mit gleichmäßiger Beheizung der sechs fensterlosen Wandflächen auf Strahlungstemperatur von ca. 293° K die Lufttemperatur auf 1/10° C einstellbar sein, um dauernde Behaglichkeit zu gewährleisten. Änderungen der körperlichen Tätigkeit, Liegen, Umhergehen, Gymnastik, erfordern sofort

eine Korrektur der Lufttemperatur. Aus dieser Beobachtung ergibt sich unter anderem eine unvermutete Einschränkung für die sogenannte Tapetenheizung. (Doch dies nur nebenbei!).
Die Kunst, ein angenehmes und gesundes Raumklima zu schaffen, besteht nun darin, die Wechselwirkung von Luft- und Strahlungstemperatur zu beherrschen und über die erforderlichen Zeiträume zu gestalten, einerlei, ob es sich um das Raumklima im Wohnraum, im Schlafzimmer, in Arbeitsräumen oder Turnhallen handelt.
Die lebensnotwendige Entwärmung des menschlichen Körpers soll jedenfalls in Wohnräumen vorzugsweise über die Atemluft erfolgen. Im Interesse einer gesunden Behaglichkeit ist daher dem Luftzustand erster Rang einzuräumen. Das soll heißen, die Atemluft muß in erster Linie kühl und trocken sein. Die Strahlungstemperatur ist diesem Luftzustand so anzupassen, daß die Gesamt-Entwärmung des Körpers in annehmlichen Grenzen bleibt. Die Rangfolge von Luft- und Strahlungstemperatur ist zwangsläufig, weil eine Umkehrung auf Dauer zwar physikalisch, nicht aber physiologisch möglich ist. Der Zusammenhang der beiden Größen läßt sich graphisch darstellen. Die Breite der Kurve ergibt sich zwangsläufig auf Grund individueller Unterschiede sowie aus Schwankungen der körperlichen Anstrengung und der Wirksamkeit der Bekleidung.
Die asymptotische Annäherung an die Linien der 42° C (315° K) ergibt sich aus dem Gerinnungspunkt des Eiweißes. Die Äste der Kurve sollen überdies nur den wahrscheinlichen naturgesetzlichen Zusammenhang aufzeigen. Der für die Praxis bedeutende Teil der Kurve liegt ohnehin nur im Bereich der positiven x-y-Achsen, dem eigentlichen Lebensbereich entsprechend.
Gegenüber anderen sog. Behaglichkeits-Schaubildern oder -Feldern schließt diese Kurve natürliche Klimazustände ein. Ihre Gültigkeit ist nicht beschränkt auf Wohn- oder Arbeitsräume. Sie macht den Grund des klimatischen Genusses von Märzensonne im Hochge-

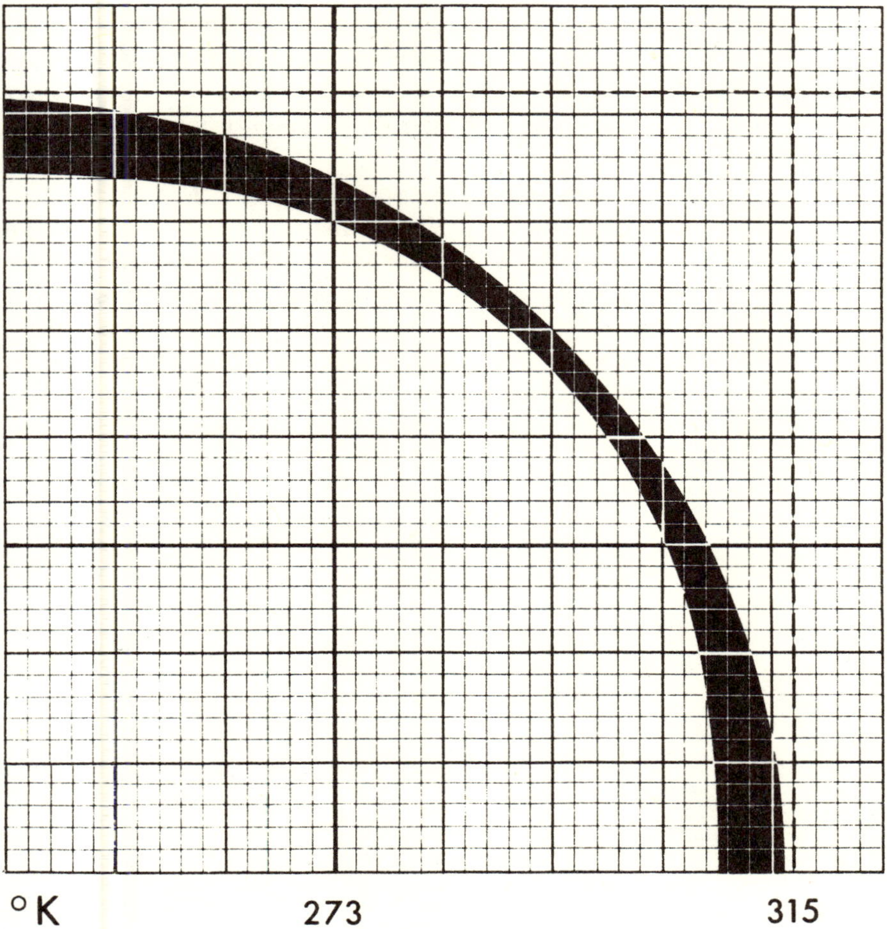

Die Kurve physiologischer Behaglichkeit zeigt den gesetzmäßigen Zusammenhang zwischen Strahlungstemperatur °K (x-Achse) und der Lufttemperatur °C (y-Achse). Die Breite der Kurve ergibt sich auf Grund individueller Unterschiede und aus dem Grad körperlicher Anstrengung sowie der Wirksamkeit der Kleidung.

birge ebenso klar, wie die Notwendigkeit von Warmluftbläserei im kalten Auto, sie schließt die klimatische Ursache des angenehmen Aufenthaltes im Schatten einer Eiche ein und läßt den Ruhm des Kachelofens begreiflich werden.

Der notwendige Zusammenhang zwischen Strahlungs- und Lufttemperatur wurde erst zugänglich nachdem die sog. relative Feuchte der Luft im Gegensatz zur bisherigen Denkweise außer Acht gelassen worden war. Erst ohne diesen Schleier falscher Begriffe wurde der Blick ausreichend frei, konnten wichtigere Gesetzmäßigkeiten durchschaut werden.

Die Bedeutung dieser neuen Klimadaten für die menschliche Gesundheit schafft neue Maßstäbe für die Wertung alter und neuer Heizungssysteme. Diese waren bisher völlig unbekannt.

Für die Beurteilung von Heizungen aller Art gibt es vielerlei Merkmale. Soviele es auch sein mögen, von wem auch immer formuliert, am Anfang oder am Ende jeder Wertung steht das Geld. Eine Heizung ist billig oder teuer im Einbau, billig oder teuer im Betrieb. Andere Gesichtspunkte gibt es nicht. Wer aufmerksam zuhört, wenn die Leute übers Heizen reden, wird nichts anderes feststellen. Selbst Eigenschaften wie einfach zu bedienen, praktisch, automatisch, gehen letztlich darauf zurück, ob man diesen oder jenen Handgriff selber machen kann, ohne fremde, bezahlte Hilfe. Mit »sauber, wartungsfrei, sicher«, ist im Zusammenhang mit einer Heizung nichts anderes gemeint, als ohne Ausgaben für Putzfrau, Reparatur oder unerwartete Zwischenfälle. »Immer bullig warm, auch bei minus 30 Grad«, sagt da einer. Aber er fährt fort ... »und noch keinen Winter mehr als soundso viel tausend Liter Öl verbraucht«. Nur darum geht es!

Ist das nicht unglaublich?

Immer der gleiche Unsinn! Immer nur das Geld!

Dabei ist es grundfalsch, den Wert einer Heizung nach dem Preis der Anschaffung oder des Betriebes zu messen. Der Preis ist Nebensache. Die Hauptsache ist das Wohl, die Gesundheit des Menschen. Alles andere ist Unsinn.

Oder könnte man sich einen Menschen vorstellen, der sich wissentlich und ohne Not eine Heizung wünscht, die ihn zwar nicht sehr stark, dafür aber anhaltend reizt, ihn sogar auf die Dauer krank macht, nur weil sie billig ist?

Daß Mieter bis heute in Sachen Heizung nichts zu wünschen haben, und Hausbesitzer auch nicht wissen, was sie da wünschen könnten, gehört nicht hierher.

Es geht um den Wert jeglicher Heizung. Dessen Maß kann nur der Mensch sein. Diejenige Heizung, die dem Menschen am wohlsten tut, ist die beste. Sie ist auch die

Eine andere Konsequenz gibt es nicht!

Heizung der Zukunft. Sollte sie heute noch sehr teuer sein, wäre ihr Wert für die Menschheit kein Jota geringer. Es ergäbe sich daraus lediglich der Auftrag an die Technik, sie so zu entwickeln, daß sie sich jedermann leisten kann. Die Gefahr besteht aber gar nicht, daß die beste Heizung am Ende die teuerste sein könnte. Richtiges Heizen hängt eng mit Naturgesetzen zusammen. Es wäre geradezu verwunderlich, eher gegen die Ökonomie der Natur gerichtet, wenn sich das tatsächlich beste Heizverfahren eines Tages nicht als etwas besonders einfaches herausstellen würde.

Wenn der Wert jeglicher Heizung von der Wirkung auf den Menschen abhängt, ist der Maßstab für diesen Wert das Raumklima, das eine Heizung zu schaffen vermag. Eine Untersuchung der bis heute bekannten Heiztechniken liefert geradezu den Beweis dafür, daß das Raumklima bisher nicht gewertet wurde. Es hat schon Heizungen mit überdurchschnittlich gutem Raumklima gegeben, z. B. den Kachelofen. Das sprichwörtlich angenehme Klima, das der Kachelofen schafft, ist ins Gedächtnis vieler Menschen gedrungen. Aber es wurde um anderer, immer finanzieller Vorteile willen verschenkt. Weil richtiges Klima als Lebensnotwendigkeit unerkannt ist.

Das gesunde Raumklima muß zum einzigen Maßstab für die künftige Entwicklung der Heiztechnik werden. Es wird keinen anderen Weg geben.

Die heute bekannten Heizverfahren dokumentieren, wievieles von denen eindeutig falsch gemacht wird, die das Heizungsgeschäft beherrschen. Es läßt aber auch ahnen, welche Enttäuschungen andere erleben werden, die glauben, die Zukunft ihres Heizungsgeschäftes hätte schon begonnen. Doch bleiben wir zunächst noch beim Stand der Technik, wie ihn das Heizungsfach heute anbietet.

Noch einmal Begriffe!

Heiztechnik kann nur die Fähigkeit sein, ein Raumklima künstlich herzustellen, das den Menschen gesund erhält. Und zwar zu Zeiten, in denen jenes Raumklima, das sich natürlicherweise einstellen würde, im wesentlichen als zu kalt empfunden wird. Dieser zweite Satz soll die Kühlkünste sog. Lüftungsspezialisten noch für eine Weile von der Betrachtung ausschließen. Heiztechnik bedeutet also, das Ergebnis des Zusammenwirkens aller Vorgänge innerhalb einer Heizungsanlage zu beeinflussen, zu beherrschen, was klimatisch in den Räumen geschieht, die es zu »heizen« gilt.

Was innerhalb von Rohrleitungen vor sich geht ist Strömungstechnik. Das Verlegen der Rohre ist Rohrleitungstechnik, mitunter Schweißtechnik. Auf welche Weise Gas oder Heizöl verfeuert wird, fällt unter Feuerungstechnik. Ob Gas oder Heizöl verbrannt wird, ist im Einzelfalle der Erfolg einer Verkaufstechnik, im großen und ganzen eher Energie-Politik. Der selbsttätige Betrieb einer Heizung ist Sache der Regeltechnik.

Ein mehr oder weniger großer Teil dieser Techniken zusammengenommen ist das Arbeitsgebiet des heutigen Heizungsfachmannes. Es gibt viele Heizungsfachleute die es zu etwas gebracht haben. Dennoch ist Heiztechnik nicht ihr Fach. Was wir an Heizungen haben, rechtfertigt diese Behauptung.

Auch, wenn sie es nicht für möglich halten

Unsere Heizungen müssen in Zukunft anders aussehen. Zwar wird sich an den Heizungen solange nichts ändern, bis die Heizungstechniker erkannt haben, daß sich ihnen neue Aufgaben stellen. Danach aber wird es neue Typen von Anlagen geben. Heiztechnik wird dann die Kunst sein, für jeden Raum in dem sich Menschen aufhalten das passende Raumklima künstlich zu gestalten. »Passend«, das bedeutet für die jeweilige Dauer des Aufenthalts und für die Tätigkeit dieser Menschen jeweils das gesündeste Klima.

Erstens

Weil Klima mehr ist, als das zeitweise Einhalten einiger Luftzustände, weil dazu auch Strahlungszustände gehören, die von Wänden, Decken und Fenstern, von deren Form und Material abhängen, wird die Entwicklung einer neuen Heizzungstechnik nicht losgelöst von den Bauwerken der Zukunft stattfinden können. Gebäude und Heizung müssen aufeinander abgestimmt sein.

Zweitens

Dagegen wird es geradezu nebensächlich sein, welche Energien künftige Heizungen mit Wärme versorgen werden.

Drittens

Man wird herausfinden, daß es für jede geeignete Energieart andere, eher einfachere Mittel gibt, als man allgemein annimmt, um das natürlich gesunde Strahlungsklima in sehr vollkommener Weise künstlich zu erzeugen.

Die Regelung künftiger Heizungen wird nicht nur, wie heutzutage, in Richtung »wärmer oder kälter« möglich sein, man wird vielmehr die Lufttemperatur innerhalb eines verhältnismäßig weiten Spielraumes wählen können. Die Abstrahlungstemperatur der eigentlichen »Wärmequellen« innerhalb des Raumes wird sich darauf selbsttätig einstellen.

Viertens

Es ist sehr unwahrscheinlich, daß diese Wärmequellen, wie sie auch immer gestaltet sein mögen, nach den Wunschträumen mittelmäßiger Architekten »unsichtbar« sein werden. Wie die Lichtquellen, werden sie sehr bewußt eingesetzte Mittel der Raumgestaltung sein.

Fünftens

Keinesfalls kann die heute noch utopische »Tapetenheizung« Anwärter für das Heizsystem der Zukunft sein. Sollte sie technische Wirklichkeit werden, so wird sie das gleiche Schicksal erleiden wie einst das »Neonlicht«.

Dieses schattenlose Flimmerlicht war gleich nach seinem Aufkommen zum Symbol für Fortschritt und Erfolg, für Aufgeschlossenheit und Modernität geworden. Aber bald merkte man, daß diffuses Licht eher irritiert, und daß die »Neonleuchten« im Foyer des Theaters ebenso unangebracht sind, wie in der kleinsten Küche, gar nicht zu reden vom Arbeitsplatz.

Gerichtetes Licht, für das die Sonne unübertreffliches Vorbild ist, erleichtert nicht nur die Wahrnehmung, es hebt nachweislich die Stimmung. Leistungsfähigkeit und Wohlbefinden hängen davon ab.

Warum aber sollte es mit der, dem Licht so nah verwandten Wärmestrahlung anders sein? Die halbwegs gerichtete Wärmestrahlung, richtig dosiert, löst genauso angenehme Gefühle aus, wie das Sonnenlicht. Gerichtete Wärmestrahlung ist aber das Gegenteil von Tapetenheizung. Die Tapetenheizung kann eines Tages einen neuen Reiz bieten. Wenn der Reiz des Neuen abklingt, wird sie für Sonderfälle bekannt bleiben, d. h. gerade nicht in Vergessenheit geraten. Als Heizung der Zukunft hat sie keine Chance.

Ganz sicher falsch sind auch die Hoffnungen auf den Heizkörper aus Kunststoff.

Natürlich haben die Gliederheizkörper begrenzte Lebensdauer. Früher oder später rosten die Köpfe der Glieder durch. Chemie-Werkstoff rostet nicht, hat der Konzern gedacht. Aber das Durchrosten ist im Vergleich zu den raumklimatischen Nachteilen der Radiatoren ohnehin schon nebensächlich.

Sechstens: überhaupt!

Der Heizkörper aus Kunststoff ist nur ein weiteres Beispiel für Oberflächlichkeit mit der Heizungsfragen behandelt werden. Was helfen Verbesserungen des Details, wenn es von Grund auf fehlt?

Heizen heißt Lebensbedingungen schaffen. Die Einstellung zu den Problemen muß sich ändern, wenn wir in dieser Beziehung bessere Lebensbedingungen wollen.

Eine Stadtverwaltung, die an Verkehrsknotenpunkten sog. Luftverbesserer aufstellt, handelt wie jemand, der in seiner Wohnung einen Ventilator betreibt, anstatt zu lüften.

Öfter mal schneuzen!

Hängen ein paar Millionen Kubikmeter Smog über einer Stadt, so nützt es nichts, weniger als ein Promille davon durcheinander zu wirbeln. Was die Filter dieser Luftverbesserer abhalten können, fangen unsere Nasenhaare und Schleimhäute ohnehin aus der Atemluft. Und zwar ohne daß wir akuten Schaden nehmen. Was uns umbringen kann, sind giftige Gase. Aber die lassen jene Filter durch.

Die Aufgabe ist hier, Luft von vornherein sauber zu halten, aber nicht, Smog zu filtern.

Wer ernsthaft darüber nachdenkt, müßte dahinter kommen, daß es auf die Dauer nur möglich ist, Umweltschä-

den zu vermeiden. Ein Rückgängigmachen, ein Wiedergutmachen gibt es nicht. Das gilt für alle Schäden an der Natur dieser Erde.
Auch für Schäden an der menschlichen Gesundheit, die von schlechten Heizungen herrühren! Für 60jährige Rheumakranke gibt es vielleicht noch Linderung, aber keine Heilung mehr. 30 Jahre allnächtlich in einem feuchtkalten Schlafzimmer sind nicht rückgängig zu machen. Was der Kranke für sportlich gehalten hatte war billig, aber falsch. Und falsch ist es auch, weiter nur nach Mitteln gegen Rheuma zu suchen. In ferner Zukunft ist der Menschheit nur gedient, wenn es gelingt, Rheuma zu vermeiden.

Das ist die Unmoral

Bessere Heizungen als heute setzen menschenfreundliches Denken voraus. Unternehmern, die sich lautstark rühmen, die meisten Heizkörper, Ventile, Kessel, Brenner herzustellen, ist diese Denkweise ganz gewiß noch fremd. Der Weg zur Heizung der Zukunft ist erst frei, wenn es einmal modern geworden ist, die besten Geräte einer Art herzustellen. Eine humane Heiztechnik wird dann für Strahlungsklima mit kühler, staubfreier Luft für jeden Raum sorgen. Einerlei wo die Knotenpunkte der Steuerung oder der Energiezufuhr liegen. Vor der Zimmertür, innerhalb der Wohnung, im Haus, im Stadtviertel oder gar noch stärker zentralisiert!
Es sind Lösungen denkbar, die handwerklich im Bereich der heutigen Zentralheizungs-Industrie liegen. Es gibt aber auch welche, die dem Heizungsmann selbst der 70er Jahre nicht zugänglich sind.
Mehr darüber zu sagen, hieße eine Denkrichtung festlegen. Genau das aber sollte nicht geschehen. Wenn die beste Lösung gefunden werden soll, dürfen nicht zu früh Entscheidungen fallen. Der größte Fehler der Heizungsindustrie war, daß man sich zu früh entschieden hatte, künftig über nichts mehr nachzudenken. Was kümmert die Menschen von morgen, ob es noch Kamin-

Werbe-Slogan: Wir haben die Technik von morgen

kehrer, Schweißer, Rohrbieger oder automatische Fertigungsstraßen für Blechheizkörper gibt. Wer wird danach fragen, ob diese Zünfte noch ein gutes Auskommen haben, ob jene Produktionsmittel noch rentabel sind. Wichtig wird nur sein, daß es Heizungen gibt, die uns nicht krank machen.

Von wegen!

Weil sich künstliches Strahlungsklima wahrscheinlich nicht in jeden beliebigen Raum hineinzaubern läßt, wird es eben die »Heizung der Zukunft« nur im »Wohnhaus der Zukunft« geben.

Unter der Voraussetzung, daß sich die Entwicklung der menschlichen Zivilisation fortsetzt und die technische Entwicklung auf die tatsächlichen Bedürfnisse, auf das Wohl der Menschheit ausgerichtet anhält, wird auch die Baukunst entscheidende Veränderungen erleben. Eines Tages wird es einfache, klare und gestalthafte Lösungen geben.
Wo der Mensch Geborgenheit sucht, wird er mit deren Vorspiegelung durch Glasscheiben nicht zufrieden sein. Alles was Angst macht, wird man vermeiden. Gleichgültig, ob es dabei um den Blick aus dem einhundertzweiundsiebzigsten Stockwerk geht, oder »nur« um Proportionen. Schließlich ist »zu klein« und auch »zu groß« ein Gegensatz zu »angemessen«.

Keine Film-Kulissen, keine Illustrierten-Gags!

Imponier- und Prunkbauten aus Glas und Marmor, wie sie die Geschäftswelt heute schätzt, werden sich nur solange halten, wie man ihren inneren Wert nicht beurteilen kann.
Was wir darüber noch vermuten, werden die von morgen wissen. Heute hinterläßt Handeln wider besseres Wissen vielleicht da und dort »nur« schlechtes Gewissen. Im Laufe der Zeit wirkt schlechtes Gewissen aber tödlich. Wahrscheinlich ist das der Sinn des Gewissens überhaupt. Deshalb wird es Handeln wider besseres Wissen immer weniger geben. Die Menschheit wird das rechtzeitig erkennen. Erste Zeichen dafür gibt es, die sogar darauf hoffen lassen, es könne sich eine neue Mo-

ral entwickeln, die sich anders als bisher, an der Verantwortlichkeit für die Lebensbedingungen kommender Generationen orientiert.

Es wird sie geben

Eine dem Menschen angemessene Umwelt könnte mit ihr durchaus Wirklichkeit werden. Nicht eintönig, gleichmacherisch, sondern voll Farbe und Abwechslung. Fast vollkommen, doch nicht perfektioniert, mit ausreichendem Spielraum für die Entfaltungswünsche und -möglichkeiten des Einzelnen.

Es hat schon viele Versuche gegeben, die verschiedene Formen der Strahlungsheizung fördern sollten. Deckenstrahlungsheizungen und die nah verwandte Fußbodenheizung erlebten wiederholt Aktionen, die sie populär machen sollten. Nach einiger Zeit wurde es regelmäßig wieder ruhiger.

Nomen ist nicht immer Omen!

Wenn nun Strahlungsklima gefordert wird, wenn es nicht nur annehmlich, sondern lebensnotwendig genannt wird, so soll das nicht ohne eine Beurteilung der bereits bekannten oder auch schon wieder unbekannten sog. Strahlungsheizungen geschehen.

Mit der Physik des Strahlungsklimas lassen sich alle erwünschten Vorgänge erklären, aber auch raumklimatisch nachteilige Erscheinungen der hergebrachten Heizungsarten. Ganz besonders wichtig ist die Erläuterung nachteiliger Wirkungen bei Systemen, die Strahlungswärme versprechen. Wo immer Nachteile auftreten, handelt es sich um Anwendungsfehler. Reines Strahlungsklima hat keine Nachteile.

Deckenstrahlungsheizungen wurden schon nach dem ersten Weltkrieg bekannt. Wasserführende Rohrschlangen wurden damals in unteren Schichten von Betondecken, zusammen mit der Armierung dieser Decken eingegossen. Durch die Rohrschlangen strömendes Warmwasser hat den Beton auf Oberflächentemperaturen von 25° – 30° C erwärmt. Die Qualität des Raumklimas ließ viel zu wünschen übrig. Als weiterer Nachteil stellte sich bald die Wärmespeicherung der Decken heraus. Einmal aufgeheizt, gaben sie meist viel länger Wärme ab, als das erwünscht war. Kurzfristige Änderungen, z. B. für die Dauer einer mittäglichen Sonneneinstrahlung durch die Fenster, waren kaum möglich. Jüngere Formen verzichteten deshalb auf die Speicherwirkung der Deckenmasse und hingen die Heizbündel unter die Decke. Je nachdem welcher übergeordnete Industriezweig die Deckenheizung gerade fördern wollte, wurden Verkleidungsplatten aus Gips, Holzfaserstoffen oder Metall wiederum unter die Rohrbündel gehängt. Eine möglichst vollkommene Isolation nach oben sollte jeglichen Wärmefluß in die Bodenfläche darüberliegender Geschosse unterbinden.

Deckenheizung

Aber die Qualität des Raumklimas wurde dadurch nicht besser. Das in Intervallen aufkeimende Interesse der Bauwirtschaft oder deren Zulieferindustrie an der Deckenheizung erklärt sich aus deren scheinbarer Eignung für gewisse Bau-Methoden. Die Vorfertigung von Bauelementen zwingt förmlich zu Heizsystemen die mit den Bauteilen »in einem Guß« fabriziert werden können. Außerdem gibt es immer wieder Architekten, die sich eine »unsichtbare« Heizung wünschen. Dennoch hat sich bis jetzt keine Deckenheizung raumklimatisch wirklich bewährt. Das liegt an der Richtung der (noch nicht reflektierten) Hauptstrahlung und an einer wahrzunehmenden, aber bisher nicht erkannten Begleiterscheinung. Die Hauptstrahlung, senkrecht von oben, trifft immer auf die gleichen Körperstellen des unter der Decke lebenden Menschen. Das ist die senkrechte Projektionsfläche, also Kopf- und Schulterpartien, wie man sie genau von oben sieht. Gleichgültig, wie sehr sich der bestrahlte Mensch auch bewegt, bringt er im Stehen, Gehen oder Sitzen

Deckenheizung ist keine Lösung!

kaum andere Körperflächen in den Bereich der Strahlung. Das ist auf die Dauer lästig.

Die Wärmestrahlung einer Deckenheizung ist zwar diffus, d. h. ungerichtet – jeder Punkt des (menschlichen) Körpers steht mit jedem von ihm aus sichtbaren Punkt der Decke, im Strahlungsaustausch –, weil Strahlung aber bei doppelter Entfernung schon auf ein Viertel der Stärke absinkt, hat die aus seitlicher Entfernung unter flacherem Winkel einfallende Strahlung gegenüber der senkrecht, auf kürzestem Weg eintreffenden keine spürbare Wirkung. Der physikalische Lehrsatz »Strahlung nimmt im Quadrat der Entfernung ab«, bedeutet umgekehrt, daß z. B. auf die Kopfhaut viermal soviel Wärme einstrahlt, wie auf die Schuhspitze des von der Decke bestrahlten Menschen. Wenn eines richtig ist, muß das andere jeweils falsch sein.

Es muß!

Nach übereinstimmenden Angaben von Personen die sich längere Zeit unter Deckenheizungen aufgehalten haben, ist diese Dauerbestrahlung von oben sehr unangenehm.

Einzig denkbarer Sonderfall, aber . . .

Nur in einem Sonderfall könnte senkrechte Strahlung gleichzeitig auf größere und noch dazu auf wechselnde Teile der Körperoberfläche treffen: in Liegeräumen, also in Krankenzimmern oder in Schlafräumen.

Deckenheizung wird sich auf die Dauer aber auch dafür nicht eignen. Schuld daran ist die besagte Nebenerscheinung. Sie führt dazu, daß deckenbeheizte Räume zu denjenigen gehören, deren Luft den größten Staubgehalt aufweist.

da ist die Sache mit dem Staubpegel

Die Strahlung von der Decke erwärmt den Fußboden mit der Zeit auf eine Temperatur, die nur wenig unter der Deckentemperatur liegt. Vom Fußboden erwärmt sich die unterste Grenzschicht der Raumluft. Dadurch kommt diese in eine Inversionslage, d. h. sie ist infolge der Erwärmung leichter geworden, als die darüberliegenden, kälteren Schichten. Eine Weile bleibt die wärmere Grenzschicht in diesem labilen Gleichgewicht am Boden. Mit zunehmender Dicke der Warmluftschicht erhöht sich

deren Neigung, die schwankende Balance plötzlich an einer Stelle nach oben zu durchbrechen. Der Auftrieb reißt dann die ganze, über der Bodenfläche angesammelte Warmluft in einer Art Taifun durch die kälteren Schichten bis unter die Decke. Dieser Vorgang dauert nur wenige Augenblicke. Die zusammenströmende Bodenluft erreicht dabei Geschwindigkeiten, die ausreichen, um den Staub, der immer auf dem Boden liegt, zusammenzufegen und hochzuwirbeln. Was nicht in der Luft bleiben kann, findet sich nach einiger Zeit wieder unten. Der nächste Wirbel schafft es wieder in die Höhe usw. Gelegentlich lassen sich auf geeigneten Böden Staubschlieren entdecken, die so ähnlich aussehen, wie an manchen Wintertagen die Pulverschneefahnen hinter Fahrzeugen. Das sind dann die Staubspuren hochgegangener Zimmertaifune. Diese Nebenerscheinung ist der Grund, warum sich in deckenbeheizten Räumen die Nachteile eines Luftheizungsklimas der schlechten Sorte einstellen.
Sie erklärt, warum die Deckenheizung immer nur unter den Konstrukteuren, und höchst selten unter den Betroffenen Freunde gefunden hat.

Deckenheizungen und Fußbodenheizungen erhöhen den Staubpegel

Der Fußbodenheizung kann es aus dem gleichen Grund nicht anders ergehen. Dieser Heizungstyp ist etwas jüngen als die Deckenheizung. Sie sollte die unangenehme Dauerbestrahlung exakt von oben vermeiden. Theoretisch bleibt die Deckentemperatur etwas unter der Oberflächentemperatur des geheizten Bodens. Aber die Strahlung exakt von unten ist auf die Dauer nicht viel angenehmer, als die von oben. Das Problem ist auch nicht die Korrosionsbeständigkeit der im Boden einzulegenden Rohre, nicht deren Biegsamkeit, nicht, ob es sie quasi endlos auf Trommeln gibt, wie das die Verkäufer von Kunststoffschläuchen in letzter Zeit glauben machen wollen.

Es geht doch um das Raumklima!

Den jüngsten Impuls hat die Fußbodenheizung von den Nachtstrom-Verkäufern bekommen. Statt der wasserdurchflossenen Rohre wollten sie im Boden Heizkabel verlegen. Die Speicherfähigkeit der (Beton-) Bodenkonstruktion sollte ausgenützt werden, um zusätzlich Nachtstromwärme aufzunehmen.

Mit allerlei Aufwand ist das möglich. Unmöglich aber ist es auch dieser Fußbodenheizung, die Staubbelästigung als Folge der Zimmertaifune zu vermeiden. Diese Zim-

Die Kurven aus der Werbung für Fußbodenheizung beweisen die Inversion!

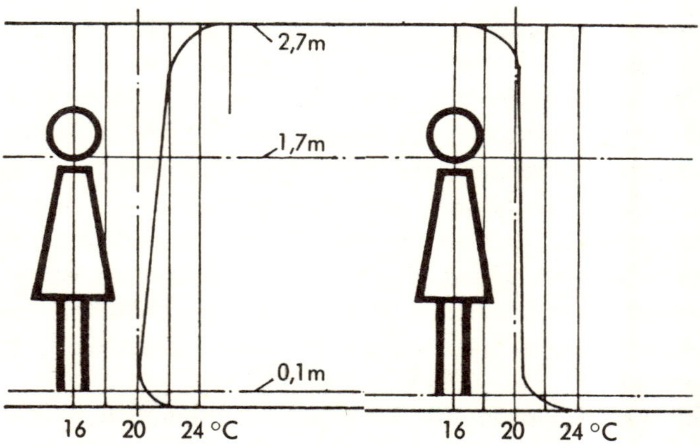

Deckenheizung *Fußbodenheizung*

mertaifune finden sich in hochwissenschaftlichen Berichten bestätigt. Leider incognito! Meßberichte zeigen, daß Lufttemperaturen dicht über dem Fußboden etwa 2 Grad höher sind, als in Kopfhöhe. Weil Temperaturmessungen so überaus schwierig sind, haben die Meßgehilfen Physikalisches dabei übersehen.

Wärmere Luft unter kälterer gibt es nur als Inversion, als zeitweise Umkehrung der natürlichen, stabilen Schichtung. Das Fußbodenheizungslufttemperatur-Meßergebnis ist die Dokumentation der Aufbauphase eines Zimmertaifuns. Nichts weiter! Ein paar Augenblicke später ist das Märchen von der warmen Luft im Fußbodenbereich zuende. Wahrscheinlich gibt es keine Meßgeräte, die den augenblicklichen Temperaturabfall beim Hochgehen des Wirbelwindes erfassen könnten. Wahrscheinlich wurde deshalb die Physik der Bodenheizung nie richtig erkannt. Wissenschaftliche Institute müssen sich damit befassen, ehe sie Gutachten erstellen. Die Physik spricht gegen Strahlungswärme von der Decke oder vom Fußboden. Deshalb wird auch die neueste Technik hier immer wieder zum Aufguß einer alten Sache. Ein kleines Anwendungsgebiet kann für kurze Zeit bleiben.

Solange die Heizungsleute mit hergebrachten Mitteln z. B. in Hallenbädern kein Strahlungsklima erzeugen können, wird es dort Fußbodenheizungen geben. Die relativ kurze Verweilzeit macht sie erträglich. Für ausgefrorene Bahnenschwimmer mag es angenehm sein, auf geheizten Stufen zu liegen, damit den nassen Badeanzug am Körper zu trocknen. Bei Sportveranstaltungen dagegen, kann es Zuschauern in Straßenanzügen selbst auf nur leicht temperierten Sitzstufen schon mulmig werden.

Vollends überflüssig ist die Fußbodenheizung allerdings in den meisten privaten Schwimmhallen. Bäder, die unter der Erde eingerichtet sind, haben in jedem Fall warme Böden. Nur wo rund um das Becken Glasscheiben sind und die Wassertemperaturen auch im Winter nicht über

22 Grad steigen, kann der Boden mittels Heizrohren temperiert werden. Wenn stattdessen unter dem Belag isoliert wird, ist es ebensogut.
Sobald man nämlich die Wirkung von Decken- oder Fußbodenheizungen spürt, ist sie schon zu stark. Darüber sind sich die Fachleute seit langer Zeit einig.
Warum also Geld für etwas ausgeben, das man nicht spüren darf? –
Fußboden- und Deckenheizungen wird es geben, solange Leute vorkommen, die Geld am liebsten ausgeben, wenn sie am wenigsten davon haben. Mag sein, daß diese Heizungen deshalb zwar noch lange, dafür aber nicht mehr viel gebaut werden.

Der Ruhm des Kachelofens . . .

Kein zweites Heizgerät hat einen derart guten Ruf wie »der alte Kachelofen«.
Wenn heute die Hersteller beliebiger Heizgeräte Kacheln imitieren, wenn blecherne Öfen oder sogar elektrische Heizlüfter »Kachel-Dekor« zeigen, ist der Verkaufserfolg schon sicher. Obwohl es schon lange keine echten Kachelöfen mehr gibt, hat sich der Glaube daran gehalten. Es muß etwas gewesen sein an Kachelöfen, das sie so legendär gemacht hat. Etwas, das man spürte, aber doch nicht beschreiben konnte, jedenfalls nicht mit dem technischen Wortschatz, mit dem Wissen der Kachelofenzeit. Als diese nämlich schon vorbei war, und das Ofensetzerhandwerk selbst nicht mehr so recht an länger dauernden Wohlstand glauben konnte, wurde das Geheimnis des Kachelofens entdeckt. Günter Fuchs hat um 1930 mit raumklimatischen Untersuchungen begonnen. In Schwarzenbach an der Saale wurden, damals wohl zum erstenmal, die künstlichen Klimata unterschiedlicher Heizungssysteme miteinander verglichen. Das Ergebnis war verblüffend. Zum erstenmal konnte physikalisch einwandfrei ausgedrückt werden, was die »gemütliche Wärme des Kachelofens« ausmacht. Von da an

hätte man wissen müssen, daß es weder Farbe, noch Form der Kacheln, nicht die Ofenbank und schon gar nicht das Prasseln des Feuers ist, sondern das Strahlungsklima: Kühle, trockene, unbewegte und deshalb staubfreie Luft und warme Wände.

... ist kein Märchen

Die Kacheln eines richtigen Kachelofens sind heiß. Sie erreichen Temperaturen um 150° C. Der richtige Kachelofen hat keine Öffnungen, die Luft durch sein Inneres ziehen lassen, die ihn unnütz auskühlt. Nur die Feuerung birgt er, als glühenden Kern in der heißen Schale. Er steht an der Innenwand eines Raumes, und zwar immer so, daß er die ganze Fläche der Außenwände annähernd gleich gut bestrahlen kann. Die starke Wärmestrahlung des Ofens erwärmt zwar die Innenseite der Außenwände, erhöht deren Oberflächentemperatur, läßt aber die Raumluft kalt. Die Eigenschaft der Wärmestrahlung, Gase zu durchdringen, ohne sie zu erwärmen, nur dort zu wirken, wo die Strahlung auf feste Körper trifft, ist ein Naturgesetzt, ohne das wir nicht leben könnten. Der Kachelofen schafft künstlich das lebensnotwendige Strahlungsklima.

Das ist sonnenklare Physik

Er erwärmt die Außenwände eines Wohnraumes soweit, daß wir auf der Schattenseite seiner Strahlung nicht frieren. Im Verhältnis zu seiner Wärmeabgabe hat er eine kleine Oberfläche an der sich wenig Raumluft nur gering erwärmt. Der echte Kachelofen wälzt die Raumluft nicht um. Er läßt sie unbewegt. Da kann kein Staub aufgewirbelt werden. Der Staubpegel ist bei Kachelofenheizung niedriger, als bei allen anderen Heizsystemen, die wir bis heute kennen. Deshalb ist das Kachelofenklima so gesund.

Das eigentliche Geheimnis!

Der Anteil der Wärmemitführung – von Fachleuten Konvektion genannt – ist unbedeutend. Die Raumluft bleibt kühl, das heißt sie erwärmt sich nicht über die mittlere Strahlungstemperatur. Der Mensch fühlt sich wohl in diesem Kachelofenklima, weil sich die Luft leicht atmet. Sie kann viel Wärme aus der Lunge abführen, insbesondere in Form von Feuchtigkeit.

Nicht die Kachel selbst ist es also, sondern die Arbeitsweise, die Physik des Kachelofens, die dieses legendäre Raumklima geschaffen hat. Wer blecherne Öfen kauft, die wie Kachelöfen aussehen, läßt sich nasführen. Wer sie herstellt, hat keine Ahnung vom Kachelofen – oder spekuliert mit der Unwissenheit der Käufer.

Und doch hat die Kachel selbst etwas an sich, das sie allein auszeichnet: man kann sich daran nicht verbrennen. Die Berührung eines Bügeleisens, einer Ofenplatte von 150° C bringt erfahrungsgemäß Brandblasen ein. Die Kachel fühlt sich bei gleicher Temperatur zwar heiß an, aber Blasen gibt es keine, auch nicht an tolpatschigen Kinderhändchen. Warum? – Gebrannter Ton, daraus besteht die Kachel, hat eine geringe Wärmeleitfähigkeit. Die Fingerkuppen oder auch die Handteller entziehen der obersten Schicht des berührten Kachelmaterials Wärme, kühlen es dadurch ab. Die, der berührten Kachelfläche entzogene Wärmemenge ist nicht groß. Weil aus den tieferen Schichten der Kachel die Wärme nur sehr langsam nachströmt, kann die Haut keinen Schaden leiden. Die betroffenen Hautstellen werden davon nur etwas erwärmt. Man kann sogar mit der Hand eine Stelle an einem heißen Kachelofen so weit abkühlen, daß diese Stelle von einer zweiten Person, die sie zunächst nicht kennt, gefunden werden kann.

Hätte man das nicht früher wissen müssen?

Diese Eigenschaft der Ofenkachel macht aber noch eine weitere, sehr wichtige, bisher völlig unbeachtet gebliebene Tatsache klar.

Obwohl die Strahlungstemperaturen der Kachelflächen verglichen mit anderen Heizkörpern sehr hoch liegen, ist das besondere Kennzeichen des Kachelofenklimas ausgesprochen niedrige Lufttemperatur. Erwartungsgemäß müßten aber Temperatur und Oberfläche des Kachelofens eher hohe Lufttemperaturen erzeugen. Fürs erste lassen die hohen Räume alter Schlösser, oder auch bürgerlicher Wohnungen der Jahrhundertwende vermuten, die Warmluft bliebe oberhalb des Wahrnehmungsbereiches der Menschen in diesen Räumen. Die

Der Schlüssel zum Verständnis

niedrigen Lufttemperaturen wären dann zwar real, aber das Ergebnis einer vertikalen Schichtung, somit subjektive Täuschung. Dieses Modell widerspräche andererseits praktischen Beobachtungen in sehr niedrigen Bauernstuben. Gelegentlich reichen in solchen Räumen Lufttemperaturen von 16–18° C für geradezu ideale Behaglichkeit. Dies ist kein Widerspruch, denn: die schlechte Wärmeleitfähigkeit der Oberfläche wirkt natürlich konvektionshemmend. Dies soll heißen, die an der Ofenhaut aufsteigende Luft entnimmt der äußersten Schicht Wärme und kühlt diese dadurch ab. Im Beharrungszustand bedeutet dies nicht 150 Grad Kontakttemperatur, sondern wesentlich weniger; 100, 90 oder 60° C. Weil die Kacheloberfläche mikroskopisch betrachtet am ehesten einem Schwamm gleicht, kann man sagen, die Spitzen sind von der Luft gekühlt, sind nicht fähig mehr Wärme abzugeben. Die Vertiefungen dagegen bleiben heiß, sind die Quellen der hochgradigen Wärmestrahlung. Diese konvektionshemmende Eigenschaft des Kachemmaterials ist eine weitere Ursache für die Beobachtung, daß alte Kachelöfen die Räume nicht von oben her mit Warmluft angefüllt haben.

Es hat schon viele Versuche gegeben, Zentralheizungen der verschiedensten Systeme mit Temperaturen nahe oder über 100° C zu betreiben. Letztlich sind sie an der Verbrennungsgefahr, insbesondere für Kinderhände gescheitert. Hätten sich die Erfinder jeweils mit der Kachel befaßt, wären den Kunden die Brandblasen und den Konstrukteuren die Enttäuschungen erspart geblieben.

Interessant für TÜV!

Heiße Kacheln, an denen man sich nicht verbrennt, sind nur die eine Seite des Kachelofens, die luftberührte. Die andere ist die feuerberührte Innenseite. Hier herrschen Temperaturen bis 2000° C. An dieser Stelle nimmt das Ofenmaterial Wärme auf, die dann langsam nach außen geleitet und dort abgestrahlt wird. Weil diese Wärmeleitung einige Zeit dauert, ist sie gleichzeitig ein Speicher-Prozeß. Bei manchen großen Kachelöfen kam die Gluthitze eines Holzfeuers vom Vormittag, der guten

Hier ist das Märchen

Stube erst am Abend so richtig zugute. Einfältige Menschen sagen deshalb heute noch, der Vorteil des Kachelofens bestünde darin, daß er »lange nachhielte«. Sie vergessen heute noch die Zeit vom Morgen bis zum Abend, die der besagte Ofen vorweg stillgehalten hat. Auch der beste Kachelofen gab niemals nur ein Quentchen Wärme mehr ab, als er vorher vom Feuer bekommen hätte.

Alte Kachelöfen, die vorwiegend mit Holz oder Torf gefeuert wurden, hatten einen Rhythmus. Der paßte gut zum Tagesverlauf derer, die um ihn lebten. Ohne den Kachelofen hätte es manches Wirtshaus nicht gegeben und kaum eine Bauernstube. Von denen, die im Haus zu tun hatten, wurde so ein Ofen tagsüber für die geschürt, die am Abend hereinkamen. Die ganz ausgefrorenen konnten sich erst auf der Ofenbank wärmen. Danach war es am weiter entfernten Tisch gemütlich. Noch später kam man wieder zur Ofenbank.

Achtung Bauernhäuserbauer!

Wer die Physik des Kachelofens versteht, begreift die Form, die Einrichtung alter Bauernstuben, weiß, als hätte er selbst es bestimmt, warum die alten Kachelöfen immer den Außenwänden gegenüber stehen. In einem Eckraum mit zwei Außenwänden z. B. immer am inneren Ende der langen Diagonale, in einer stirnseitigen Stube mit drei Außenwänden immer am Ende der kurzen Mittellinie. Keiner sage, das habe an der Lage der Kamine gelegen. Hätte man die Öfen an den Außenwänden gebraucht, wären die Kamine dorthin gewandert. Die Öfen mußten innen stehen, weil sonst die kalten Außenwände nicht warm geworden wären. Den Platz des Ofens bestimmte seine Beziehung zu den Außenwänden, nicht die zum Kamin. Im Schloß, vorausgesetzt es wurde bewohnt, genauso wie im Bauernhaus.

Schließlich erklärt sich auch aus der Physik warum es soviele runde Kachelöfen gab. Nicht nur, wie vielleicht ein letzter eingeweihter Hafner sagen mag, weil der runde Ofen weniger »treibt«, d. h. weil er wegen seines radialsymmetrischen Aufbaues gleichmäßiger durchwärmt, weniger Spannungen und weniger Spannungsrisse erleidet, sondern weil der runde Körper besser abstrahlt.

Nur eine Kleinigkeit Physik macht die Entwicklung des Kachelofens deutlich, erklärt wie Ofen und Haus buchstäblich jahrhundertelang einander bestimmt haben. Die physikalische Bestätigung des Kachelofens läßt ahnen, um wieviel der Mensch früherer Jahrhunderte natürlicher empfunden hat, als heute. Ohne exaktes Wissen konnte er, geleitet von diesem Gefühl, vieles »natürlich« richtig machen.

Durch Jahrhunderte keine Ahnung von Physik, und doch: alles richtig!

Weil der Kachelofen viel Tradition, aber wenig Wissen zur Grundlage hatte, ging es mit seiner Entwicklung gegen Ende des 19. Jahrhunderts abwärts. Im Nachhinein begreifen wir, warum ein hochgeschossener Durchsicht-Kachelofen im vielstöckigen Mietshaus nichts Rechtes mehr sein konnte. Wir verstehen, warum ein Handwerk eingehen mußte, das sich mit seinen Öfen mangels Wissen, weder auf neue Häuser, noch auf neue Brennstoffe einstellen konnte.

Daß die Hafner eine Möglichkeit gehabt hätten, gewissermaßen im Geschäft zu bleiben, bewies um 1930 der fränkische Kommerzienrat SUMMA. Als Besitzer einer Weberei hatte er mit Feuerungen wenig zu tun, aber er dachte darüber nach, wie er den größten Posten in der Haushaltsführung, die Kohlenkosten für 15 Kachelöfen und die Mühe mit Kohleneimern und Asche verringern konnte.

Dem Kommerzienrat waren die Kohlen zu teuer

Es beschäftigte einen tüchtigen Hafner und ließ die Öfen der Reihe nach umbauen. Das Ergebnis war mager, doch er glaubte fest, daß es einen Weg geben mußte. Da kam sein Neffe. Frisch von der technischen Hochschule in München nahm er die Ideen seines Onkels auf, begann nocheinmal von vorn und hatte nach gut einem Jahr einen koksgefeuerten Kachelofen mit der Welt bester Feuerung geschaffen.

Sein Lehrer, Professor Nusselt, hatte noch im gleichen Jahr doziert, man könne Kohlen nicht wirtschaftlicher als

Der Professor hatte Unrecht

mit 30 Prozent Luftüberschuß verfeuern und auch das nur in »hochentwickelten« Industrie-Feuerungen. Da bewies ihm sein Schüler an einem kleinen, kaum 10 Liter Brennstoff fassenden Öfchen, daß weniger als 5 Prozent Luftüberschuß auch schon reichen. 98 Prozent der Brennstoffwärme konnte diese Feuerung nutzbar machen. In ähnlichen Öfen waren es vorher nur 50 Prozent.
Die SUMMA-Feuerungen erlebten einen Aufschwung ersten Ranges. Es gab wieder Kachelofenklima. Auch in vielstöckigen Häusern konnte man die sparsamen SUMMA-Öfen aufstellen.
Als es Jahre nach dem Krieg wieder Koks gab, gab es immer noch keine besseren Kachelöfen. Weil man sie aber nicht mit Heizöl feuern konnte, sind sie schließlich anfangs der 60er Jahre vom Markt verschwunden. Und mit Ihnen viel Kachelofenklima.
Wer heute noch vom gemütlichen Kachelofen schwärmt ist kein Träumer. Auch wenn Großmutters gebratene Äpfel und allerlei, von der Erinnerung freundlich verklärte Geschichten um die Ofenbank abgezogen werden, bleibt ein einmaliges Raumklima. Das hat es vorher nicht gegeben und es ist fraglich, ob es jemals besseres geben wird. Daß es zumindest gleichgutes bald wieder geben muß, ist etwas anderes.

Die sogenannte Kachelofen-Warmluftheizung . . .

Der Nachkomme eines Mannheimer Luftheizungs-Fabrikanten glaubt unerschütterlich, er habe in seinem Haus die beste Heizung, die je gebaut wurde, eine sog. Mehrraumheizung. Im väterlichen Betrieb wurde sie einst tausendfach fabriziert. Es ist ein Koksofen in einer gemauerten, teilweise mit Kacheln verkleideten Heizkammer. Der Ofen, inzwischen mit einem Ölbrenner ausgerüstet, erwärmt Luft auf Temperaturen zwischen 40 und 100° C. Die heiße Luft wird mittels Blechrohren in mehrere Zimmer geleitet. Diese Rohre nennt man Zuluft-Rohre. Sie münden meist in Kopfhöhe in die zu beheizenden Räume. Rückluft- oder Umluft-Rohre leiten kalte Luft aus dem Fußbodenbereich wieder zurück unter die Heizkammer.

In jenem Fabrikantenhaus liegt nun ein Sonderfall vor. Die Heizluft aus den Zuluftrohren staut sich in einem bis zu 4 m hohen Wohnzimmer unter einer schiefen Holzdecke. Solange diese Luft heiß ist, bleibt sie weit über den Köpfen der Bewohner. Sie heizt die Holzdecke auf. Die Holzdecke strahlt Wärme nach unten. Weil der untere Luftraum dieses Wohnzimmers relativ kühl ist, kommt ein erträgliches Raumklima zustande. Aber das ist nicht das Klima jener Heizungen, die der Vater jahrzehntelang verkauft hat. Zufälliges Zusammentreffen glücklicher Umstände machte aus einer Luftheizung eine indirekte Deckenheizung und bescherte kurrioserweise ein wenigstens mittelmäßiges Strahlungsklima.

. . . ist bisweilen etwas anderes

Der Fabrikantensohn erkennt diesen Zusammenhang nicht. Er versteht auch nicht, wieso Kunden mit den Heizungen seines Vaters weniger zufrieden sind als er, warum sie dauernd über heiße Köpfe und kalte Füße klagen. Würde er sich eines Wintertages in seinem Wohnzimmer auf eine Leiter stellen, den Kopf so in 3 m Höhe, dann käme mit dem Schweiß auf der Stirn gewiß die Erleuchtung. Seine Schuhspitzen hätte er zwar in nur 22grädiger Luft, die Nasenspitze aber in mindestens 40grädiger.

Kurzum, der Mann hat eine Sonderform von Strahlungs-

Ein leider sehr häufig gemachter Fehler

heizung. Deren raumklimatische Erträglichkeit schreibt er der Luftheizung zu. Eine richtige Beobachtung ist falsch gedeutet. Wenn man die Entstehung dieser Art von Luftheizungen kennt, die Entwicklung überschaut, zeigt sich, daß dieser Fehler nicht erst einmal gemacht wurde.

Ein Handwerk auf der Flucht

Das ist kein Wunder, denn das Handwerk, das heute diese Luftheizungen baut, ist seit zwei Jahrhunderten auf der Flucht. Von einem (scheinbar) niedergehenden Beruf flieht es in den anderen. Am Beginn dieser Odyssee ist der Dresdner J. F. Böttger schuld. 1708 hat er mehr oder weniger zwangsweise das Europäische Porzellan erfunden. Mit seiner Erfindung sorgten andere dafür, daß die Geschäfte der Hafner und Töpfer erstmals schlechter gingen. Vor der Porzellanzeit waren sie die Geschirr-Lieferanten. Sie hatten zu tun damit, denn Töpfe und Tassen waren oft schneller zerschlagen, als sie auf der Scheibe geformt, im Ofen gebrannt werden konnten.

Obgleich Porzellan fast so leicht wie Glück und Glas bricht, sahen die Töpfer schwarz. Viele ließen die Töpfe sein und bauten Kachelöfen. Natürlich konnten sie das. Ihre Brennöfen hatten sie von jeher selbst errichtet. Und Kacheln, das waren irdene Schüsseln, auf der Töpferscheibe rund gedreht, dann rechteckig geformt, gebrannt, als Ofenmantel gesetzt, verfugt. Das Geschäft ging gut. Als dem Porzellangeschirr durch das blecherne Emaille-Geschirr industrielle Konkurrenz erwuchs, tat das den Hafnern schon nicht mehr weh. Es war längst die hohe Zeit der Kachelöfen. Töpfer formten barocke Kunstwerke des Ofenbaues und wunderschöne Öfen noch im Rokoko. Biedermeier-Röschen fanden sich dann allerdings schon an eisernen Öfen, und die Jugendstil-Girlanden auf gußeisernen Radiatoren der Dampfheizungen waren das Ende der Hafner- und Ofensetzer-Blütezeit. So meinten viele und wandten sich von der Kunst des Kachelofenbaues ab. Mit der Zeit gehen wollten sie, mit einer Feuerung mehrere Räume heizen, wie die Dampfheizungsleute.

... kommt zwischendurch zur Blüte!

Doch die Flucht ... ging weiter

Es gab zwei Lösungen. Eine kleine, mit echten Kachelöfen, die durch die Zimmerwände gebaut waren und, von einem Raum geschürt, zwei oder drei andere mitheizten.
Die größere Lösung war eine Art Erfindung: durch den Kachelmantel wurde Luft geführt, erwärmt und durch Rohre in mehrere Zimmer geleitet. Das nannte man Kachelofen-Warmluftheizung.
Daß beide Lösungen nur zu verwirklichen waren, wenn die Häuser eigens dafür gebaut wurden, wollten die Anhänger der Luftheizungen am wenigsten glauben.
Sie wollten es auch nicht wahrhaben, daß Ihre neuen Anlagen vom Kachelofen ebensoweit entfernt waren, wie von der Zentralheizung, ja, daß sie eigentlich von beiden nur die Nachteile hatten: Kohle und Asche in der Wohnung, staubige Luft in allen Räumen, geschwärzte Wände und Decken über den Luftaustrittsgittern. Häuser mit Kachelofen-Warmluftheizungen waren immer hellhörig, denn die Luftkanäle funktionierten wie Sprechanlagen. Das Raumklima dieser Anlagen war immer miserabel. Heiße Luft unter der Decke, kalte Wände, kalte Fußböden. Es gab aber auch nichts, was die Ofensetzer an diesen Anlagen nicht versucht hätten. Rückluftkanäle wurden weggelassen, dann doch wieder eingebaut. Nachschalt-Heizflächen sollten den Brennstoff besser ausnützen. Eingebaute Ventilatoren sollten Heizluft in entfernter liegende Räume blasen. Den Staub, der dadurch ausgestoßen wurde, sollten Filter abhalten. Für Filter waren die Ventilatoren zu schwach, stärkere waren zu laut. Dann wurden wassergefüllte Heiztaschen in die Feuerungen eingebaut, und mit dem warmen Wasser Heizkörper in entfernten Räumen betrieben. Diese Anleihe bei der Warmwasserheizung sahen die Heizungsleute nicht gern.

Viele Versuche, aber keine Lösung!

In den 50er Jahren wollte die Ruhrkohle helfen. Schließlich wurde in diesen Heizungen bis dahin ausschließlich Kohle und Koks verfeuert. Doch während die Kohlen-Ingenieure noch mit Bügeleisenthermostaten und Spiel-

zeugmotoren Feuerungsregler bastelten, importierten einige Ofensetzer die ersten Ölbrenner.
Das waren Verdampfungsbrenner wie in Ölöfen, jedoch mit einem Gebläse auf höhere Leistungen getrimmt. Manche funktionierten ausgezeichnet. Andere machten Kummer, weil sie in ihren Heimatländern mit Petroleum betrieben wurden, hier mit Heizöl. Das ist ein Unterschied. Doch mit der Zeit gab es deutsche Brennerfabrikate und die Hafner wechselten allgemein von der Kohle zum Heizöl.

Die Flucht ging weiter

Einige setzten auf ein ganz anderes Pferd. Anstelle von Luftkanälen verlegten sie Ölleitungen, und zwar vom Tank im Keller zu allen Ölöfen im Haus. Das ist die Lösung, sagten sie sich und nannten das neue Geschäft Zentrale Ölversorgung. Jetzt konnte eine Wohnung 10 Zimmer haben, ein Haus 5 Etagen. Je mehr desto besser, jedes Zimmer einen Ofen, jede Wohnung einen Zähler. Ein nettes Geschäft. Nur Ölherumpump-Technik ist keine Heiztechnik und selbst hundert Ölöfen sind keine Zentralheizung. Wer das nicht glaubt, dem ist nicht zu helfen. Zu helfen ist auch den Ofensetzern nicht, die inzwischen »Luftheizungsbauer« genannt werden wollen. Sie haben sich längst an Gasfeuerungen für ihre Luftanlagen versucht und hoffen nun auf die Welle des »Airconditioning«. Die Industrie verspricht das große Geschäft. Sie verspricht es allen, den Heizungsbauern mit und ohne Luft. Warum es am Ende keiner im erwarteten Ausmaß machen wird, steht auf einem anderen Blatt.

Gute Geschäfte mit Provisorien!

Von der Töpferscheibe durchs Ofenrohr zu den Heizöltanks am Gasrohr entlang zum Luftbefeuchter war es eine lange Flucht. Zu Ende wird sie erst sein, wenn das Handwerk die Luft in Ruhe läßt, und richtige Heizungen baut. Oder gar keine mehr!
Die Luftheizungen der Hafner hatten von jeher viele Fehler. Der größte ist das schlechte Raumklima. Heizluft mit Temperaturen zwischen 40° C und 100° C ist keine Atemluft. Sie ist überhaupt nur auszuhalten, weil

sie unter der Decke hängt, solange sie heiß ist. Typisch für das Luftheizungsklima dieser Anlagen ist eine Erscheinung die viele Besitzer schildern. Beim Betreten eines Raumes hat man zunächst das Gefühl es sei sehr schön warm. Sitzt man kurze Zeit darin, wird es dennoch ungemütlich. Die Physik erklärt das. Zuerst atmet man noch im Stehen verhältnismäßig warme Luft aus einer Schicht der entsprechenden Höhe. Schon, oder gerade der erste Atemzug vermittelt den Eindruck »hier ist es besonders warm«. Anschließend sitzt man in wesentlich weniger warmer Umgebungsluft, hält die Beine in einer Zone die um 10° C und mehr kälter ist, als die anfangs empfundene. Das muß auf die Dauer ungemütlich sein. Dazu kommt die niedrige Temperatur im unteren Bereich der Außenwände. In der Regel sind das nur 12 bis 14° C.

Immer wieder: Physik!

Ungemütlich ist ganz bestimmt auch die Windempfindlichkeit vieler Anlagen. Bläst der Wind aus dem Osten, sind nur die westlichen Zimmer warm und umgekehrt. Ursache ist nicht der Wind, sondern es sind undichte Fenster und Türen. Ob sich je ein Ofensetzer mit dem betreffenden Schreiner auseinandergesetzt hat, ist nicht bekannt. Bekannt sind aber die Luftdrucktheorien, die »Druckausgleichskanäle« durchs Haus und unter die Heizeinsätze nach sich zogen. In der Vorstellung mancher Kunden konnten solche Rohre der Frischluftzufuhr dienen, tatsächlich waren sie manchmal vorzügliche Leitungen für warme Zimmerluft. Beim richtigen Wind konnte sie in Strömen durch die Rohre ins Freie, mußte sich nicht durch Fensterritzen zwängen.

Der Kunde, das Versuchskaninchen?

Natürlich führt so etwas zu schlechter Wirtschaftlichkeit. Auch wenn es Gegenstimmen gibt: Bezogen auf den kleinen Teil eines Hauses, der mit diesen Heizungen effektiv beheizt wird, ist der Brennstoffverbrauch ausgesprochen hoch. Seine Ursache hat er in der hohen mittleren Lufttemperatur. Der natürliche Luftwechsel eines Raumes, was an Luft infolge des Winddruckes durch das Haus gepreßt wird, nimmt viel Wärme mit.

Alles Physik!

Selbst bei Windstille ist dieser Wärmeverlust gegeben, wenn auch in kleineren Mengen. Durch die Ritzen im unteren Teil der Fenster drängt kalte Luft herein, oben strömt sehr warme nach draußen. Daran kranken alle Luftheizungssysteme, nicht nur die der Hafner.

Der Staubpegel wird hier zur Staubwolke

Erwähnenswert ist auch die Staubbelästigung durch Warmluftanlagen. Sie beeinflußt nicht nur, wie inzwischen bekannt, das Klima durch Reizung der Schleimhäute in den Atmungsorganen. Bei Warmluftheizungen wird die Staubbelästigung sichtbar. Anlagen bei denen oft durch Klappen oder Gitter der Luftdurchsatz verändert wird, oder bei denen sich infolge des Aus- und Einschaltens der Feuerung die Luftumwälzung zwangsläufig ändert, sind besonders davon betroffen. In den Phasen geringerer Luftbewegung lagert sich in der Heizkammer und in den Kanälen Staub ab, der von stärker bewegter Heizluft später geradezu herausgeblasen wird. Manche Hausfrauen wissen darüber ein Lied zu singen. Vielfach zeigt sich über den Austrittsgittern der Warmluft im Lauf der Zeit an den Wänden eine strähnige, an den Decken eine eher gleichmäßig verlaufende Schwärzung. In dieser Form hat es das bei Kachelöfen nicht gegeben. Die Kachelofen-Warmluftheizungen zeichnen sich damit besonders aus. Ein Münchner Innungsmeister, späterer Reichsinnungsmeister, nebenberuflicher Hauptmann der freiwilligen Feuerwehr, hat der Sache einen Namen gegeben. Wohl aus dem Sprachschatz seiner Branderfahrung schuf er den Begriff »Staubverschwelung«. Staub, so soll er erklärt haben, ist immer in der Luft. Kommt er mit eben derselben an den heißen Ofeneinsatz, so verschwelt der Staub zu Ruß. Daß Ruß die Wände schwärzt, ist schließlich eine Naturerscheinung. Wer wollte dagegen etwas sagen?

Der pfiffige Feuerwehr-Hauptmann findet den passenden Namen

Leider wurde nichts dagegen gesagt. Seit im Jahre 1783 A. L. Lavoisier die Oxydation entdeckt und der Flogeston-Theorie vom »Feuergeist in allem Brennbaren« den Garaus gemacht hat, gibt es die Antwort.

Staub, soweit er überhaupt von organischer Substanz

ist, kann bei diesen Temperaturen nicht verbrennen. Schwelen heißt im Feuerwehr-Deutsch langsam dahinbrennen, glimmen.
Der Ausdruck war dienlich, weil er in eine Gedankenkette vom schwelenden Brand zu verkohltem Holz führte. Das ist noch viel schwärzer als der Staub an jenen Wänden. Wenn aus Staub schwarzer Ruß werden sollte, durfte er außerdem nicht vollends oxydieren, sondern nur teilweise, unter Sauerstoff-Mangel. Da haben wir's, ein Schwelbrand ist auch kein richtiges Feuer! Hatten die Professoren am Ende doch recht, die aus der Feuerwehrhauptmannsidee ihre Staubverschwelungstheorie entwickelten, die sagten, je heißer die Heizflächen, um so stärker die Staubverschwelung, je milder die Temperaturen, um so schwächer?

Zur Abwechslung Chemie, statt Physik!

Trotz der Beobachtung, daß heißere Heizflächen zu schwärzeren Wänden führen, als weniger heiße, ist die Theorie der Staubverschwelung blanker Unsinn!

Alle die wissen, unter welchen Voraussetzungen ein Kamm kleine Papierschnitzel anzieht, kennen die Physik der schwarzen Wände. Der Kamm wird an trockenem Stoff gerieben. Das lädt ihn elektrostatisch auf. Mit der Kraft dieser Ladung zieht der Kamm die Papierschnitzel an sich. Genau wie der Kamm werden die besagten Wandflächen durch Reibung aufgeladen: der ständig vorbeistreichende Warmluftstrom besorgt das. Die Kraft der elektrostatischen Ladung zieht den Staub an, den der Luftstrom mitführt.
Der Zusammenhang zwischen hoher Heizflächentemperatur und starker Schwärzung existiert auch im Rahmen dieser physikalisch richtigen Erklärung. Je heißer die Heizflächen, desto höher werden die Lufttemperaturen, um so stärker wird der Auftrieb, um so größer die Geschwindigkeit des Warmluftstromes. Schnellere Luftströmung bringt mehr Reibung, dadurch eine stärkere Aufladung und von vornherein schon höheren Staubgehalt. Diese Physik funktioniert deshalb besonders gut, weil

Staubpegel!

der Warmluftstrom die Wandoberfläche und den Staub so besonders gut trocknet. Trockenheit begünstigt die elektrostatische Aufladung der Wand und der Staubpartikel. Das erklärt andererseits, wieso Innenwände wesentlich stärker geschwärzt werden als – unter sonst gleichen Bedingungen – Außenwände: das Mauerwerk von Innenwänden ist in der Regel trockener als das der Außenwände. Wenn Heizkörper irgendwelcher Art ausnahmsweise keine Spuren hinterlassen, z. B. an Wänden wo man eigentlich Schwärzungen sehen müßte, liegt es am Feuchtigkeitsgehalt der Wand. Längere oder regelmäßige Betriebsunterbrechungen können die Wand durchfeuchten; nicht so stark,daß Pilze sprießen, versteht sich, aber ausreichend um die Oberflächenladung abzuschwächen.

So ist das!

Der schlüssige Beweis für die naturgesetzliche Elektrostatik an unseren Zimmerwänden sind die hellen Ecken. Wo Wände und Decken aneinanderstoßen, bleiben in den Zimmerecken senkrechte, unter den Decken waagrechte, helle Streifen. Die gleichnamigen Ladungen der senkrecht aufeinanderstehenden Flächen stoßen einander ab. Die Teilchenbewegung aus den Ecken wehrt den Staub ab. Deshalb bleiben die Ecken sauberer.

Das hätte doch jeder Professor gelernt!

Es wurde in der Vergangenheit mehrfach versucht Gegenmittel zu erfinden, »Weißmacher« für Zimmerwände! Vor 15 Jahren gab es eine Wandbeschichtung mit angeblich positiver Ladung. Theoretisch würde sie den positiv geladenen Staub abstoßen. Praktisch können schwebende Partikel ihre Ladung ändern, richtiger, von anderer Ladung überzogen werden. Wahrscheinlicher ist es daher, daß der stark poröse Belag hygroskopisch, feuchtigkeitsanziehend war und nur die Ableitung der Ladung von der Wand begünstigt hat.

So etwas fördert kein Farben-Konzern!

Die Initiatoren dieses Versuches und ähnlicher Bemühungen konnten durchaus auf dem richtigen Weg sein. Erfolglos mußten sie auf die Dauer bleiben, weil die überdurchschnittlich lang sauber bleibende Wand nicht in das Konsumdenken des letzten Jahrzehnts paßt.

Da lagen die Heizungsleute schon richtiger, wenn sie aus der Staubverschwelungs-Theorie ihre Ideologie der möglichst großen Heizungen mit möglichst niedrigen Betriebstemperaturen ableiteten.

Allein, wegen der Heizungen die Elektrostatik im Wohnraum zu ergründen, nach Mitteln ihrer Beeinflussung zu suchen, ist heute müßig.

Weil wir unserer Gesundheit zuliebe das Raumklima ändern werden, löst sich die Sache mit der schwarzen Wand von selbst.

Apropos: Es hat schon schwarz, oder fast schwarz angestrichene Wände gegeben. Darauf haben sich die Staubfahnen hell abgezeichnet.

Klar? Na also!

Solange noch jegliche Heizung Wände grau werden läßt, sollen die interessierten unter den Heizungsleuten die Wandzeichnungen studieren. Es sind hervorragend aufschlußreiche Schaubilder der Luftströmung. Seit Jahrzehnten zeigen diese Fahnen, was die ganz modernen Infrarot-Kameras auch nicht besser fertig bringen: den Verlauf der Wand- und Deckentemperaturen. Die absoluten Temperaturen einzelner Punkte zu erfahren ist interessant, gewiß. Dem Verständigen genügt es aber zu sehen, wo es Schwärzungen gibt, um zu wissen wo es kalt ist. Wirklich warm sind die Wände bei Luftheizungsklima immer nur dort, wo sie schwarz werden. (Die grüngrauen Pilze hinter den Kleiderschränken wachsen dort, weil die Wand so hell bleibt. Sie ist dort kalt, wird feucht, dadurch noch kälter und nie mehr trocken. Da sprießt der Schimmel).

Staubfahnen als Temperatur-Schaubilder

Die Ofensetzer der 30er Jahre konnten den staubigen Wandmalereien ihrer Heizungen nicht nur einen klingenden Namen geben. Sie konnten auch sagen, das gibt es bei anderen Heizungen genauso.

Ein schlechter Trost

Küchenduft, unverfälscht im Schlafzimmer, Fichtennadel (-Badesalz)-Aroma im Wohnzimmer, sind dagegen ausschließliche Vorzüge der Kachelofenluftheizungen. Die Luftkanäle sorgen für entsprechend raschen Luftaustausch. Die Kanäle sind auch vorzügliche Sprachrohre.

Wenn eine Anlage »richtig« gebaut ist, kann man aus jedem Zimmer jedes Wort, in jedem angeschlossenen Zimmer hören. Von jeher hat das nur Spießer gestört. Aufgeschlossene Eltern haben keine Geheimnisse vor ihren Kindern. Gilt das auch umgekehrt? – Einerlei!

Die Anlagen waren billig. Sie wurden immer wieder gekauft, weil sie billiger waren als Warmwasserheizungen. Wesentlich billiger in der Anschaffung und, infolge der eingeschränkten Inanspruchnahme, billiger im Gesamtverbrauch. Man begnügte sich mit der mäßig warmen Wohnstube, temperierte vielleicht noch das Bad, gelegentlich ein Kinderzimmer oder das Schlafzimmer. Flur, Treppenhaus, WC, alle weiteren Zimmer blieben kalt. Das war der Grund für den geringen Brennstoffbedarf. Die Besitzer sparen heute noch Heizkosten, weil sie es kalt haben, nicht wegen der Wirtschaftlichkeit der Anlagen. Dieses »Vergnügen« teilen sie mit den Besitzern vieler Gasöfen und Elektroheizungen.

Hauptsache: billig!

Bleibt die Frage, warum dennoch tausende von Einfamilienhausbesitzern mit den Warmluftheizungen zufrieden sind. Die Antwort ist kurz: weil sie es nicht besser wissen. Einziger Maßstab für jedweden Heizungsbau ist bis heute das Geld. Das scheinbar gesparte Geld! Auch, wenn das Zipperlein davon kommt, ein gepflegtes Rheuma, ein kleiner Lungenkrebs und andere Beschwerden.

Hauptsache: billig?

Wann wird Schluß gemacht mit der Irrlehre, Heizung sei nur etwas für Leute mit Geld? Gesunde Heizungen können billiger sein als die hergebrachten. In der Anschaffung und im Betrieb. Sogar der nachträgliche Einbau in fertige Wohnungen kann billiger und einfacher sein. Ungefähr so einfach wie das Aufstellen eines Ölofens und auch nicht teurer.
Wer kümmert sich darum? –
In rund 13 Millionen bundesdeutscher Wohnungen stehen heute noch etwa 15 Millionen Einzelöfen. Weil sie billiger sind als eine Zentralheizung. Aber das ist gelogen. Die Ofenbesitzer glauben das nur, weil man es ihnen schon so lange vorsagt. Ofenheizung ist in der Anschaffung und im Betrieb teuerer als die teueren orthodoxen Zentralheizungen. In der Bundesrepublik heizen 15 Millionen Öfen die Wohnungen ihrer Besitzer ebenso schlecht wie teuer!
Seit Mitte der 50er Jahre haben sich die großen Siedlungsträger immer wieder ausgerechnet, daß sie ihre Sozialwohnungen mit Zentralheizungen billiger herstellen könnten als mit Einzelöfen. Nichtdestoweniger war es ihnen durch die Gesetze des sozialen Wohnungsbaues verboten, nach Erkenntnissen zu handeln.
Öfen dokumentieren den sozialen Status. Und sie hatten, wenigstens in den 60er Jahren, noch einen Vorteil: Der Hausbrand-Absatz der Kohle war durch sie gesichert. 15 Millionen Kohleöfen haben dafür gesorgt, daß der Hausbrand-Absatz von 1960 bis 1970 nur von 23 auf 20 Millionen t/a zurückgegangen ist. Der Heizöl-Absatz hat sich in dieser Zeit mehrfach verdoppelt. Ohne diese beiden Funktionen wären Öfen längst entscheidend weniger.
Warum sind Öfen in der Anschaffung teuerer als teuere Zentralheizungen? –
Weil der Ladenpreis der Öfen der kleinste Teil der Kosten ist.
Öfen brauchen Kamine. Kamine sind Bauwerke. Laut Vorschrift – und damit sie stehen bleiben – brauchen sie

Die unsoziale Ofenheizung

Dies war der Stand von 1972. Mittlerweile sind die Armen weniger geworden: Es heizen nur noch 10 Millionen Einzelöfen

Handeln wider besseres Wissen . . .

gehörige Fundamente, außerdem Putztüren, Anschlüsse, Abdeckplatten. Laut Vorschrift muß seit geraumer Zeit jedes Zimmer einen Ofenanschluß bieten. Deshalb braucht man für jede Wohnung mehrere Kamine. Es können nicht beliebig viele Öfen an einen Kamin angeschlossen werden, deshalb braucht man in mehrgeschoßigen Häusern für jede Wohnung noch mehr Kamine. Die kosten Geld. Für eine Dreizimmer-Wohnung mit Bad anteilig ca. 5000,– D-Mark!

Das wurde dutzendmal nachgerechnet

Für den Preis allein der Ofen-Kamine kann eine teuere, althergebrachte Zentralheizung komplett installiert werden.

Das Geld für die Öfen, für die Kohlen- oder Heizölkeller, für die Heizöltanks bleibt übrig. Jede Dreizimmer-Wohnung wäre ohne die Kamin-Batterien außerdem um fast 1,5 Quadratmeter größer. In vielen Wohnungen käme es genau darauf an. Mit diesen 1,5 Quadratmetern hätte im Bad die Waschmaschine Platz, ginge im Schlafzimmer die eine Schranktür auf, könnte das Stockbett im Kinderzimmer abgebaut werden.

Für die Zentralheizung müßte der Sozialmieter aber mehr Miete zahlen. Kraft Gesetzes ja, aber nicht Kraft der Logik!

Mit der Miete werden die Baukosten verzinst und amortisiert. Ob von der Summe der Baukosten ein Teil für Ofenkamine oder für eine Sammelheizung ausgegeben wird, ist einerlei. Die Miete müßte keinen Pfennig teuerer sein. Es sage keiner, die Kamine halten länger als die teilweise »maschinelle« Heizungseinrichtung. Woraus ergäbe sich dann das vorzügliche Geschäft der Kamin-Reparateure?

Dutzende von Kalkulationen haben seit 1955 immer wieder gezeigt, sozialer Wohnungsbau ist mit Zentralheizung keinen Pfennig teuerer als mit Ofenheizung.

Wie steht es dann mit den Betriebskosten? – Nicht anders! Die vielgerühmten Sparmöglichkeiten der Ofenbesitzer beruhen auf zeitweiser oder teilweiser Heizung der Wohnungen.

Angenommen der Durchschnittsbesitzer eines Ofens heizt halb soviel, wie das eine Zentralheizung automatisch täte. Dann zahlt er bereits mehr! Erstens, weil der Brennstoffbezug – Kohlen wie Heizöl – im kleineren viel teuerer ist, zweitens, weil das Auskühlenlassen und Wiederaufheizen wesentlich mehr Heizmaterial kostet als der Dauerbetrieb.

Das ist noch nicht alles!

Ofenheizung ist ein Paradebeispiel für unsoziale Einrichtungen. Diese Behauptung wird außer von den Kosten, auch von den raumklimatischen Verhältnissen gestützt.

Fast alle sog modernen Öfen für Kohle und Heizöl sind Warmluftöfen. Statt heißer, strahlender Ofenwände gibt es kalte Gitter oder Blechverkleidungen. Einige sogar in Holzdekor, weil das so schön geschmacklos ist. Die Raumluft wird durch den Ofen geleitet, in Kanälen erhitzt und dadurch soviel als möglich und so rasch als möglich umgewälzt. Luftheizungsklima, staubhaltige, warme Luft in Kopfhöhe, kalte Wände, kalte Füße sind die Folgen.

Öfen sind Staubpegel-Erhöher ersten Ranges

Nocheinmal: hoher Staubpegel führt zu Lungenkrebs

Verschlechtert wird dieses der Gesundheit sowenig zuträgliche Raumklima durch die kalten Nebenräume. Wäre bei einem zentralbezeizten Haus nur die Außenwand des Wohnzimmers eine »kalte« Wand, so sind es infolge der (von den Nachbarn nicht betriebenen) Ofenheizung deren drei bis fünf. Da kann ein Riesenofen zwar die volkstümliche »Bullenhitze« bringen, aber keine wirklich gemütliche Wärme.

Nur gut, daß niemand weiß, wieviele winterliche Erkältungen, wieviele Schnupfen sich alljährlich daraus ergeben. Aber ausgesprochen schlecht ist es, daß niemand weiß, wieviel Rheuma auf die halb- bis dreiviertelkalten Wohnungen zurückzuführen ist.

Die nichtbeheizten Räume einer ofenbeheizten Wohnung werden in jedem Winter feucht. Um so feuchter, je stärker der Hauptraum geheizt wird. Das ist wieder einmal Naturgesetz.

Öfen sind nicht nur unsozial,

sondern auch ungesund

Aus dem Kapitel über Luftfeuchte ist bekannt, daß in warmer Luft mehr Feuchtigkeit enthalten sein kann als in kälterer. Die warme Luft des Hauptraumes ofenbeheizter Wohnungen, kriegt allabendlich eine Menge Feuchtigkeit aufgeladen. Aus der Atemluft der Bewohner, aus dem Teekessel oder gar aus den Kochtöpfen der sog. Wohnküchen, vielleicht auch ein Sonderquantum vom Gasherd. Die Luft verträgt das, ist sie doch im oberen Luftraum des Zimmers auf 25 bis 40° C aufgeheizt. Weil die Türe immer wieder einmal aufgeht, ja vielfach sogar absichtlich in Richtung Schlafzimmer oder Kinderzimmer geöffnet wird, kommt diese feuchtigkeitsträchtige Luft in den kalten Teil der Wohnung. Dort kühlt sie sich ab. Die Nebenräume werden dadurch etwas temperiert, aber an den kalten Wänden gibt die auskühlende Luft jenes Wasser ab, das sie nicht mehr mitführen kann. Die kalten Wände saugen diese Feuchtigkeit auf. Dadurch erhöht sich die Wärmeleitfähigkeit der Mauern, d. h. die Wände werden anschließend noch kälter, entziehen folglich der Luft noch mehr Feuchtigkeit. Hinter dem Schrank, an der Außenwand wachsen schwarze Schimmelpilze. Es gibt in ofenbeheizten Wohnungen Schlafzimmer, an deren Wänden kann man während entsprechender Frostperioden Einkristalle an den Wänden funkeln sehen.

Das sollten sich Ofen-Fanatiker merken

Rheuma gibt es in kalten Schlafzimmern auch ohne Eis an den Wänden. Das kommt so. Der Mensch steigt ins kalte Bett, rollt sich zusammen und deckt sich fein säuberlich zu bis zum Hals. Nach einer Weile ist der Schlafplatz durchwärmt. Der Mensch schläft ein. Er ist im großen ganzen noch gesund, sein Kreislauf funktioniert, deshalb wird es unter der Decke immer wärmer. Schließlich wird es zu warm. Der Mensch deckt sich an der Schulter ab, legt einen Arm heraus, streckt ein Bein unter der Decke heraus oder jeweils zwei. Weil er auch im Schlaf seine festen Gewohnheiten hat, sind das immer dieselben »Kühlflächen« die er einsetzt. Genau an diesen Stellen aber kommt das Rheuma. Wenn man es

Diese Rheuma-Zucht halten Deutsche für sportlich

merkt, ist es in aller Regel mindestens zehn, eher zwanzig bis dreißig Jahre zu spät. Kommt also zur Kritik am sozialen Wohnungsbau wegen der unsozial kleinen Wohnungen, wegen der unsozial hohen Mieten noch der Vorwurf, unsozial teuerer, schlechthin gesundheitsschädigender Ofenheizung.

Ungeheuerlich? – Einerseits, andererseits ist Ofenheizung – sozialer Status hin oder her – ausgesprochen beliebt. Sie kommt einer ganz besonderen Eigenschaft unserer Bundesbürger entgegen, dem Wärmeneid. Weil außerhalb der Grenzen unseres Landes weit weniger ausgeprägt, kann er mit Fug auch »Deutscher Wärmeneid« genannt werden.

Ein trauriges Kapitel

Er entwickelt sich fast immer, wenn mehrere Wohnungen in einem Hause sind. Seine Basis ist die ganz gewiß falsche Vorstellung über den Wert derjenigen Wärme, die durch zwei oder drei der eigenen vier Wände den Nachbarn zugute kommen könnte.

Natürlich muß der Besitzer einer Mittelwohnung ein Scheit mehr in den Ofen stecken, wenn die Nachbarn links und rechts, drunter und drüber nicht heizen. Ebenso natürlich spart der Besitzer einer Mittelwohnung nicht bloß ein Scheit, wenn alle Nachbarn heizen. Aber das dürfte doch nicht dazu führen, daß man selbst im Kalten sitzt und friert, nur um den Nachbarn das Sparen zu vereiteln. Möchte man meinen! Die Praxis sieht anders aus. Die Angst »für den Nachbarn zu heizen« ist der Grund, warum viele sog. Sozialmieter auf dem Sozial-Status Ofenheizung beharren. Wenn sie dennoch in den für sie zunächst immer zweifelhaften Genuß einer zentralbeheizten Wohnung kommen, fordern sie eine Heizung »zum Abstellen«. Aus Wärmeneid zwingen sie mit ihren Forderungen die Vermieter, die ohnedies schon teueren Heizungsanlagen noch teuerer auszurüsten. Vermieter sind mitunter die mächtigsten Siedlungsgesellschaften. Wider bessere Erkenntnis müssen sie, nur um dem Unverstand der Mieter auszuweichen, teuerere Mieten und höhere Heizkosten verlangen.

Möchte man meinen!

Dabei wäre doch mit einer einfachen Überlegung alles aus der Welt zu schaffen: wenn es zu beiden Seiten einer (Wohnungstrenn-) Wand gleich warm ist, kann Wärme weder hin noch her wandern. Das bedeutet, wenn alle Nachbarn heizen, heizt jeder nur für sich. Im gleichmäßig und ganz beheizten Haus sind die Heizkosten für alle am niedrigsten. Weil jeder nur für sich heizt, gibt es im ganz beheizten Haus keinen Grund für Wärmeneid. Je schneller sich diese Einsicht verbreitet, desto schneller wird der Weg frei für billigere, wirtschaftlichere Heizungssysteme mit wirklich gesundem Raumklima. Solange sich Wohnungsnachbarn gegenseitig die Zimmerwände abkühlen, in dem sie aus falscher Sparsamkeit nicht heizen, oder die Heizung abdrehen, sind wirtschaftlicher Betrieb und eine vorausbestimmte Stetigkeit des Raumklimas unmöglich.

Man kann aber doch nicht eine Wohnung ganz heizen, sagen Sozialmieter, auf alle Fälle müsse das Schlafzimmer kalt sein, im warmen Zimmer schlafen sei ungesund, ja ganz unmöglich.

Es gibt eine einfache Lösung

Die große Bedeutung des Schlafes für die Gesundheit des Menschen und für sein seelisches Wohlbefinden erfordert hier eine ausführlichere Erklärung. Die Schlafgewohnheiten sind in der Regel sehr ausgeprägt. Auch wenn der Einzelne nur wenig darüber weiß, durchlebt er jede Nacht im Schlaf ein Wechselspiel besonders ruhiger und relativ bewegter Phasen. Auf erzwungene Änderungen reagiert der Mensch aus dem Unterbewußtsein ungewöhnlich stark. Erwiesenermaßen führen Störungen der Schlafgewohnheiten zu stärkerem Seelenverschleiß – heute Streß genannt – als etwa der Tod eines Familienangehörigen oder berufliche Probleme.

Wer vom geheizten Schlafraum spricht, muß geradezu auf Widerspruch stoßen bei einer Nation, die im kalten Schlafzimmer aufgewachsen ist.

Am kalten Schlafzimmer dieser Nation ist aber allenfalls die kalte Luft gesund. Und die ist es nur, wenn sie infolge geöffneter Fenster auch frisch ist. Weil die win-

ters ungeheizten Schlafzimmer alles vertragen, nur keine geöffneten Fenster, ist meist nicht einmal die kalte Luft gesund.
Für den schlafenden Menschen hat die Atmung die gleiche Funktion wie für den wachen. Mit der Ausatmungsluft werden Wärme und Wasserdampf über die Lunge abgeführt. Das geht um so besser, je kühler und trockener die Luft ist. Darum ist kühle Luft gesundem Schlaf zuträglich. So gesehen, könnte das Schlafzimmer ungeheizt bleiben. Ungeheizte Schlafzimmer haben aber kalte Wände. Kalte Wände werden im Winter feucht. Feuchtkalte Schlafzimmerwände führen auf die Dauer zu Rheuma. Also doch heizen und auf kühle Luft verzichten? Auf kühle Nachtluft nicht verzichten, aber trotzdem heizen ist die Antwort!
Wer das Schlafzimmer wie das Wohnzimmer, tagsüber heizt und nachts das Fenster öffnet, macht es halbwegs richtig. Im Herbst und im Frühjahr steht ein Fensterflügel ganz offen, im strengen Winter ist er nur einen Spalt weit geöffnet. Die Heizung nachts abzudrehen wäre falsch. Bei der üblichen Zentralheizung schickt der angestellte Heizkörper warme Luft unter die Zimmerdecke und hält sie dadurch warm. Die Strahlung von der warmen Decke dämpft beginnendes Rheuma. Das tun auch die tagsüber von der Heizung durchgewärmten Wände. Daß diese Wände infolge des geöffneten Fensters relativ stark auskühlen während der Nacht, macht das nächtliche Lüften mit Fenstern – oder auch Türen – zum Provisorium.

Die Klimaluke fürs Schlafzimmer!

Perfekt läßt sich Schlafzimmerklima nur mit einer Klimaluke gestalten. Sie garantiert Schlaf im geheizten Raum, mit warmen Wänden und einer warmen Zimmerdecke, aber gleichzeitig mit frischer Luft, die so kalt sein kann, wie sie will, ohne irgendwie zu schaden. Die Klimaluke im Schlafzimmer ist ganz allgemein, eine Lüftungsmöglichkeit die vom Fußboden bis zur Kopfhöhe des im Bett liegenden Menschen reicht. In der geschicktesten Ausführung ist das ein Lüftungsflügel im unteren Drittel der Balkontüre des Schlafzimmers. Eine Klimaluke kann auch derart eingerichtet werden, daß vor der geöffneten Balkontüre ein Rolladen bis auf 50 cm Höhe über dem Boden heruntergelassen wird. Der Rolladen darf keine Luftschlitze haben. Wenn er sie trotzdem hat, wird in die Führungsschiene links und rechts in entsprechender Höhe je ein Flaschenkorken geklemmt. Daran sitzt der Rolladen auf und seine Luftschlitze schließen sich. Das ist wichtig!

In einem Schlafzimmer mit Klimaluke ist während der kalten Jahreszeit nachts nur diese Luke geöffnet. Alle übrigen Fenster und Türen sind geschlossen. Die Heizung ist in Betrieb. Von welcher Art die Heizung ist, spielt keine Rolle. Die Wirkung der Klimaluke beruht auf einfachster Physik. Sie funktioniert mit dem Ofen ebenso wie mit Radiatoren, Heizleisten oder primitiven Luftheizungen.

Das ist wieder Physik

Oberhalb der Luke bleibt alles warm. Die Wände, die Decke, das Mobiliar. So warm, als wäre die Luke geschlossen. Im Bereich der Luke, also bis auf etwa 50 cm Höhe ist kühle Luft. Diese Luft hat fast Außentemperatur und ist die ganze Nacht drinnen so frisch wie draußen. Mit der Klimaluke schläft der Mensch bei »geöffnetem Fenster« im geheizten Raum. Der Mensch schläft gut; auch wenn er geizig ist. Er heizt nicht für die Katz, sondern für seine Gesundheit. Die Wärme der Heizung kann nicht ins Freie. Sie geht nicht verloren. Wenn sich der Mensch nachts abdeckt bekommt er kein Rheuma, denn er liegt unter einer schützenden, wärmeabstrahlenden Glocke. Wird die Klimaluke am Morgen geschlossen, ist das Schlafzimmer in wenigen Minuten wieder völlig warm. Sobald der Ofen, der Heizkörper die kalte Luft verarbeitet hat, oder, wenn sie sich durch Öffnen der Schlafzimmertür in der übrigen Wohnung verteilt hat, ist alles wieder durchgeheizt, wie es eben sein soll. Gesunder Schlaf in kalter frischer Luft ohne Wärme zu vergeuden ist einfacher als sich das wohl viele Experten vorgestellt haben. Man hätte längst dahinter kommen können.

Praktisch veranlagte Menschen haben für ihr Schlafzimmer diesen Klimaluken-Ratschlag ausprobiert und es ist angebracht, mit einigen Hinweisen die vielen Fragen zu beantworten, wieso eine derart einfache Maßnahme so verblüffend wirken könne.

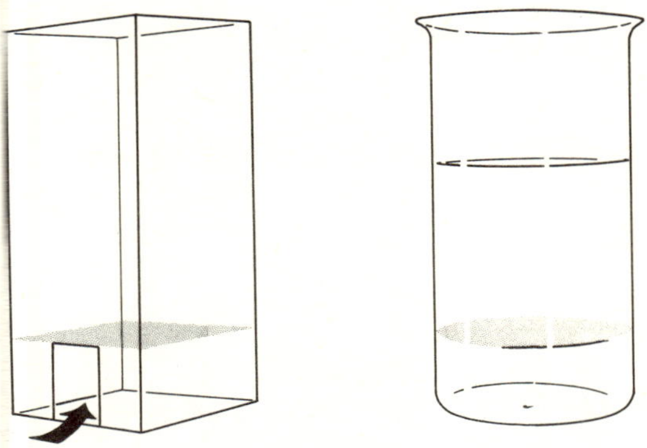

Die Grenzschicht, zwei Beispiele

Da ist zunächst einmal das Phänomen der Grenzschicht. Unglaublich stabil trennt sie die kalte und die warme Luft voneinander. Wie eine unsichtbare Folie spannt sie sich exakt auf der Höhe der Oberkante der Klimaluke quer durch den Raum. Ein Temperatur-Diagramm beweist, daß 5 cm über dieser Trennschicht trotz geöffneter Luke „normale" Zimmertemperatur herrscht. Alle Bewegungen oder Wirbel des wärmeren oder des kälteren Luftraumes werden an der Grenzschicht so sehr gedämpft, daß sie praktisch dort enden. Der Dämpfungs-Effekt einer Trennschicht wird augenfällig mit dem Wasser-Öl-Versuch. In ein Glas wird ca. 2 cm hoch Wasser gegeben. Darauf wird (Salat-)Öl gegossen. Sobald sich der Aufguß beruhigt hat, zeigt sich die Trennschicht.

Wird das Glas nun bewegt, geschwenkt oder geneigt, so macht die Grenzschicht nur sehr abgeschwächt die Bewegungen des oberen Flüssigkeitsspiegels mit. Natürlich verstärkt die Zähflüssigkeit des Öles die Trägheit etwas, doch die eigentliche Ursache der Bewegungs-Dämpfung an der Trennschicht ist der Gewichtsunterschied der beiden Flüssigkeiten. Ein ähnlicher Gewichtsunterschied besteht zwischen der Warmluft und der Kaltluft eines Raumes mit Klimaluke.

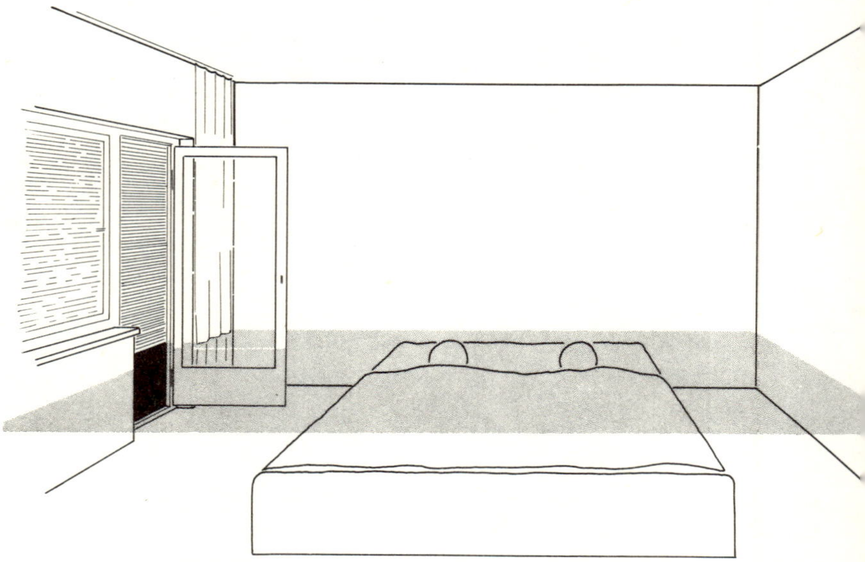

Zentnerlast hält das Gleichgewicht!

Wind kann von außen dieses System zweier Schichten nicht stören. Allenfalls könnte ein Luftstrom längs der Hauswand die Kalt-Luftschicht nach und nach auswechseln. Die Warmluft darüber bleibt auch dem stärksten Wind unzugänglich. Strömungen wären nur möglich, wenn undichte Fenster und Türen einen Luftwechsel entweder zur Wohnung hin, oder nach dem Freien zuließen.

Die Klimaluke funktioniert.

Es sei auch noch von einem weiteren Vorteil berichtet.

Interessante medizinische Forschung hat ermittelt, daß die Staubbelastung der menschlichen Lunge ihren mengenmäßigen Höchstwert im Schlafzimmer erfährt. Werden Bergmanns- oder Steinmetz-Arbeiten ausgeschlossen, so kann ein Normalmensch manchen Spitzenwert auf staubiger Straße und in Großstadtluft erleiden, „die Staubwolke seines Lebens" holt er sich während des Schlafes in die Lunge. Schuld daran sind die Bewegungen des Bettzeugs. Schon beim Herrichten der Schlafstätte und wieder beim Hinlegen, Zudecken, beim Räkeln bis endlich der richtige Schlafplatz gefunden ist, wird viel Staub aufgewirbelt. Im gleichförmigen Luftraum des normalen Schlafzimmers reicht die Aufwirbelhöhe bis unter die Decke. Die geringe Sinkgeschwindigkeit der Staubteilchen sorgt dafür, daß stundenlang immer wieder Staub in den Einatmungsbereich herunterkommt. Würde der Staub wirklich gesunken sein, genügt eine Drehung unter der Bettdecke, um die Riesenwolke erneut in Bewegung zu setzen. Erste Folgerungen dieser Erkenntnis waren Überlegungen, wie die Aufwirbelhöhe künstlich begrenzt, oder der schlafende Mensch der Staubwolke entzogen werden könnte.

Staub im Schlafzimmer

Die einfachste Lösung des Problems ist die Klimaluke. Die Trennschicht zwischen dem zweigeteilten Luftraum wird die obere Grenze der Staubaufwirbelung. Das bewegte Bettzeug liegt im Bereich der Kaltluft und diese kann nicht in die Warmluftschicht darüber eindringen. Zusammen mit dem Staub-Ballast wird sie auch nach einer kräftigen Bewegung sofort wieder unter die Trennschicht gedrückt. Der Einatmungshöhe liegt im obersten Bereich der staubbeladenen Kaltluftschicht, der sich durch Absinken des Staubes am schnellsten wieder reinigt.
Nur der Vollständigkeit halber sei erwähnt, daß eine staubaufwirbelnde Heizung zwangsläufig den Entstaubungs-Effekt des zweischichtigen Luftraumes aufhebt. Staub kann aus der warmen Schicht selbstverständlich durch die Trennschicht absinken. Schließlich könnte sich

noch die Frage ergeben, ob es nicht möglich wäre auf das Bettzeug zu verzichten. Die Antwort darauf folgert aus dem Kapitel über das Zusammenwirken von Strahlungstemperatur und Lufttemperatur. Wer vom (ungesunden) ungeheizten Schlafzimmer zum Schlafzimmer mit Klimaluke übergeht, wird sich an leichteres Bettzeug gewöhnen. Die höhere Strahlungstemperatur gestattet das. Völlig ohne Bettzeug könnte der Mensch schlafen, wenn die Strahlungstemperatur jeweils der Nachtlufttemperatur angepaßt werden würde (siehe Kurve auf S. 31). Unsere Heizungen von gestern gestatten dies nicht.

Klimaluken in Schlafzimmer-Balkontüren kosten weniger als die nutzlosen Dreh-Kipp-Beschläge. Sie kosten gar nichts, wenn Rolläden eingebaut sind. Sie bereiten Kopfzerbrechen, wenn keine Türe da ist.

Das Nachdenken lohnt sich

Klimaluken sind für gesunden Schlaf so wichtig, daß es sich für alle Architekten lohnt, sie künftig einzuplanen. Es gibt reizvollere Lösungen als den heruntergelassenen Rolladen und geistreichere als das Türchen in der Tür. Keine Katze soll hereinspringen und kein Kind hinausfallen können. Viele Möglichkeiten lassen sich finden, auch wenn Regen, Wind und Schnee dagegen sind.

Die Klimaluke ist Rheuma-Vorsorge. Wie wichtig sie ist, könnte eine Rheuma-Nachsorge deutlich machen. Mediziner müßten Rheumakranke systematisch ausfragen, wie lange und in welchem Lebensabschnitt sie in kalten Schlafräumen lebten, ob die Zimmer tagsüber oder überhaupt nicht geheizt wurden. Es ist sehr wahrscheinlich, daß auf diese Weise eine der möglichen Rheuma-Ursachen wenigstens statistisch ermittelt werden könnte, wenn ein klinischer Nachweis schon nicht eindeutig genug möglich ist.

Kommentar überflüssig!

Der Dienst der Ärzteschaft an der Menschheit wäre groß, wenn sie Versäumtes nachholen und in Sachen Raumklima mitreden würde. Auch für ein System, das von der Krankheit lebt, wäre volksgesundheitliche Breitenarbeit nicht zuviel verlangt. Was an kleinen Wewehchen und echtem Leiden durch falsches Heizen aus Sparsamkeit oder Unwissenheit resultiert, bringt Ärzten nicht das große Geld, eher Wartezimmer voller verschnupfter Patienten und unangenehme Dauerbehandlungen, wenn es eigentlich schon zu spät ist. Mit ärztlicher Unterstützung wäre es möglich, dem Wärmeneid rascher den Garaus zu machen. Ohne diesen Wärmeneid hätten Einzelöfen jeder Art keine Existenzberechtigung mehr, breite Schichten der Bevölkerung kämen zu sozialen Zentralheizungen und neue, gesündere, wirtschaftlichere Heizungssysteme könnten entwickelt werden.

Ungeheure Folgen!

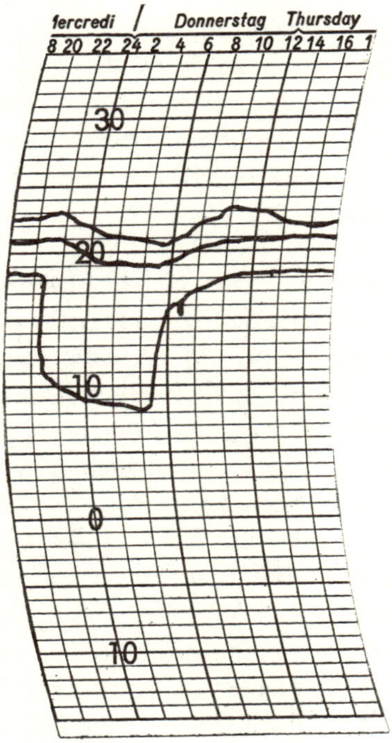

Die Kurven zeigen den Temperaturgang in einem Schlafzimmer mit Klimaluke in 2,0 m Höhe (oben), 50 und 10 cm über dem Boden. Die Grenzschicht war mittels Rolladen auf 40 cm Höhe eingestellt. Außentemperatur ca. ± 0° C!

Der Wärmeneid hat die Entwicklung der Zentralheizung in eine Richtung gebracht, die raumklimatisch, technisch und wirtschaftlich höchst unbefriedigend ist.

Siehe auch S. 67

Zentralbeheizte Wohnungsmieter haben aus falscher Sparsamkeit erzwungen, was sie eigentlich verhindern wollten, nämlich daß sie wesentlich mehr bezahlen müssen, als eigentlich notwendig wäre. Mit ihrem ständigen Argwohn, mit einer Unzahl überflüssiger Prozesse, mit dümmlicher Besserwisserei haben Mieter ihren Vermietern so sehr und so lange »eingeheizt«, bis diese einem großen Geschäft zustimmten: dem Geschäft mit dem Wärmeverkauf. Zwar ist es einem Vermieter nicht nur aus verständlichen Gründen, sondern auch aus höchst richterlicher Sicht verboten, sich an den Heizkosten von Mietwohnungen zu bereichern. Es mußte aber zugestanden werden, daß andere es zur Sicherung des allgemeinen Haus(herrn)friedens dürfen. Unter dem Vorwand, Heizkosten »gerecht« zu verteilen, kassieren sie denn auch gehörig.

Auch eine Folge des Wärmeneids

»Heizkostenverteiler« nennt sich das blühende Gewerbe im Branchen-Fernsprechbuch. Heizkostenverteiler heißen auch die kleinen Apparate an den Heizkörpern, mit denen Kosten verteilt werden sollen. Früher nannte man sie Wärmezähler, und die meisten Laien glauben immer noch, daß damit Wärmeverbrauch gemessen werden könne. Doch davon kann keine Rede sein.

Inzwischen hat sich ein Fachverband etabliert und dem Glasröhrchen ein Gütesiegel verpaßt. Statt der Güte wuchsen die Probleme: Der Mieterbund, Köln, verschickt Broschüren zur Aufklärung

Der wichtigste Bestandteil der kleinen Apparate ist ein oben offenes Glasröhrchen. Es enthält eine meist rot gefärbte Flüssigkeit. Wenn der Heizkörper Gehäuse und Röhrchen entsprechend erwärmt, verdampft die Flüssigkeit allmählich. Das anfangs volle Röhrchen wird leerer. Neben dem Röhrchen ist eine Skala angebracht, mit deren Hilfe man ablesen kann, um wieviele »Striche« der Flüssigkeitsspiegel des Röhrchens im Laufe einer Heizperiode gesunken ist.

Die Summe der verdampften Strichbreiten aller Heizkörper einer Heizungsanlage bildet den Schlüsselwert für die Kostenverteilung. Jeder »verbrauchte Strich« bedeutet einen bestimmten Kostenanteil.

Soweit die Theorie, . . .

Wer die Heizkörper seiner Wohnung häufig abstellt, zahlt weniger als einer, der immer voll heizt. Das wollen die Leute. Deshalb lassen sich Heizkostenverteiler spielend verkaufen.

Nur, was die Leute wollen, bekommen sie nicht. Die Heizkosten werden durch dieses Verteilungsverfahren erheblich teuerer. Mitunter könnten selbst die eifrigsten »Wärmesparer«, die so manchen Winter in erbärmlich unterkühlten Räumen verbringen, fürs gleiche Geld eine durchgeheizte Wohnung haben.

. . . doch die Praxis ist anders

Den Beweis liefert das folgende Rechenbeispiel.

Ein Wohnblock habe 4 Häuser mit je 6 Etagen zu je drei Wohnungen. In diesen 72 Wohnungen sind 300 Heizkörper installiert, die zusammen rund 4680 m² Wohnfläche beheizen. Die Heizungsanlage braucht dazu eine Leistung von ca. 500 000 kcal/h, deren Einrichtung zunächst nur etwa 200 000,– DM betragen würde.

Zunächst heißt ohne Heizkostenverteiler. Mit diesen Geräten steigt der Herstellungspreis. Der Projektant muß nämlich berücksichtigen, daß beliebig viele Mieter beliebig oft die Heizung abstellen. Damit die ausgekühlten Räume bei Bedarf innerhalb einer angemessenen Zeitspanne wieder warm werden, müssen die Heizkörper größer angelegt werden. Der sog. Anheizzuschlag beträgt lt. DIN 4701 schon 8 bis 23 Prozent.

Der Projektant muß aber auch damit rechnen, daß jeweils bis zu vier Nachbarn abschalten. Auch dann muß eine Mittelwohnung unveränderte Raumtemperatur erreichen können. Bei der Wohnfläche dieses Rechenbeispieles müßten dafür ca. 50 000 m² als potentielle Abkühlungsfläche eingesetzt werden. Das würde aber die Anlage um 100 Prozent vergrößern. Da man annehmen kann, daß nicht am kältesten Tag der ungünstigste Fall eintritt, werden in der Regel die Zuschläge für das Anheizen und für zusätzliche Abkühlung zusammengelegt. Projektanten machen das nach Gutdünken. Mit der Höhe

Das wissen alle Fachleute!

Die Kosten stiegen um ca. 20 Prozent!

des Zuschlages nimmt das Risiko späterer Reklamation ab. Ein Mittelwert des Anheizzuschlages von 15 Prozent darf als Mindestwert angenommen werden. 40 Prozent und mehr sind als Sicherheit üblich. Mit durchschnittlich 30 Prozent Zuschlag für jede Heizkörpergröße wird die Anlage um mindestens 20 Prozent teuerer. Das sind 40 000,– DM.

Das verschweigen viele Fachleute

Die Anschaffung jedes Heizkostenverteilers kostet ca. 16,– DM, das macht etwa 5000,– DM. Mehrkosten von 45 000,– DM bringen mit einem nur 6prozentigen Kapitaldienst eine

jährliche Belastung von	2 700,– DM
Die jährliche Strichablesung kostet 2,– DM je Gerät, also	600,– DM
dazu die Erneuerung der Röhrchen	600,– DM
Zusammen werden daraus	3 900,– DM

Die neue Heizkostenverordnung schreibt die verbrauchsabhängige Heizkostenabrechnung zwingend vor. Abgedrehte Heizkörper und dichte Fenster haben die Bundesrepublik Deutschland zur größten Schimmelpilz-Plantage der Welt gemacht

Je Mietpartie sind damit jährlich 54,– DM zu zahlen. Dafür hat aber noch keiner was. Die Heizkosten können nur teilweise durch Abstellen der Heizkörper reduziert werden. Die Rechtssprechung hat längst entschieden, daß 60 Prozent der gesamten Heizkosten anteilig nach den Mietflächen umgelegt werden müssen. Nur die restlichen 40 Prozent dürfen über die Striche verteilt werden. Grund: an den Bereitstellungskosten der Wärme müssen sich auch notorische Frierer gebührend beteiligen. Das bedeutet für die Praxis: es werden von den normalen Heizkosten, die für dieses Beispiel ca. 240,– DM jährlich erreichen, in jedem Fall 144,– DM kassiert. Weil kein Mensch in einer zentralbeheizten Wohnung völlig ohne Heizung auskommen kann, wird ein wesentlicher Teil der verbleibenden 96,– DM ebenfalls noch »verheizt«. Von einem, der dauernd im Kalten sitzt, noch mindestens die Hälfte, also 48,– DM.

Und um diese Ersparnis wahrnehmen zu können, darf jede der Mietparteien dieses Wohnblockes jährlich 54,– DM ausgeben. Würden alle Mieter gleichmäßig heizen, sich die Gesamt-Heizkosten nach den Anteilen der Wohnungsgrößen aufteilen, wären für den Durchschnittswinter von jedem Mieter 240,– DM zu zahlen. Also: Rund 300,– DM, oder 25 Prozent mehr müssen es sich alle kosten lassen, damit ein paar darunter Illusionen haben können. Illusionen von gesparter, dem Nachbarn abgetrotzter Wärme!

Warum wollen das Mieter nicht glauben?

Werden nicht wenige sagen, das stimme ja nicht. Sie selbst und Tante Anna hätten in den letzten 5 Jahren jeweils 120,– DM herausgekriegt.

Bleibt zu erwidern: das Herauskriegen ist keine Folge des Abdrehens, sondern des Hineinzahlens. Es gibt Siedlungsgesellschaften die alljährlich Hunderttausende zurückzahlen. Aber das sind keine gesparten, sondern zuviel verlangte Heizkostenbeträge. Wahrscheinlich kommt es nirgends auf die Zinsen an, die damit zu verdienen sind, sehr wohl aber auf das Ansehen und ... auf die Bequemlichkeit. Müßte jeder Mieter nur 10 Mark nachzahlen, weil das Heizöl teuerer oder der Winter strenger waren, gäbe es Zeter und Mordio. Erst 50 Mark mehr verlangen und nur 40 Mark zurückzahlen, ist, unter sonst gleichen Bedingungen, Anlaß für Dankschreiben. Was soll's? Dieser Sparbüchsentrick ist kein ernsthaftes Problem.

Ein Sparbüchsentrick?

Viel wichtiger ist es, dem Argument der Heizkostenverteiler nachzugehen das besagt, in fertigen Häusern, in denen jahrelang mit »offenen Fenstern« geheizt worden sei, hätte man nach Einbau der Verteiler bis zu 25 Prozent Brennstoffkosten gespart. In diesen, mitunter durch Rechnungen belegten Fällen, hat kein Projektant die Anlage künstlich vergrößert, hier werde der Spar-Effekt eindeutig erwiesen.

Also doch?

Lassen wir uns in diesen Fällen jeweils die Belege der folgenden Jahre zeigen. Sie machen die Erfahrung der Bewohner anschaulich. Zuerst wird die Sparmöglichkeit wahrgenommen, gründlich ausprobiert. Fenster und Heizkörper bleiben öfter zu. Bei der Abrechnung zeigt sich, daß 25 Prozent Brennstoffkosten längst nicht 25 Prozent Heizkosten bedeuten, aber dafür 50 Prozent »kalte Füße«. Im nächsten Winter, na wenn schon, werden die

Heizkörper geöffnet, im übernächsten auch die Fenster und im vierten ist alles beim Alten. Bis auf die Kosten! Die sind um den »Verteilungspreis« gestiegen.

Eben nicht! Leider!

Die Genauigkeit der Verdunstungsmesser läßt seit jeher zu wünschen übrig. Auf weniger als ± 10 Prozent Genauigkeit lassen sich die Hersteller kaum festlegen. Mit ± 15 Prozent wird man in der Praxis zufrieden sein müssen. Die angezeigten Verbrauchseinheiten können demnach um volle 30 Prozent differieren. Kann da noch die Rede sein von einer Art Messung? Wäre es nicht ehrlicher das ganze Verfahren »Heizkosten-Verlosung« zu nennen?

Davon reden die Hersteller nicht gern

Es geht nicht darum, jemandem das Geschäft zu vermiesen. Der bundesdeutsche Mieter, insbesondere der des sozialen Wohnungsbaues soll sehen, welch irrsinnige Folgen der Wärmeneid hat. Daß die Mächtigen des Wohnungsbaues längst resigniert haben und (fast überall) Verteiler einbauen, beweist keinesfalls die Richtigkeit dieser Methode. Erst wenn Mieter allgemein darauf verzichten, daß der Heizwärmeverbrauch irgendwie gemessen oder gezählt wird, ist der Weg zu einer vernünftigen Entwicklung frei.

Ein Thema für Verbraucherverbände, oder für den Mieterverein?

Die Träger des Wohnungsbaues könnten Geld für besseren Wärmeschutz ausgeben, anstatt unnötig große Heizungen zu finanzieren. Im Beispiel der letzten Seiten stünden 40 000,– DM zur Verfügung. Damit könnte die Isolation der Häuser so hervorragend gut ausgeführt werden, daß die Heizkosten alljährlich um annähernd 20 Prozent für alle sinken würden. Bei voller Beheizung, versteht sich. Das Geld für die Isolation würde sich verzinsen. Die viel zu große Heizung verschleißt sich nur. Ganz nebenbei ist nicht verbrannter Brennstoff gleichzusetzen mit nicht verschmutzter Luft. Solange Heizwärme mittels irgendwelcher Kreislaufverfahren über Wärmeträger in die Wohnungen kommt, ist die Wohnungsgröße der einzig vernünftige Schlüssel für die Kostenverteilung. Selbstverständliche Voraussetzungen sind dafür richtig geplante und gebaute Heizungsanlagen. Die

Temperaturregelung muß automatisch und so gut erfolgen, daß der einzelne Mieter nicht unter Überheizung leidet, aber auch nicht frieren muß. Wärmevergeudendes Dauerlüften ist bei maßvollem Heizungsbetrieb fast unmöglich. Weil Reserven für rasches Wiederaufheizen nicht zur Verfügung stehen, gewöhnt sich der Einzelne schon dadurch an den wirtschaftlichen Dauerbetrieb, daß eben übermäßiges Lüften die betreffenden Räume anhaltend auskühlen läßt. Wer dennoch Fenster dauernd offen hält hat es kalt, kann aber den Gesamtverbrauch der Gemeinschaft nicht nennenswert beinflussen.

Es wäre doch alles so einfach

Was namhafte Projektanten mancher großen Heizungsanlagen an Erfindergeist aufgebracht haben, um die »Individual-Abrechnung« der Heizkosten zu ermöglichen, wäre besser für die Entwicklung der Heiztechnik angewandt worden. Die »meßtechnischen« Ergebnisse sind doch ausnahmslos gottserbärmlich.

Sonderfälle:

Verbrauchsmessungen sind auf dem Wärme-Sektor für zwei Fälle zulässig, bisweilen notwendig: für den Verbrauch von Warmwasser und für die Großabnahme bei Fernwärmeversorgung. Ein tägliches Bad erhöht den jährlichen Wärmeverbrauch einer heutigen Durchschnitts-Wohnung zwar nur um ein Drittel. Ungemessener Warmwasserverkauf führt aber zu unangemessenem Verbrauch. Nicht nur wegen tatsächlicher Ungerechtigkeiten, sondern um uneingeschränkten Wasserverbrauch zu verhindern, soll warmes Wasser, das aus dem Zapfhahn fließt, gemessen werden.

Warmes Zapfwasser, in einer zentralen Anlage bereitet, braucht nicht einmal billig zu sein, wenn der Überschuß das Heizkostenkonto der Gemeinschaft entlastet. Badefreude ist dann doppelte Freude, einmal in der Wanne, das zweite Mal am Heizkostenzahltag. Die attraktiv billigen Heizkosten mancher Siedlungen beruhen auf diesem Kniff.
Die Großabnahme bei Fernwärmeversorgung rechtfertigt ebenfalls Wärmemessung. Was ein Mietshaus, ein

Wohnblock aus dem Rohrnetz eines Fernheizwerkes abnimmt, lohnt den Meßaufwand.
Die Wärmeabnahme eines ganzen Hauses kann mit geeigneten Geräten zufriedenstellend genau ermittelt werden. Die Verbrauchsmessung ist hier Tatsache. Daraufhin kann vernüftig abgerechnet werden.
Problematisch wird Wärmemessung aber, wenn Einfamilienhäuser, gar Reihenhäuser an Fernwärmenetze angeschlossen sind. Exakte Meßgeräte kosten für das kleine Haus fast soviel, wie für die großen Wohnblöcke. Die Meß-Toleranzen sind bei sehr kleinen Geräten oft in der Größe der Verbrauchsschwankungen. Wenn dutzendweise Häuser des gleichen Typs angeschlossen sind, könnte man auch hier den Verbrauch der Gruppen exakt messen, die Heizwärme nach der Zahl der Häuser aufteilen und nur den Warmwasserverbrauch durch Zähler erfassen und abrechnen. Je großzügiger, um so vernünftiger wären die Lösungen. Allein die gesparten Anlagekosten könnten oft auf Jahrzehnte die Heizkosten spürbar senken.

Von allen üblichen Heizkörperarten ist eine am wenigsten bekannt. Wenn sie gelegentlich einer kennt, dann unter falschem Namen, wie Sockelkonvektoren oder Fußleistenheizkörper. Schade! Denn »Heizleisten« – das ist die treffendere Bezeichnung – verdienen mehr Beachtung. Sie sind bis heute das einzige Mittel um wirtschaftlich und ohne großen Aufwand mit einer Zentralheizung Kachelofenklima zu erzeugen. Aber das wissen die Heizungsleute nicht, und noch weniger die Hersteller selbst.

Ein Licht unter dem Scheffel: Heizleisten!

In Amerika ist diese Heizungsart weit verbreitet. Warmwasser-Zentralheizung sog. »Hydronic-Heating« macht man dort als »Baseboard-Heating«. Mit »Baseboard« bezeichnet der Amerikaner jene Bretter oder Leisten, die auch hierzulande in fast allen Wohnräumen, den meist unsauber ausgeführten Abschluß zwischen Böden und Wänden abdecken. Auf Deutsch heißen sie, je nach Landstrich, Fußleisten, Sockelleisten, Scheuerbretter. Und aus einer Mischung daraus ist auch die schlechte Bezeichnung für diese Heizkörperart entstanden: »Fußleistenheizkörper« oder noch falscher »Sockelkonvektoren«. Unter dieser Bezeichnung wurden solche Heizkörper von ersten Nachkriegs-Importeuren aus Amerika nach Deutschland geholt. Über oder anstatt jener Sockelleisten, jeweils entlang der Fensterwand montiert, strahlen sie eine überraschend angenehme Wärme aus. Daß diese flachen, kaum 20 cm hohen Blechkästen ein Zimmer tatsächlich durch Strahlungswärme heizen, ist den Fachleuten (heute noch) unbegreiflich. Laien können sich dagegen eher vorstellen, daß der Warmluftschleier, den Heizleisten an der Wand emporstreichen lassen, natürlich diese Wand erwärmt. Doch damit ist die Wirkungsweise der Heizleisten physikalisch noch nicht erklärt. Die erwärmte Wand wird zur Quelle der Strahlungswärme für den Raum. Eine Quelle großflächiger, besonders milder Wärmeabstrahlung! Großflächig, weil immer eine ganze Zimmerwand, und zwangsläufig die sonst sehr kalte Außenwand, von zweien immer die län-

Unbekannte Physik!

gere, mit Heizleisten ausgestattet wird, und mild, weil diese Wand auf Temperaturen von 40° C, etwa 10 cm über der Heizleiste bis 20° C, unterhalb der Zimmerdecke erwärmt wird. Statt einer kalten, hat ein mit Heizleisten beheizter Raum eine warme Außenwand, die auch noch an den Raum Wärme abstrahlt. Das ist wie erwähnt, für Laien schon stark und für Fachleute unbegreiflich. Doch nicht genug damit. Heizleisten wälzen die Raumluft nicht um, wie das Gliederheizkörper oder gar Konvektoren tun. Der Warmluftschleier, der sie verläßt, wälzt sich an der Wand nach oben ab, und gibt dabei nach und nach seinen ganzen Wärmeinhalt an die Außenwand ab. Im gleichen Maß wie seine Temperatur abnimmt, schwindet auch sein Auftrieb. Und dieser endet vollends, wenn der Luftschleier auf die Raumlufttemperatur abgekühlt ist.

Unerkannte Physik

In der Regel ist das der Fall, noch ehe der Luftschleier die Höhe der Zimmerdecke erreicht hat. Deshalb staut sich unter der Decke keine Luft, die wärmer ist, als die Luft in tiefer liegenden Schichten. Deshalb gibt es in heizleistenbeheizten Räumen nur eine Raumlufttemperatur. Dicht über dem Boden ist es genausowarm, wie unter der Decke!

Weil Heizleisten nur eine kleine Luftmenge »ansaugen« und nach oben ziehen lassen, entsteht nur dicht vor der Lufteintrittsöffnung über dem Boden eine kaum wahrnehmbare Luftbewegung. Durch diese ganz geringe Luftgeschwindigkeit wird kein Staub aufgewirbelt. Der Staubgehalt der Luft bleibt so gering, wie etwa bei Kachelofenheizung. Es gibt bei Heizleisten keine Belästigung durch sog. trockene Luft, jene Erscheinung, die ja in Wirklichkeit eine Folge des Staubgehaltes ist.

Erklärung: die Zwischenstation der Wärme!

Weil die Wärmeenergie eine unvermutete Zwischenstation macht, blieb die Physik dieser Heizleisten bisher verborgen. Dabei ist ihr Ablauf doch wirklich einfach: Das warme Heizungswasser strömt durch das Kernrohr des Heizregisters im Innern der Heizleisten-Verkleidung. Zwischen den Lamellen des Heizregisters erwärmt sich

Luft, erfährt Auftrieb und streicht durch den oberen Schlitz der Verkleidung. Von unten drückt kalte Luft nach, die wieder erwärmt wird. Die aufsteigende warme Luft erwärmt die Oberfläche der Wand, an der die Heizleiste montiert ist. Das ist die Zwischenstation. Von der Wand strahlt die Wärme in den Raum. (Genauer: Es ist nur ein Teil, der abgestrahlt wird. Der Rest wird durch die Wand nach außen geleitet.)

Bemerkenswert!

Es gibt also keinen Warmluftstrom, der unter die Decke streicht und von oben her den Raum anfüllt. Die Zwischenstation der Wärme unterscheidet Heizleisten von Konvektoren. Deshalb ist auch die Bezeichnung Sockel-Konvektoren irreführend. Weil niemand nach dem Raumklima fragt, ist der Irrtum auch niemandem aufgefallen. Heizleisten hätten sonst längst eine größere Bedeutung im Heizungsfach.
Skeptiker hätten zeitweilig auch glauben können, die Zulieferer der Heizungs-Industrie würden Heizleisten absichtlich unterdrücken, damit nicht ähnliches geschähe wie in USA. Dort hat diese Heizkörperart praktisch alles

verdrängt, was bei uns an Heizflächen noch Gang und Gäbe ist. Doch hat es bei uns jeder der großen Hersteller oder Händler von Heizungsmaterial schon einmal versucht, Heizleisten zu propagieren. Von Eintagsergebnissen abgesehen ist nichts großes daraus geworden. Der Fehler sitzt eben tiefer. Es mangelt zu sehr an Kenntnis über die Bedeutung des Strahlungsklimas im allgemeinen und über die Strahlungswärme der Heizleisten im besonderen.

Die Sache ist eben viel zu einfach!

Aber, wer würde auch schon an die Zwischenstation des Wärmeweges denken. Wenn einhundert Heizungsleuten die Aufgabe gestellt würde, eine Außenwand an der Innenseite gleichmäßig auf Temperaturen von 20–40° C zu erwärmen, bekäme man heute zwei- bis dreihundert Vorschläge über eingemauerte Rohrleitungen oder Kabel bis hin zur Tapetenheizung. Würde man erschwerend einschränken, eine fertige Wand solle temperiert werden, ohne die Mauer aufzureißen, ohne Rücksicht darauf, ob tapeziert, gestrichen oder mit Holz verschalt sei, gäbe es eine oder zwei utopische Lösungen. Das ist an Fachschulen, in Kursen weidlich ausprobiert.

Die zwangsläufige, naturgesetzliche Zwischenstation der Wärme liegt nicht im Bereich des Fachdenkens. Dabei ist sie die einzige und plausible Erklärung all der vielen Vorteile, die Besitzer solcher Heizleistenanlagen seit nunmehr 15 Jahren ihren Installateuren, und nicht nur denen, berichten.

Da ist immer die Rede von der »gleichmäßigen Wärmeverteilung«. Unter der Decke ist es erwiesenermaßen nur 1–2° C wärmer, als dicht über dem Fußboden. Schon ein Indiz für Strahlungsklima!

Der geringe Energie-Verbrauch wird regelmäßig betont. Das ist eine Folge des Strahlungsklimas.

Fachleute sind immer erst einmal dagegen

Man hört außerdem die kurze Aufheizzeit loben. 15 bis 20 Minuten nach dem Einschalten wird es im kalten Haus bereits warm. Das ist ein Beweis für die besagte Zwischenstation der Wärme. In so kurzer Zeit ist mit Sicherheit erst das (bei derartigen Anlagen sehr wenige) Heizungswasser warm. Von Heizwirkung, reklamieren die Fachleute, könne da noch keine Rede sein! – Irrtum, sobald das Heizungswasser erwärmt ist, steigt warme Luft aus den Heizleisten und in kürzester Zeit gelingt es dieser warmen Luft, die oberste Schicht der Wand zu erwärmen; insbesondere wenn diese Schicht aus einer Tapete, einem porösen Anstrich oder gar aus Holz besteht. Und nur darauf kommt es an. Wenn diese Schicht die entsprechende Temperatur hat, strahlt sie. Von da ab ist die Heizwirkung gegeben. Einerlei, wielange es dauert bis sich die Wand durch und durch erwämrt, wieviele Stunden vergehen, ehe die Wäsche in den Schränken »Zimmertemperatur« hat.

Heizleisten erhöhen den Staubpegel nicht!

Beweis für die Existenz des Strahlungsklimas ist auch, daß es bei Heizleisten-Anlagen keine Klagen über »trokkene Luft« gibt. Die Raumluft wird nicht künstlich bewegt und kann keinen Staub aufwirbeln.
Menschen, die unter Asthma oder unter Rheuma leiden, berichten von spürbarer Erleichterung gegenüber dem Aufenthalt im Klima anderer Heizungen.
Einer der beiden deutschen Hersteller von Heizleisten, die sich die Nachfrage gewissermaßen teilen, hat 1967 auf einen Hinweis über den Strahlungs-Effekt seiner Heizkörper im klassischen Amtsdeutsch geantwortet:
„ . . . möchten wir daher davon Abstand nehmen, von einer Erwärmung der Tapeten zu sprechen. Daraus könnte ein negativer Einwand entstehen . . ." So gesehen sind Heizleisten für diejenigen, die sich dafür entschlossen haben, ein Zufallstreffer.

Auf solchen Säulen steht die Branche!

Da wir in Deutschland immer noch mehr Wohnungen ohne als mit Zentralheizungen haben, werden Heizleisten in den kommenden Jahren mehr von sich reden machen. Nicht etwa wegen einer neuen Vorliebe der Heizungsbranche, sondern weil Hausbesitzer und noch mehr die Siedlungsgesellschaften an praktischen Beispielen erkennen werden: es gibt für den Althausbesitzer keine Heizungsart, die rascher, sauberer und leichter nachträglich eingebaut werden kann, als eben Heiz-

Die Althausmodernisierung hat den Umschwung gebracht: zentralbeheizte Wohnungen überwiegen heute

leisten. Auch keine, die billiger, einfacher, angenehmer und gesünder im Betrieb wäre!

Strahlungsklima ist nicht nur im Altbau die Sache der Zukunft. Weil Heizleisten Strahlungsklima bringen, haben sie Zukunft.

Wie lange werden die Fachleute noch dagegen sein?

Auch, wenn sie die Fachwelt heute noch ignoriert. Von allen bis jetzt bekannten Systemen könnten Heizleisten am ehesten zum Bindeglied werden ... zwischen der heutigen Heizung von gestern und der Heizung der Zukunft.

In fast allen Amts- und Wohnstuben, in Büros und Werkstätten finden sich die bestens bekannten Gliederheizkörper. Warum sind sie eine Heizung von gestern?

Die immer noch übliche, lateinische Bezeichnung »Radiator« kennzeichnet beim Gliederheizkörper den raumklimatischen Irrtum. Von Anfang an waren Gliederheizkörper keine »Strahler«. Die Temperatur selbst der Dampfheizung reichte nie aus, um mehr als ein Fünftel der Wärmeabgabe abzustrahlen. Vier Fünftel dienen seit eh und je der Luftaufheizung. Gliederheizkörper, nach Großväterart an Innenwänden aufgestellt, zeigen das durch schwarze Staubfahnen an den Wänden auch an. Die Staubfahnen sind übrigens das beste Indiz für den Staubgehalt aller Raumluft beim Luftheizungsklima. Aus den Schichten über dem Fußboden nimmt die starke Luftströmung Staub auf. Die Reibung des Warmluftstromes an der Wand lädt die Wandoberfläche elektrostatisch auf und die negative Ladung der Wand zieht Teile des positiv geladenen Staubes aus der Luft an. Im Lauf der Zeit wird die Wand schwarz, auch wenn der meiste Staub immer in der Luft bleibt.

Irrtum von anfang an: Radiatoren

Staubpegel-Erhöher!

Heizkörper können, unter dem Fenster montiert, keine Wände schwärzen, nur Fensterscheiben, -rahmen und Gardinen. Deshalb sind sie unter dem Fenster häufiger zu finden. Man sagt Gliederheizkörpern auch nach, sie müßten deshalb unter den Fenstern montiert sein, weil es sonst zu »Fußkälte«, d. h. zu niedrigen Lufttemperaturen über dem Fußboden käme. Diese Behauptung wird damit begründet, daß der Heizkörper eine Luftwalze in Bewegung setze, die an der Fensterwand aufwärts gerichtet sei, an der Decke raumeinwärts, an der gegenüberliegenden Wand abwärts und am Boden schließlich in Richtung Fenster zurückströme.

So einfach ist das nicht!

Doch das ist eine vereinfachte Vorstellung. Zunächst kann man sagen, die Raumluft bewegt sich am liebsten gar nicht. Mag sie einem noch so leicht erscheinen, in einem zwanzig Quadratmeter großen Zimmer, normaler Höhe, hat die Raumluft ein Gewicht von rund 60 Kilo-

gramm. Die rühren sich als ganzes nicht so leicht von der Stelle. Die paar Gramm an Auftriebskräften, die jene vom Heizkörper erwärmte Luft erfährt, reichen gerade aus, um Teilströme in Bewegung zu setzen. Was auf Grund physikalischer Gesetzmäßigkeit mit diesen Teilströmen geschieht, läßt sich »nach«denken.

Ein Luft-Kamin!

Ein Durchschnittsheizkörper von 1 m Breite schickt nicht einen ebenso breiten Warmluftvorhang nach oben, sondern eine erstaunlich schlanke Warmluftsäule. Die aufsteigende warme Luft hält zusammen, bündelt sich, bildet innerhalb der kälteren Umgebungsluft einen unsichtbaren »Kamin«. In dessen Kern strömt die heißeste Luft. Sie erfährt die größte Geschwindigkeit. Die äußeren Schichten strömen langsamer, weil sie sich an kälterer Luft »reiben«, sich mischen und damit abkühlen. Die Eigenart des aufsteigenden Warmluftstromes sorgt dafür, daß sehr viel wärmere Luft als schlechthin angenommen, bis unter die Decke gelangt und den Raum von oben her mit Warmluft anfüllt. Keine Luftwalze also, sondern ein Stau! Nach unten bewegt sich eine andere Luftströmung. An den kalten Außenwandflächen links und rechts neben dem Fenster kühlt die Luft stark ab. Mit Temperaturen von höchstens 15° C »rutscht« eine dünne Schicht gleichsam auf den Boden herunter. Zwar könnte sich diese Kaltluftströmung an der Wand teilweise bündeln, über dem Boden breitet sie sich rasch wieder ganz flach aus. Sie ist die kälteste und damit schwerste Luft im Raum, ihr eigenes Gewicht drückt sie auf den Boden. Dadurch entsteht der große Temperatur-Unterschied zwischen dem Luftbereich über dem Boden und dem unter der Decke. Daher kommt die oft bemängelte »Fußkälte« der meisten Luftheizungssysteme, zu denen Zentralheizungen mit Gliederheizkörpern gehören. Die Temperatur-Unterschiede zwischen der Luft unter der Decke und der über dem Boden betragen bei »Radiatoren« bis zu 30° C und mehr.

Daher die Fußkälte

Die Schichtung wird durch eine Reihe von Faktoren verstärkt. Zum Beispiel durch »geballte« Heizflächen. Damit sind Heizkörper gemeint, die nicht lang und flach, sondern kurz und tief sind. Sie erleichtern den Aufbau einer Warmluftsäule, deren Kerntemperatur entsprechend hoch wird. In dieser kompakten Luftsäule schießt heißere Luft noch schneller unter die Decke.

Staubpegel-Erhöhung!

Die Lufttemperatur über dem Boden kann auch noch auf andere Weise zusätzlich gesenkt werden. Am allermeisten durch Stahlbetondecken, die außen vorstehen, meist als Balkonplatten, gelegentlich auch nur als Gesimse. Sie wirken wie Kühlrippen eines Motorradzylinders. Was die Decken zwischen den geheizten Geschoßen an Wärme aufnehmen können, geben die Platten im Freien wieder an die Luft ab. Nicht anders die senkrechten Mauervorsprünge, die die Balkone in Abschnitte teilen. In solchen Häusern wohnen jene Thermometer-Menschen, die im Winter »unter 27 Grad« frieren. Sie tun nicht nur so. Die niedrigen Wand- und Bodentemperaturen müssen durch höhere Lufttemperaturen ausgeglichen werden. Nur dann wird der Aufenthalt in solchen Räumen »thermisch« erträglich. »Klimatisch« ist er niemals angenehm. Die hohe Temperatur der Atemluft ist

Haus und Heizung: ein Thema für Architekten

ungesund. Noch ungesünder ist der hohe Staubgehalt. Er resultiert aus den hohen Strömungsgeschwindigkeiten der eigentlich heizenden Luftströme.

Radiatorheizungen sind am weitesten verbreitet. Wer hierzulande Zentralheizung sagt, meint ein System mit Radiatoren. Das rechtfertigt es, sich noch weiter damit auseinanderzusetzen. Gliederheizkörper sind eine Erfindung des 19. Jahrhunderts. Sie wurden anfangs ausschließlich gegossen. Die einzelnen Glieder waren bauchig, sehr dickwandig und entsprechend schwer. Der »Zeitgeschmack« veränderte sie mehrmals, aber stets nur äußerlich. Angegossene Rosen, Blätterwerk, Sternchen und Ornamente kamen in Mode und verschwanden wieder. Im Laufe der Zeit konnten die einzelnen Glieder etwas leichter gegossen werden. Die obere und die untere Nabe wurden durch sog. »Säulen« verbunden, hohl gegossene Rohre, durch die die Oberfläche der Heizkörper vergrößert werden sollte.

Ein langer Weg? —

Die heutige Form der Gliederheizkörper aus Gußeisen und derer aus Stahlblech liegt seit den 20er Jahren fest. Die Norm DIN 4720 und DIN 4722 wurde damals eingeführt. Änderungen dieser Konstruktions-Vorschrift haben an der Technik nichts geändert.

Ein kurzer Weg!

So ist der alte Nachteil, daß sich die Köpfe der einzelnen Glieder nicht ganz mit Wasser füllen, bis auf den heutigen Tag vorhanden. Das korrosionsbeständige Gußeisen leidet nicht darunter. Blecherne Radiatoren rosten aber leicht an diesen Stellen durch.

Das Gaspolster, das in jedem Gliederkopf eingeschlossen ist, führt zu einer örtlichen Korrosion. Insbesondere solange das zirkulierende Heizungswasser nicht frei von Sauerstoff ist, oder wenn es z. B. in offenen, mit der Atmosphäre verbundenen Ausdehnungsgefäßen wieder welchen aufnehmen kann. Dann kommt es in jenen Gasblasen zu einer Reaktion mit dem Eisen: Das Blech rostet von innen her durch.

Dieser Nachteil hat die Stahlradiatoren lange Zeit in

Mißkredit gebracht. Schließlich siegte der Fortschritt, d.h. die Entwicklung der Fertigungstechnik. Früher als der Gießvorgang konnten das Formen der Bleche und das Schweißen perfekt automatisiert werden. Gegenüber der Handarbeit, die Stahlheizkörper bis in die 50er Jahre beanspruchten, stieg damit der Gewinn so sehr, daß es sich lohnte, entsprechende Produktionskapazitäten zu schaffen und den Absatz durch Werbung zu forcieren. Fortan waren Stahlradiatoren »sicher« und gußeiserne schlechthin »zu schwer«.

Dieser Fortschritt . . .

Die drei oder vier großen Hersteller konnten ihre führende Position ausbauen. Wie das aber bei vielen, allzu lohnenden Artikeln geschieht, rief die Gewinnmöglichkeit weitere Hersteller auf den Markt. Schließlich gab es Mitte der 60er Jahre Produktionsmöglichkeiten, die den Bedarf weit überstiegen. Ein Preisverfall war die Folge. Oberflächlich gesehen ein Vorteil für den Verbraucher. Sofern ihn die niedrigen Preise tatsächlich erreichten. Am Heizungssystem, an der Heiztechnik hat sich dadurch nichts geändert. Dabei wäre es längst Zeit, daß sich etwas ändert. Von raumklimatischen Nachteilen einmal abgesehen, werden wir uns die Verschwendung, die das System der Gliederheizkörper bedeutet, vielleicht nicht noch einmal 150 Jahre lang leisten können. Gliederheizkörper der meistgebrauchten Größe haben ein Leistungsgewicht von 24,2 kg/Mcal/h. Das heißt, um stündlich 1000 kcal in einen Raum zu bringen, müssen netto nur als Heizkörpergewicht 24,2 kg Stahlblech eingebaut werden. Mit Anschlußmaterial, Konsolen und Haltern, also brutto, steigt das Leistungsgewicht auf gut 25 kg/Mcal/h. Bei Guß-Radiatoren erreicht es netto bereits 49,0 kg/Mcal/h. Der Brutto-Wert beträgt ziemlich genau 50,0 kg/Mcal/h.

. . . hatte Folgen

Wielange können wir uns so etwas noch leisten?

Was das bedeutet, läßt der Vergleich mit anderen Heizkörperarten, mit anderen Heizungssystemen erkennen. Heizleisten bringen es z. B. auf Werte von nur 7,0 kg/Mcal/h. Das Verhältnis dieser Zahlen wird nach der Klima-Frage zum zweiten Kriterium für den Wert heuti-

Bedauerlich!

ger Heizungssysteme. Darüber kann es keine Zweifel geben.

Die künftige Entwicklung der Gliederheizkörper muß sich schon aus diesem Grund in bescheidenen Ausmaßen vollziehen. Das System ist hoffnungslos veraltet, auch wenn die Fertigungsstraßen hypermodern sind. Der Verbraucher kümmert sich bald nicht mehr darum wie schnell ein Industrieprodukt hergestellt wird, mit welch geringem Aufwand menschlicher Arbeit, sondern darum, was dieses Erzeugnis dem einzelnen nützt und wie sehr seine Herstellung der Gemeinschaft schadet, ob seine Produktion überhaupt vernünftig ist. Gerade das scheint bei Radiatoren nicht gegeben. Wenn 25 kg oder gar 50 kg Metall gebraucht werden, um schlechtere Ergebnisse zu erzielen als auf etwas andere Weise mit 7 kg, ist die Frage nach Vernünftigkeit nicht schwer zu beantworten.

Immer noch: Verbesserung im (falschen) Detail

Keinen großen Denkaufwand erfordert es auch, den Gliederheizkörper aus Kunststoff in die künftige Entwicklung einzureihen. Weil nicht alle Gliederheizkörper zwangsläufig und auch nicht sofort nach dem Einbau durchrosten, lohnt der Aufwand der Herstellung von Heizkörpern aus Kunststoff nicht. Das Material ist keineswegs umweltfreundlicher als Guß oder Stahl, den Aufwand für Produktionsmittel eingerechnet, auch keinen Deut billiger. Den Entwicklern kann man zugute halten, daß sie von raumklimatischen Erkenntnissen nicht belastet waren. Sonst hätten sie über anderes nachgedacht. Andererseits kann ihnen aber der Vorwurf nicht erspart bleiben, wieder einmal die Hauptsünde der Kunststoffhersteller begangen zu haben. Anstatt mit neuen Werkstoffen, neuen Herstellungsverfahren die Forderungen des Zwecks auf neue Art zu erfüllen, wird ein altes Produkt kopiert: Metallarbeit aus Kunststoff »täuschend ähnlich« nachgebildet. Das bringt nur aufs Neue den schlechten Ruf von »Plastik« ein, wie er durch viele Erzeugnisse entstanden ist, bei denen

man die Kunststoffe hirnlos als Ersatz für zwar teuerere, qualitativ eher bessere Werkstoffe benutzt hat.
Weil blecherne Radiatoren rosten, machen Leute welche aus Kunststoff, die nicht rosten. Die aber auch nie mehr verrotten, die nie mehr umgeschmolzen, wiederverarbeitet werden können. Ein treffendes Beispiel dafür, wie die Industrie die Auswirkungen des letzten Fehlers durch einen neuen mildert. Und sie nennt das auch noch Fortschritt.

Wielange eigentlich noch »ungestraft«?

Ähnliche Fälle von »Fortschritt« hat es bei den sog. Konvektoren gegeben. Die Entwicklung ist dabei geradezu zwangsläufig vom Zielpunkt »gesundes Raumklima« immer weiter fortgeschritten.
Konvektion bedeutet Wärmeabgabe durch Mitführung (vorbeistreichender Luft). Deshalb heißen auch mit Rippen versehene Heizrohre oder Rohrbündel Konvektoren. Die Rippen sind in der Regel rechteckig, sodaß die Überform des Heizregisters einen flachen, langgezogenen Quader ergibt. Mit dieser Form passen die Konvektoren gut in die Konvektionsschächte. Das wiederum sind vorzugsweise Heizkörpernischen unter den Fenstern, die mit einer Platte so verschlossen sind, daß über dem Bo-

Ein Fehler mit Verkleidung: Konvektoren

den und unter dem Fensterbrett rund 10 cm hohe, waagrechte Schlitze freibleiben. Durch den unteren Schlitz kann Luft in den Schacht einströmen. Gleich darüber ist der Konvektor, das Heizregister montiert. Die zwischen den Rippen erwärmte Luft strömt im Schacht hoch und durch den oberen Schlitz heraus! Die Höhe des Schachtes beeinflußt die Wärmeabgabe. Mit zunehmender Höhe wirkt der Schacht mehr wie ein Kamin. Ein höherer Schacht saugt mehr Luft durch den Konvektor. Der wird auf diese Weise mehr Wärme los.

Die Experten bezweifeln nicht, daß Konvektoren so ziemlich die reinste Art einer Luftheizung darstellen, die das Zentralheizungsfach fertigbringt. Trotzdem bringt die Nischenverkleidung in aller Regel keinen kleineren Strahlungsanteil als Radiatoren: Nur vier Fünftel der Wärmeabgabe des Konvektors gehen an die Luft. Der aufsteigende Luftstrom kontrahiert sich bereits im Schacht und strömt mit relativ hoher Geschwindigkeit und hoher Kerntemperatur durch den Mittelbereich des Austrittsschlitzes nach oben. Alles übrige funktioniert so, wie es vom Gliederheizkörper her bekannt ist. Weil die Luftströmung stärker ist, wird der Staubgehalt der Luft größer. Das Luftheizungsklima ist noch etwas ungesünder als bei Radiatoren.

Staubpegel-Erhöhung fördert Lungen-Karzinome

Die Konvektoren-Hersteller haben jahrelang behauptet, die starke Luftumwälzung führe zu besserer Wärmeverteilung im Raum. Obwohl das Gegenteil der Fall ist – kaum eine Heizung führt zu niedrigeren Boden- und höheren Deckentemperaturen – steht diese falsche Behauptung inzwischen als Lehrmeinung in vielen Fachbüchern.

So etwas kommt nicht allein vom Nachsagen. Falsche Deutungen richtiger Beobachtungen sind wieder mit daran schuld.

Im wesentlichen ist es eine ähnliche Erscheinung wie bei den Warmluftheizungen der Hafner, die zu ganz und gar falscher Würdigung der Konvektoren führt.

Diese Art von Heizkörpern wird selbstverständlich von

der Heizungszunft im gleichen Maße überdimensioniert, wie alle anderen Bauteile hergebrachter Zentralheizungen. Mit der Größe der Konvektoren wachsen die Flächen der Verkleidungen. Viele Verkleidungs-Konstruktionen haben Luftklappen an der oberen Austrittsöffnung, mit denen der Warmluftstrom gedrosselt oder ganz unterbrochen werden kann. Der Warmluftstau unter der geschlossenen Klappe macht die Verkleidung zur Wärmestrahlwand. Wenn diese nur groß genug ist, entsteht ein möglicherweise erträgliches Raumklima.

Kein Schaden, ohne Nutzen? –

Ähnlich liegt der Fall bei hohen Konvektoren-Verkleidungen. Schächte von ein Meter Höhe und darüber, leiten die Warmluft schnurstracks unter die Decke. Die Warmluft heizt die Decke auf. Bei entsprechender Raumhöhe kann die Strahlung von der Decke erträglich sein.

Solch heiztechnische Zufälle sind aber wertlos. Nicht nur, weil sie völlig ohne Absicht entstehen, sondern weil der gefährliche raumklimatische Nachteil der Staubpegelerhöhung bei jeder Konvektorenheizung ausgesprochen groß ist.

– Lieber nicht!

Geradezu unverantwortlich hoch ist dieser Effekt bei einer Sonderform von Konvektoren-Heizung, die von vielen Glas-Architekten ausgerechnet in den teuersten Bungalows erzwungen wird: der Unterflur-Konvektor.

Jener wackere Heizungsingenieur, der den angeblich allerersten gebaut hat, soll froh sein, daß sein Name nicht in der umstrittenen Patentschaft erschienen ist.

Die Unterflurkonvektoren sind, getreu ihrer Bezeichnung, vorwiegend vor Glaswänden in den Boden versenkt, mit fußabstreiferähnlichen Rosten abgedeckt. Kalte Luft, die an der kalten Fensterscheibe abwärts gleitet, rutscht durch den Rost in die Heizgrube und wird vom Konvektor als warme Heizluft wieder in den Raum befördert. Mit der Heizluft kommt aus dieser Konvektoren-Gruft aber auch alles, was findige Raumpfleger hineinkehren, was Schuhsohlen aus dem Garten darüber abstreifen, was Rauchern versehentlich an Asche

Der karzinogene Konvektor!

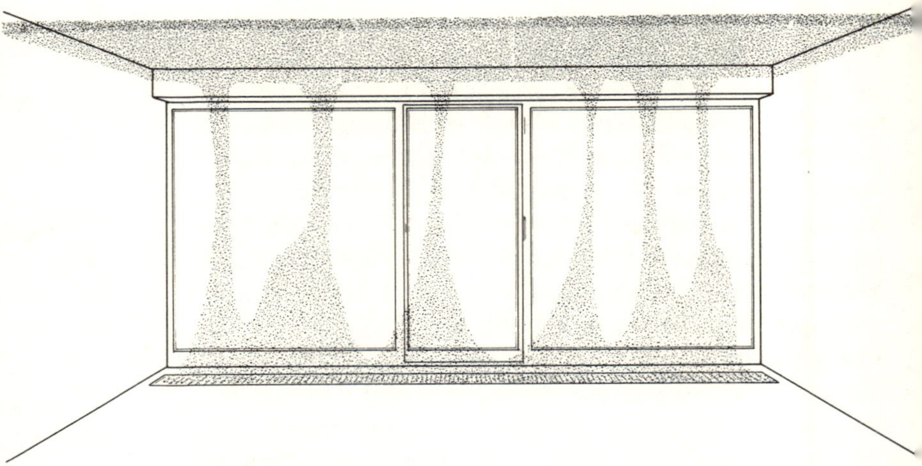

hineinfällt. Nicht klumpenweise, versteht sich, sondern als vorzüglich getrockneter, auf das gleichmäßigste verteilter Staub.
Schreibt ein Werbetexter: Vor der Schönheit ihres Gartens sinkt unser Konvektor in den Boden. – Wetten, daß er es, wenn überhaupt noch, fürderhin aus lauter Scham tut?
Lieber nicht wetten, denn es gibt in Konvektorenkreisen noch schlechtere Konstruktionen. Das sind die neunmalklugen Einfälle mit »Zusatzgebläse«. Vielleicht sogar noch kombiniert mit »thermostatischer Steuerung«. Natürlich führt der erzwungen hohe Luftdurchsatz zu rechnerisch hoher Wärmeleistung. Der Intervall-Betrieb ist aber gekennzeichnet durch abwechselnde Phasen, in denen erst Staub gesammelt und dann schlagartig ausgeblasen wird. Wenn unter Konvektoren Gebläse montiert werden entstehen Heizgeräte, vor denen ein gutberatenes Gesundheits-Ministerium warnen müßte.
Die Werbung eines großen Herstellers empfiehlt solche Staubaufwirbler wortwörtlich für: Arztpraxen, Schlaf- und Wohnräume, Schulräume, Krankenzimmer, Diskotheken, Einzelhandelsgeschäfte, Büros, Großküchen und Friseursalons.

Ganz und gar unglaublich!

Genau dort sollte sie ein kluges Gesundheits-Ministerium kurzerhand verbieten.
Bleibt die auch nicht neue Frage, wieso es überhaupt ein Konvektoren-Geschäft gibt, wenn gar so wenig Gutes an der Sache ist? Darauf die nicht mehr neue Antwort, weil Heizkörpersysteme nicht nach dem klimatisch erreichbaren Erfolg, sondern allein nach dem Preis beurteilt werden.
Als in den 50er Jahren Konvektoren aufkamen, waren sie billig, wenn auch nur durch einen Trick. Die Konvektoren-Verkleidungen wurden von den Heizungsleuten nicht mitgeliefert. In hunderten von Kostenangeboten stand »Verkleidung bauseits«. Bei der Abrechnung erschienen die Kosten dann eben unter Schreinerarbeiten. So einfach war das.

Wer je gebaut hat, kennt den Trick mit »bauseits«

Konvektoren-Hersteller lieferten damals die Heizregister vielfach in jeder gewünschten Baulänge. Das erweckte den Eindruck besonderer »Maßarbeit« beim Heizungsbau. Doch gerade dieses Maßgeschäft wurde zur Bremse des Geschäfts. Da jeder Konvektor erst angefertigt werden konnte, wenn er nach Maß bestellt war, kam es zu ungewöhnlich langen Lieferzeiten. Weil aber ein Konvektor, wenn er bestellt wird, in der Regel auch sofort gebraucht wird, konnte man nicht solange darauf warten, nahm man lieber wieder andere, sofort greifbare Heizkörper. Ähnlich ist es ja anfangs auch den schweizerischen Röhrenradiatoren ergangen.
Die Konvektoren-Hersteller gaben das Zentimeter-Angebot auf, schufen ein reduziertes Lager und lieferten dienstfertig auch Verkleidungen. Und gerade diese brachten neuen Auftrieb fürs Geschäft.

Heiztechnik ist das wirklich nicht!

Inzwischen gibt es sogar den Fertigkonvektor. Ein einfältiger Einfallsreichtum ist nötig um Heizregister, Konvektoren-Verkleidung, dazu ein paar Schrauben und Dübel in einen Pappkarton zu stecken und dann davon zu behaupten, das sei die ganz besondere Lösung. Was ist damit gelöst? – Falls der Karton kein Loch hat, braucht der Installateur keine Schrauben zu suchen. Von den

Dübeln schon weiß er nicht, ob sie in der betreffenden Mauer halten. Im Heizregister eingebaute Ventile legen den Installateur auf ein Fabrikat fest, das er sonst vielleicht nicht führt, das seine Monteure nicht kennen. Bleibt der Karton! In der Tat käme keine der dünnen Blechverkleidungen, die bei jeder Berührung einen Lärm wie Theaterdonner loslassen, auch nur halbwegs heil auf die Baustelle, wenn nicht der teure Karton sie schützen würde. Ein Hersteller hatte die Idee, seinen Fertigheizkörper mitsamt der Schachtel montieren zu lassen. In riesigen Buchstaben hat er das auf die Kartons gedruckt. Einer Denkmals-Enthüllung gleich, sollten die Deckel erst ganz zum Schluß der Montage abgenommen werden ... In den Prospekten heißt es: wir haben die Technik von morgen. Als ob es bei Heizungen nicht wichtigeres gäbe, als die Verpackung. Kein Heizungsmann verwahrt sich dagegen. Solange aus den Schachteln bunte Kästen kommen, gar welche mit aufgedrucktem Holzdekor, solange der Preis stimmt und die Konkurrenz das Gleiche macht, wird mitgespielt. Schließlich: welcher Kunde fragt schon, was sich hinter Platten aus Blech und Plastik verbirgt, solange es sich gut verbirgt? –

Warum fragt kein Kunde?

Gasöfen, Heizgeräte mit Erbfehlern!

Sehr schwierig ist die richtige Lösung für Gaseinzelöfen zu finden.
Bei dieser Heizungsart basiert der Fehler nämlich auf Vererbung. In einer Zeit, als Gas noch nicht vielerorts aus der Erde kam, sondern der Kohle ausgetrieben wurde, war es zum Heizen ganz allgemein zu teuer. Gasheizöfen wurden damals für »Zeitheizung« empfohlen. In einer Arztpraxis – dienstags und donnerstags von 2 bis 4 Uhr –, auch im Badezimmer – einmal in der Woche – seien die Kosten der Gaswärme erschwinglich, so sagte man vor rund 50 Jahren.
Für kurzfristiges Aufheizen ausgekühlter Räume aller Art, braucht man bekanntermaßen wesentlich höhere Heizleistungen als für gleichmäßigen Dauerbetrieb. Vor rund 50 Jahren hat man daher angefangen, Gasöfen größer zu installieren als andere Öfen oder Heizkörper, die für Dauerbetrieb bestimmt waren.
Einer der Kardinalfehler heutiger Gasöfen-Einrichter ist es, daß sie das immer noch tun.
Erdgas ist heute billiger als ehemals Leuchtgas. Außer Ärzten können sich den Luxus, damit zu heizen, auch noch andere Leute leisten. Warum verfährt man aber bei der Wahl der Ofengröße immer noch so, als würden die Leute nur »dienstags und donnerstags von 2 bis 4 Uhr« heizen?
In einem Wohnzimmer, das nach der verschwenderischen DIN 4701 einen Wärmebedarf von beispielsweise 1850 kcal/h hätte, wird ein Gasofen mit mindestens 6000 kcal/h aufgestellt. Ein Kinderzimmer mit einem Wärmebedarf von ca. 1000 kcal/h erhält einen Ofen mit 4000 kcal/h. In der Übergangszeit reichen die Zündflammen dieser Geräte schon fast für die Raumheizung, im Winter heizt die kleinste Flamme.
Einerseits ist der Bestimmungsfehler zur Gewohnheit geworden, andererseits bringt er jedem Verkäufer Geld ein. Selbst wenn er ab und zu, wie es richtig wäre, kleinere Öfen verkaufen wollte, drängen ihn die meisten Kunden zu größeren Modellen. Im Volksglauben ist ein

Heizgerät gut, wenn man es möglichst dauernd auf Drehknopf-Stellung »klein« betreiben kann. Für dieses zweifelhafte, ja törichte Vergnügen gibt man von vornherein gern ein paar Hundert Mark mehr aus.

Werktags nie!

Indes, die Sache ist nicht ganz so einfach. Gas ist eine zwar bequeme, aber teuere Energie. Eigentlich zu teuer für jenen Teil der Bevölkerung, der wegen des Einkommens auf sog. Sozialwohnungen angewiesen ist! Weil sich diese Menschen den wirtschaftlicheren, aber natürlich insgesamt teuereren Dauerbetrieb nicht leisten können, müssen die Öfen große Anheizleistungen bieten. Schließlich will kein Mensch stundenlang warten, bis die gute Stube für den Besucher oder auch nur für den Fernsehabend einigermaßen geheizt ist. Kurzfristiges Aufheizen mit großen Gasöfen führt zu unverhältnismäßig hohem Gasverbrauch. Der Ofenbesitzer kann am Gaszähler feststellen, was so ein Wohnzimmer-Wintersonntag kostet. Laienhaft auf einen Monat, gar auf die Heizperiode hochgerechnet, gibt das einen Betrag, der jeden Durchschnittsverdiener erschrecken läßt. Gasofen im Dauerbetrieb ist der Volksmeinung nach unmöglich.

Im Gegenteil, mögen manche sagen, dieser oder jener Ofen geht von September bis Mai nicht aus! Dann ist es einer von der Sorte, die ganze Wohnungen heizen (sollen). Im Flur der Wohnung, oder neben einer ausgehängten Wohnzimmertür installiert, haben diese Geräte die Aufgabe mehrere Räume gleichzeitig zu temperieren. Was diese Betriebsweise an nachteiligen Folgen für das Raumklima bringt, ist schon erläutert.

Mit Gasöfen heizt man zeitweise, oder teilweise

Ob zur Beheizung einer ganzen Wohnung mehrere Gasöfen stundenweise betrieben werden, oder ob ein Ofen alle Räume dauernd mehr oder weniger temperiert, ist einerlei. In jedem Fall müssen die betreffenden Wohnungen als nicht voll beheizt gelten.

Die Gaswerksdirektoren wissen das. Die Abrechnungs-Computer belegen es schwarz auf weiß. Gesprochen wird nicht viel darüber. Die Gesamtgaskosten für eine dreiköpfige Familie in einer Dreizimmer-Wohnung für Vollversorgung – Heizen, Warmwasser und Kochen– haben im Jahre 1971 nur ... DM betragen. Das steht im kommunalen Mitteilungsblättchen. Über den sechsärmeligen Pulloververschleiß der dreiköpfigen Musterfamilie steht nichts im Blättchen. Der Computer erfaßt ihn nicht; auch nicht Vaters Filzpantoffel, oder Mutters Angora-Wäsche. Die Jahresbetriebskosten der Gasofenheizerei sind niedrig, weil die teuere Energie systematisch zum Frieren erzieht. Was für die Ofenheizung allgemein gilt, trifft auch auf Gasöfen zu: Anschaffung und Betrieb sind unsozial teuer. Gasöfen sind ausnahmslos Luftumwälzer, Staubpegel-Erhöher. Die Zeitheizung bringt ein auffällig ungutes Luftheizungsklima, mit manchmal spürbar überheizter Atemluft in Kopfhöhe, aber kalten Wänden und Böden. Die Anzahl der Teppichlagen verrät das oft auf einen Blick.

Gasöfen erziehen systematisch zum Frieren

Hoher Staubpegel ...

Das Luftheizungsklima der Gasöfen ist unwirtschaftlich, denn hohe Lufttemperatur wird zu hohem Wärmeverlust infolge der Winddrift durch die Wohnung. Bei Öfen mit Kaminanschluß werden die Winddrift und die sprichwörtliche Fußkälte noch durch eine Besonderheit des Abgasrohres verstärkt. Die sog. Rückstromsicherung läßt der erwärmten Raumluft freien Zutritt zum Schornstein. Was abzieht ist bereits aufgeheizte Raumluft, was von draußen durch Fensterfugen und Türspalten hereinströmt ist wiederum kalte Winterluft. Gewiß könnte man entgegnen, auch Kohle- und Ölöfen ziehen Raumluft ab. Nur ist das eben ein Bruchteil, der nicht schon die Ofenrohre auf »handwarm« abkühlt, von den Kaminen ganz zu schweigen.

... und schlechte Wirtschaftlichkeit!

Man muß dazu wissen, daß die sog. Rückstrom-Sicherung vor Jahrzehnten erfunden wurde. Sie sollte gewährleisten, daß nicht ein Windstoß durch den Kamin faucht und die kleinen Gasflämmchen des Brenners ausbläst. Es gab damals noch keine Zündsicherung, die verläßlich die Gaszufuhr abschaltet, wenn die Flammen des Brenners aus beliebigen Gründen verlöschen. Ehedem strömte weiter (damals noch) giftiges Gas aus, wenn die Flammen ausgeblasen waren. Jeder Aufwand, der dies verhindern konnte war daher gerechtfertigt. Heute, genau gesagt seit gut 10 Jahren haben die Zündsicherungen die Grundlage der Notwendigkeit einer sog. Rückstrom-Sicherung aufgehoben. Dennoch verwenden wir sie weiter. Ein Münchener Ofenwerk hat in rekonstruierbaren Versuchen nachgewiesen, daß bei einem Gasofen mit 6000 kcal/h Leistung bei nur 4 m Zug des Kamins 30% der Nutzwärme durch die sog. Rückstrom-Sicherung abziehen, bei einem Ofen mit 4000 kcal/h Leistung bis zu 50%. Wohlgemerkt der Nutzwärme, d. h. auch noch nach dem unvermeidlichen Verlust des Verbrennungswirkungsgrades. Vorschlag an die Experten: wie wäre es mit der Bezeichnung (Wärme-) Abströmsicherung, wenn die volkswirtschaftliche Verantwortungsbereitschaft schon nicht zur Abschaffung dieser Verschwendung ausreicht?

Eine unmögliche Variante!

Was unsere verbotsfreudigen Behörden aller einschlägigen Fachrichtungen bewogen hat, einst die »Außenwand-Gasöfen« zu genehmigen, bleibt technisch verständigen Philanthropen wohl immer ein Rätsel. Wo, hat man sich denn gedacht, werden die Abgase hinziehen, die ein paar Handbreit unter dem Fensterblech aus den Hausmauern quellen? Auch, wenn für gewöhnlich die eigenen Fenster während der Ofenbetriebszeit geschlossen sind, halten sie nicht dicht. Und Entschuldigung für die Belästigung der Nachbarn ist das erst recht keine. Es gibt nur zwei Gründe dafür, daß Hersteller und Installateure bisher davongekommen sind: die Öfen sind relativ selten in Betrieb und die Abgase sind relativ unsichtbar.

Zweimal relativ!

Gänzlich unangebracht wäre an dieser Stelle ein Hinweis auf ein paar Hunderttausend »zufriedener Kunden«. Es müßte sonst gefragt werden, ob sich die Hunderttausend nicht bloß zufrieden geben, weil sie keine Kohleneimer mehr schleppen müssen, keine Streichhölzer mehr brauchen oder eben schnell ein halbwegs gewärmtes Zimmer haben, wenn Besuch kommt. Käufer ohne Urteilskraft sind leicht zufriedenzustellen. Kunden sind nicht immer zufrieden, nur weil sie sich gerade, oder schon längst zufrieden geben. Käufer können zufrieden sein, weil sie es nicht besser wissen. Verkaufte Exemplare sind nirgendwo Beweismittel für die tatsächliche Vorteilhaftigkeit eines Produktes, bestenfalls zeugen sie von Verkäuferkunst. Mit Milliarden verkaufter Zigaretten ist es nicht anders.

Verkaufszahlen beweisen vieles, aber nur selten Qualität

Von philosophischen Konsumproblemen unserer Gesellschaft abgesehen, sollten die Gas-Direktoren überlegen, ob sie die überdimensionierten, ungesunden, unsozialen Teilzeit-Gasöfen einigen Herstellern zuliebe noch länger ins Kraut schießen lassen. Sich selbst würden sie damit den denkbar schlechtesten Dienst erweisen.

Die Entwicklung der Gasversorgung von der englischen Gaslicht-Attraktion des Jahres 1790 bis zum Energieträger unserer 70er Jahre wäre dafür ein lehrreiches Beispiel. Jubiläums-Festschrift-Verfasser würden die einzelnen Entwicklungssprünge als entscheidende Impulse umschreiben. Ohne Gloriole war es eine Reihe immer gleicher Irrtümer. Entsprechend seiner Verwendung hatten wir nämlich schon vielerlei Gas. Am Anfang gab es Leuchtgas, daraus wurde Kochgas, Bratgas, Badewassergas, Heizofengas. Heute haben wir Zentralheizungsgas. Der jeweilige, durch zehn oder mehr Jahre neueste Verwendungszweck, war Grundlage der jeweiligen Rohrnetzplanung. Und diese erwies sich, nach geglückter Einführung jedes neuen Gasverwendungszwecks, jeweils als zu klein geraten. Die finanziellen Folgen der mehrfachen Fehlplanung sind bedauerlich, in diesem Zusammenhang nicht bedeutend. Die inzwischen ausreichend groß dimensionierten Erdgasnetze könnten durch eine weitere Zunahme des Anteiles der Teilzeit-Öfen auf lange Strecken wieder zu klein werden.

Mit Gas wird mehr und mehr geheizt. Man heizt, wenn es kalt ist. Kalt ist es im ganzen Land gleichzeitig. An besonders kalten Tagen sind alle Heizgashähne offen.

Durch die Hähne der Teilzeit-Öfen muß kurzfristig ein Vielfaches der Gasmenge strömen, die vernünftige Heizgeräte langfristig verbrauchen würden.
Die für den Besitzer unwirtschaftlichen, großen Gasöfen führen zu außergewöhnlich hohen Spitzenleistungen für die Gas-Rohrnetze. Je höher die Spitzenbelastung über der Durchschnitts-Belastung liegt, um so unwirtschaftlicher werden die Versorgungsleitungen.

Wenn zu viele und zu große Gashähne offen sind, hilft auch Gas aus Rußland nicht!

An der Gleichzeitigkeit des Gasverbrauches für Heizzwecke kann die Gasversorgung noch einmal gründlich scheitern. Um so leichter und um so sicherer, je weniger sie die Verbraucher aufklärt, je mehr sie die Stellen an denen Gas verbraucht wird, dezentralisieren läßt.
Gas ist ein idealer Brennstoff für den Einsatz im Großen, etwa in Heizkraftwerken oder auch für Blockheizungen. Darüber nachzudenken wäre sinnvoll.
Filigrane Gasrohrnetze bringen (Gas-)Verlust und (Lebens-)Gefahr, kosten imenses Geld.
Genau an dieser Stelle ist der Hinweis auf den Gasherd fällig. Es gibt wenige Atavismen von dieser Ausgeprägtheit. Erfunden, angekommen und vergessen; kein Gedanke an weitere Entwicklung, Auswirkungen oder an die Notwendigkeit der Existenz überhaupt!
Ursprünglich, und darüber kann es keine Zweifel geben, war der Gasherd die ausgefeimte Konkurrenz des handgemachten Feuers im Küchenherd. So alt ist er schon. Wer kein Gas im Haus hatte, mußte vor dem Kaffeekochen Späne schnitzen, Feuer machen, oder machen lassen – so lang ist das schon her. Mit Gas hatte man den bläulichen Flammenstern unter dem Kochtopf und hundert Flammenzünglein unter dem Bratrohr. Die Flämmlein züngelten vor hundert kleinen Löchern, die ein witziger Erfinder in ein gebogenes Eisenrohr gebohrt hatte. Der gleiche „Brenner" nur etwas größer, fand sich unter der Badewanne. Man füllte sie mit kaltem Wasser, stellte den Gasbrenner an, und ... rief den Herrn, wenn das Wasser genügend warm war. So lang ist das schon her.

So alt ist der Gasherd

Verglichen mit heutigen Abmessungen waren damals Bäder wie Küchen riesig groß: Vor allem waren die Räume hoch. In diesen Räumen hatten die Abgase Platz. Zwar verbrauchten und verdünnten sie die Luft, aber es gab damals noch Fenster mit Oberlichten oder mehrflügelige Fenster, die schlechte Luft hinaus und gute herein ließen. Trotzdem, der Gasverbrauch und die Abgas-Produktion für eine Badewanne voll warmen Wassers beeinträchtigten dieses Vergnügen – abgesehen von den Verbrennungen, wenn einer auf die Idee kam, nachheizen zu lassen – so sehr, daß die gebogenen Brennerrohre unter den Badewannen wieder außer Mode kamen. Nur unterm Backrohr haben sie sich bis heute gehalten. Obwohl die Herde größer, leistungsstärker und die Küchen kleiner, viel niedriger geworden sind.

Auch wenn dies Hausfrauen nicht wahrhaben wollen

Die Abgasmengen, die ein moderner Gasherd mit nur drei Flammen und einem Backrohr produziert verdienen Beachtung. Mit einem Anschlußwert vom 1 m^3 Erdgas bringt er es auf eine Abgasmenge von ca. 11 m^3 stündlich. Dazu meinen Gas- und Ofenverkäufer, dies sei nicht viel. Für eine 7 Kubikmeter große Kleinküche ist dies aber schon zuviel. Man bedenke, daß ein anderes Gasgerät, z. B. ein Ofen, ein Wasserheizer mit gleichem Anschlußwert – so heißt der Fachausdruck – immerhin mit einem Abgasrohr von 9–10 cm Durchmesser an den Kamin angeschlossen werden muß.

Trennt man die Kochflammen rechnerisch vom Backrohr, bleibt fürs zweite ein Drittel des Anschlußwertes.

Das ist gewiß weniger, jedoch das Backrohr wird länger betrieben, als die Flammen der Kocher. Der spiegeleibratende Junggeselle, der im Backrohr nur ungespültes Geschirr verstaut, ist nicht gefährdet. Die enkelbetreuende Großmutter dagegen sehr. Für einen Kuchen produziert sie 2 Kubikmeter, für eine Schweinshaxe 5 Kubikmeter und die Weihnachtsgans bringt es mit 3 Stunden Bratzeit auf rund 10 Kubikmeter. Diese Abgase füllen die Küche von oben her an und reichen bei 2,4 m Normhöhe für die moderne Wohnung schon nach kur-

Wieder einmal zweierlei Maß!

zer Zeit bis in Nasenhöhe herunter. Vielleicht ist das der Grund, weshalb so manchen Küchenbewohnern der Appetit vergangen ist, bis die Gans endlich aus dem Bratrohr kommt. Gaswerks-Amtmänner sagen nein, schädliche Wirkung sei keineswegs erwiesen. Die gleichen Herren raten aber entschieden ab, z. B. morgens mit geöffnetem Bratrohr die kleine Küche zu heizen. Dies könnte einmal gefährlich werden! – Wieso ist eine Stunde Küche heizen problematisch, wenn 3 Stunden Gänsebraten ungefährlich sind? Rechnet man etwa doch beim Braten mit Rauch, mit leicht Angebranntem und demzufolge mit wenigstens ritzenweise geöffneten Fenstern? Befürchtet man, daß bei Frühstück und Morgenzeitung Küchen-Fenster und -Türen peinlich geschlossen sind, wenn das Gas-Backrohr mißbräuchlich heizt? –
Soviel ist sicher: wenn auch nicht der Tod im Gas-Backrohr lauert, eine gehörige Übelkeit kann man sich holen. Dazu naße Wände, den Schimmelpilz hinterm Küchenschrank oder unter der Eckbank.
Ein Fünftel des Abgases sind Wasserdampf. Ein Schweinebraten treibt 1/4 kg als Verbrennungs-Produkt des Gases in die Luft. Die Beilagen, ob Knödl oder Rotkohl, steuern weiteres dazu bei. Ein Königskuchen bringt es auch auf 1/4 kg Dampf in der Luft und ein Guglhupf auf nicht weniger. Davon laufen die Fenster an, werden die Wohnungen feucht. Köche, die auch noch offene Fenster scheuen, jagen den Dampf durch die Küchentüre in die übrige Wohnung, auf daß er sich an kalten Wänden der schlecht geheizten Räume niederschlage.

Generationen von Hausfrauen haben sich so daran gewöhnt, daß es ihnen nicht mehr auffällt, wie sehr das Abgas belästigt. Doch das macht den Schaden nicht geringer. Wenn die Gesundheit des Menschen auch in der Küche mehr wert ist als alte Gewohnheit, müssen die offenen Kocher verschwinden. Ihr Abgas und das der Bratrohre müssen in Kaminen abgeleitet werden. Anders hat der Gasherd keine Zukunft.
Am ehesten können die Gaswerke diese Entwicklung

steuern. Das Erkennen der Gefahrenquelle sollte genügen. In Fragen der Gesundheit darf man nicht warten bis Schaden zur Umkehr zwingt.

Die viel gerühmte Bequemlichkeit

Eine sehr vordergründige Wertung relativer Bequemlichkeit hat bei allen neueren Ofenarten über die eigentliche Problematik hinweggetäuscht. Die Entwicklung vom Kohleofen über Öl- und Gasöfen bis zu Nachtstrom-Speicheröfen ist, nach Volksmeinung, einer stufenweisen Steigerung der Bequemlichkeit gleichzusetzen. Raumklimatisch ist es der Weg des »Hans im Glück«; noch dazu in einer besonders glücklosen Variante. Das Ausmaß der Luftumwälzung ist vom eisernen Kohleofen bis zum Nachtstromspeicher-Heizgerät immer mehr und immer stärker angestiegen. Der Staubpegel der Raumluft ist dadurch progressiv gestiegen, die mittlere Raumlufttemperatur mußte durchschnittlich um 5–10° C angehoben werden, weil die Temperatur der kalten Außenwände bei dieser Luftheizerei um 4–6° C abgesunken ist. Für diese enorme Verschlechterung konnte sich ein Ofenheizer, der »mit der Zeit ging«, Bequemlichkeit eintauschen. Welcher Art war oder ist diese Bequemlichkeit? –

Vergleichsgrößen:

schlechte Kohlen, kleine Aschekasten

Bezugsgröße ist der Kohleofen der 20er Jahre, auch ein Kanonenofen oder eine Winkeleisenrahmen-Nachkriegskonstruktion. Hauptmerkmale, jedenfalls die im Gedächtnis gebliebenen, waren hoher Verbrauch, viel Asche, viel Ruß im Ofenrohr, Kaminkehrer in der Wohnstube, kleiner Aschekasten, schlechte Regelung, bisweilen Rauch im Zimmer, und überhaupt!
Falsche Klischees, werden alte Kohlenhändler und Ofenverkäufer sagen. Mit Recht, denn kein Kohleofen hatte alle diese Nachteile zusammen! Nur alle Kohleöfen zusammen hatten eben diese Nachteile und die Kohle-Gewaltigen dachten nicht im Traum daran, rechtzeitig etwas dagegen zu tun. Die Bergassessoren waren an

einer nennenswerten Verbesserung der Wirtschaftlichkeit eines Ofens nicht ernstlich interessiert. Ein Nutzeffekt von nur 40–60 Prozent machte schließlich den Kohleofen zum Absatz-Garanten.

Als Kohle in den Jahren des wirtschaftlichen Aufschwungs nach 1948 für dauernd knapp zu bleiben schien, erinnerte man sich an Dauerbrenner-Ideen, an höheren Wirkungsgrad. Die Ruhrkohle baute Prüfstände auf und einen Beratungsdienst. Kohle sollte wirtschaftlicher verheizt werden, auf daß sie länger und für mehr Leute reiche. Prüfstände und Beratungsstellen waren gerade fertig geworden, als sich die ersten Kohlenhalden türmten. Mit des Staates und des Steuerzahlers kräftiger Hilfe kam es zur Kohlenkrise. In den Verkaufskontoren herrschte Nervosität und Ratlosigkeit. Jahrzehntelang hatte man die Kohle verteilen, zuweisen, verfrachten, verschieben können. Jetzt mußte sie verkauft werden.

Späte Einsicht!

In dieser Zeit erfuhr die Konstruktion der Öfen eine Wende. Die Bequemlichkeit der Bedienung, die Größe des Aschekastens, der Rüttelrost und ein Regler, der »Freude« hieß, vielleicht auch welche machte, wurden plötzlich so wichtig genommen, daß der entscheidende Fehler übersehen wurde. Aus dem wärmestrahlenden Zimmerofen, vielfach noch aus Kacheln gefugt, wurde der luftumwälzende, staubaufwirbelnde Konvektionsofen. Luftschächte und Kühlrippen halfen die Wärme ausnützen und das Raumklima verschlechtern.

In der Eile: Fehler!

Ohne diese verhängnisvolle Fehlentwicklung, wäre der Vormarsch des Ölofens langsamer verlaufen. Die entschieden bessere Strahlungswärme des noch nicht verdorbenen Kohleofens hätte sich spürbar vom Luftheizungsklima blecherner Ölöfen absetzen können. Weil beide Typen, der neuere Kohleofen und der praktischere Ölofen, klimatisch gleich schlecht waren, wertete der Verbraucher die Bequemlichkeit. Diese war mit dem Ölofen, der Gießkanne und dem Faß im Keller schon sehr beachtlich. Die Begeisterung dafür ließ sogar manchen gewaltigen Ärger vergessen. Beispielsweise mit verrußten Öfen, verschüttetem Öl, mit verstopften Reglern und auch mit versotteten Kaminen!

Ölöfen, darüber sollte man im klaren sein, waren von Anfang an primitive Konstruktionen. Einfälle und Zufälle haben sie entwickelt.

Ölöfen waren auch nicht besser!

Viel Ingenieurgeist wurde vergeudet, Prüfstandsstunden tausendweise umsonst gefahren, weil außer dem Öldurchsatz am Ölofen nichts durch technische Mittel vorher bestimmbar ist. Scharen von Erfindern haben verbessert. Mit beachtlichem Erfolg bisweilen, aber nur für den eigenen Ofen! Eine Etage höher, zwei Straßen weiter, war das Patent vielleicht schon wertlos.
Ein gutes Beispiel für dieses Probieren ohne Wissen ist die wünschelrutengleiche Verbrennungsspirale. Ein paar tausend Leute haben diese Drahtmodelle in die Brenntöpfe ihres Ölofens gestellt. Ein Großteil hat danach »weniger Ruß« beobachtet. Bei einem kleinen Teil sind durch die Beinchen der Drahtkörbe die Böden der Brennertöpfe durchkorrodiert, sind die Öltanks im Zimmer ausgelaufen. Diesen Nebeneffekt konnte man sich physikalisch erklären. Den Haupteffekt dagegen nicht.
Die Glühspiralen aus Metalldraht oder Blech sind empirisch entwickelte Geräte, deren Arbeitsweise die »Erfinder« schon befriedigt hat. Hätte auch nur einer Kenntnisse über die physikalischen Zusammenhänge der Wirkung, d. h. könnte auch nur einer exakt sagen, warum ein Ölofen bei kleingestellter Flamme mit Einsatz weniger rußt als ohne, wäre der Schritt zum Werkstoff Asbest oder zu einem anderen feuerfesten, die Wärme schlecht leitenden Material zwangsläufig erfolgt.
Es wäre gar nicht soweit gekommen, daß Metalleinsätze die Brennertöpfe ruiniert hätten. Schäden durch auslaufendes Öl wären vermeidbar gewesen.
Brennertöpfe und Ölöfen sind für die obere Leistungsgrenze aufeinander abgestimmt. Bei starker Kleinstellung kühlt die kleine Flamme im viel zu großen Topf, im

Physik ist schwer, . . .

noch größeren Ofenschacht zu sehr aus. Die Verbrennung endet in den Spitzen der flackernden, an kalten Blechteilen anschlagenden Flamme zu früh. Brennstoff fällt als Ruß aus.

Mit dem Asbest-Einsatz eines sehr klugen Erfinders steht im Brennertopf zentrisch ein glühendes Gerüst. Erste Aufgabe ist die Ausrichtung der Gasströmung auf das Zentrum des Topfes hin. Die Flammenspitzen stehen über dem glühenden Einsatz, schlagen nicht an kalten Blechteilen an. Die Anordnung der Asbestplättchen ist dabei von großer Bedeutung. Besser als alle bekannten Drahtkonstruktionen richten die kreuzweise angeordneten Plättchen den Gasstrom innerhalb der Flamme nach oben aus.

. . . weil sie so einfach ist!

Hauptvorteil des Asbest-Materials aber ist die schlechte Wärmeleitfähigkeit. Wird der Einsatz besonders im oberen Teil von heißeren Flammenabschnitten bestrichen, so nimmt er aus diesen kurzfristig Wärme auf, die aber nicht, wie z. B. bei Drahteinsätzen, in andere Zonen abgeleitet wird, sondern im nächsten Augenblick schon an einen zufällig vorbeistreichenden kälteren Flammenabschnitt abgegeben wird. Ohne diese Wärmezufuhr würde der kältere Abschnitt nicht voll ausbrennen, d. h. rußen. Beweis für die Richtigkeit dieser Theorie ist das unregelmäßige Aufglühen und Abdunkeln an allen Ecken und Enden des Asbest-Einsatzes während des Betriebes. Ein Werkstoff mit guter Wärmeleitfähigkeit wäre dazu nicht imstande. Es kommt ja gerade darauf an, die obere Zone der kleinen Flamme heiß zu halten. Nur so kann vollkommener Ausbrand erzielt werden. Jeder Einsatz aus Metall leitet in völlig unnützer Weise Wärme aus dem oberen Teil der Flamme nach unten.

Der Asbest-Einsatz speichert in ununterbrochener Folge für kürzeste Zeitabschnitte kleinere Wärme-Quentchen, die gleich danach wieder an »bedürftige« Flammenzonen abgegeben werden. Die Erkenntnis dieser Physik und deren bewußte Anwendung ist die eigentliche Er-

findung. Und wenn das Erste stimmt, stimmt sehr leicht auch ein Zweites.
Die Saugwirkung des feinfaserigen Materials ist eine große Erleichterung beim Anzünden jedes Ölofens. Die Homogenität des Werkstoffes verhindert, daß, wie etwa bei anderen Konstruktionen, nach einer gewissen Abnutzung doch wieder Metallbeine durchscheuern.
Die Einfachheit des Asbest-Türmchens ist genial. Mancher Ölofen wäre damit gut ausgerüstet. Kein Ofenkonstrukteur brauchte sich der Anwendung des Asbest-Türmchens zu schämen. Angewandte Physik ist immer rechtens.

Ein Grund sich zu schämen, sind da eher Design und Dessins neuerer Ölöfen. Was an Imitations-Vielfalt geboten wird spottet jeder Beschreibung. Von der abfotografierten Delfter-Kachel, über antike Reliefs aus Plastic, bis zur Hirnrissigkeit eines – natürlich falschen – Holzfurniers, ist an Ölöfenverkleidungen offenbar alles erlaubt. Was nach vernünftiger Überlegung eigentlich zu einem Ladenhüter werden müßte, erweist sich als Verkaufsschlager, wird serienweise aus den Schaufenstern geholt: Ölöfen in »Eiche natur«, die heizende Holzkiste, mit eingebautem Wasserverdunster, für garantiert ungesundes Klima, für feuchte Betten im Schlafzimmer.

Das Heiz-Möbel!

Technisch – und darauf sei nocheinmal hingewiesen – sind derartige Geschmacklosigkeiten nur deshalb möglich, weil diese Ofen-Konstruktionen ausnahmslos Luftheizer sind. An einem heißen, wirklich strahlenden Ofenmantel würde sich zumindest dieser Kitsch von selbst verbieten.
Die ölgeheizten „wohnlichen" Staubpegelerhöher sind bequemer zu betreiben als die kohlebefeuerten Vergleichsobjekte. Außer der Bequemlichkeit wird vom Käufer nichts gewertet.
Noch günstiger kommen daher auch nach dem Volksurteil die Gasöfen weg. Hinter goldbronciertem Streckmetall und unter künstlichen Marmorplatten gibt es kei-

nen Tank, der nachgefüllt werden müßte. Anzünden und auf „klein" stellen ist alles!

Morgen ist der Ofen aus!

Ölofen-Konstrukteure und Gasofen-Erbauer könnten Strahlungsöfen entwickeln. Doch sie sollten es nicht mehr tun. Ehe sie begreifen werden was sie jetzt falsch machen, ehe neue, ehrliche Arbeiten richtig funktionieren würden, ist der Ofen aus, jedenfalls der mit Kohle, Öl oder Gas befeuerte!

Nicht ganz so lang wie die Liste der gesundheitlichen und in der Folge wirtschaftlichen Nachteile der meisten, bekannten Heiztechniken, angefangen vom Ofen bis zur vollautomatischen Zentralheizung, ist die Aufzählung der Abhilfemaßnahmen. Streng genommen gibt es kaum Ratschläge wie krankenmachende Heizgeräte behandelt werden sollen, auf daß sie gegenteilig, wenigstens gesunderhaltend wirken könnten. Generell hilft auf längere Sicht nur eine neue Heiztechnik, die alle erkennbaren Fehler der alten vermeidet. Dennoch lassen sich Anregungen finden, wie die Auswirkungen so mancher Fehler mitunter spürbar gemildert werden können.

Das kann jeder

So läßt sich das Klima in mancher Wohnung merklich bessern, wenn unnötige Staubaufwirbelei vermieden wird. Staubsaugen und Bettenmachen z. B. erledigt man bei geöffneten Fenstern. Statt durch dauernd gekippte Fensterflügel, oder geöffnete Lüftungsschieber läßt man staubgeschwängerte Heizkörperluft mehrmals am Tag durch kurzes „Querlüften" auf einmal aus der Wohnung. Die Minuten danach vermitteln einen Eindruck von gesundem Strahlungsklima in kühler Luft mit warmen Wänden und Möbeln.

Auch beim Heizbetrieb läßt sich vieles besser machen. Es ist wichtig, mit kleiner Leistung dauernd zu heizen. Die Wohnung oder das Haus dauernd warm zu halten, ist gesünder als fortwährendes Auskühlen lassen und neuerliches Anheizen. Es kostet sogar weniger Brennstoff. Der Dauerbetrieb macht deutlich um wieviel die Öfen aber auch die Heizungen zu groß gekauft sind. Bei der nächsten Gelegenheit kann ein kleinerer Ofen an die Stelle des großen treten. Etwa per Auswechslung im Haus oder per Tausch in der Nachbarschaft! Der richtig bemessene Ofen arbeitet im Dezember und Januar tagsüber mit voller Leistung.

Weniger leicht lassen sich Zentralheizungen austauschen. Der Betreiber mildert hier gesundheitlich nachteilige Wirkungen, wenn er alle Heizkörper aufdreht und dann mit der Vorlauftemperatur regelt. Mit niederer

Heizkörperventile öffnen, aber Vorlauftemperatur senken!

Einstellung der Heizwassertemperatur vermindert er die Staubaufwirbelung durch herkömmliche Heizkörperarten.

Falsch ist es, bis auf einen Heizkörper im Wohnzimmer alle anderen abzudrehen, und mit geöffneter Zimmertür die restlichen Räume zu temperieren.

Wo in Etagenwohnungen kaum anderes möglich ist, weil die Heizungen mit viel zu hoher Temperatur gefahren werden, sollen die Hausmeister gerügt werden. In der Regel könnten 10–20 Grad niedrigere Heizwassertemperaturen eingestellt werden. Ein oder zwei Mieter würden dann allerdings jammern, es wäre ihnen zu kalt. In diesen Wohnungen muß die Heizungsfirma aktiv werden. Allen anderen deshalb „einzuheizen", ist unverantwortlich. Kein Mieter hat überdies Anspruch darauf, daß er bei geschlossenen Heizkörperventilen irgendeine ihm gemäße Raumtemperatur erzielt. Wer stunden- oder tageweise zudreht, muß entsprechend lange warten, bis die volle Annehmlichkeit wieder erreicht wird. Das muß jeder Bewohner einsehen. Jeder Hausmeister kann sich darauf stützen.

Staub kommt auch durch Türbewegungen in die Raumluft. Manche Türen einer Wohnung, die ständig auf- und zugehen, könnten offen stehen. Man müßte nur die ganze Wohnung vernünftig heizen. Andere Türen wirbeln immer wieder Staub auf, weil die Teppiche zu hoch sind. Die Türblätter sollen nicht über den Teppich-Flausch streichen. Sie bringen sonst genau jenen Staub immer wieder hoch, den man sich an diesen Stellen beim ersten Schritt in den Raum von der Sohle streift.

Türen, Teppiche, Fußabstreifer

Ein wesentlicher Teil des Hausstaubes wird in der Regel mit den Schuhsohlen in die Wohnung kommen. Fußabstreifer verdienen daher Beachtung. Qualität und Herkunft mögen interessant sein, die Pflege ist wichtiger. So oft wie möglich sollen die Abtreter ausgewaschen werden. Andernfalls sind sie schlechter als nichts vor der Tür. Viele Trockenbürster wirbeln jeweils nur eine Staubwolke hoch, die dann durch das Öffnen der Tür in die Wohnung weht. Wem der Platz fehlt für imprägnierte Flauschmatten, über denen man mit mehreren Schritten das Schuhwerk entstaubt, der helfe sich mit einem nassen Putzlappen. Über den Abstreifer gelegt, entstaubt er die Sohlen mancher Besucher-Invasion besser, als der teuerste „Faser-Bürster mit Durchriesel-Automatic".

Generell hilft gegen den Raumklima-Verschlechterungs-Faktor Staub das Vermeiden mehr, als das Einfangen. So nützen Filtertücher über Heizkörpern denkbar wenig. Karzinogener Staub ist feiner als der, den diese Tücher sichtbar abfangen. Noch schlimmer ist die Durchlaßwirkung bei allen motorgetriebenen Lüftern, Heizern oder Befeuchtern. Deren Filter tun ihre Wirkung ausschließlich in den Prospekten.

Ein anderes Kapitel ist das Vermeiden von Wärmeverlusten. Einige Sparappelle, die seit dem Jahr 1973 durch Massenmedien verbreitet wurden, sind unverantwortlich. Dazu zählt der Befeuchtungs-Aufruf. Ein Schlauberger hat dem damaligen Kanzleramt eingeredet, daß feuchte Luft »subjektiv« wärmer empfunden würde. Indessen ist schwül und warm klimatisch betrachtet zweierlei. Künstliche Wohnzimmerschwüle kostet mehr Energie, weil mit dem Luftwechsel ebenfalls aufgebrachte Verdampfungswärme entschwindet, noch mehr aber, weil feuchte Luft kalte Wände durchfeuchtet. Feuchtes Mauerwerk leitet die Wärme schneller von drinnen nach draußen. Künstliches Luftbefeuchten heißt also systematisch den Energie-Verbrauch steigern.

Schwül und warm ist zweierlei!

Diese Irrlehre hat den Schimmel in deutsche Wohnungen gebracht!

Die größte, spürbare Einsparung bringt das Abdichten der Fenster. Leider wird dabei insbesondere vom Laien sehr viel falsch gemacht.

Zunächst sollte man beachten, daß es vielerlei Undichtigkeiten gibt, die störend wirken und Verluste bringen können. Als erstes die Fugen zwischen Flügeln und Stock! Wer hier etwas erreichen will, prüft mit kleinen Kügelchen aus Fensterkitt zuerst die Dicke der Spalten bei geschlossenen Fenstern. Danach werden Dichtstrei-

Richtig machen, sonst ist die Arbeit umsonst getan

fen nach Elastizität und Stärke ausgewählt. Wichtig ist, daß sie nur an umlaufenden, gepreßten Flächen des Falzes auf den Flügeln angeklebt werden. Auch Beschläge, Reiber, Riegel, Klinken, Stangen und Haken müssen geprüft, erforderlichenfalls nachgestellt werden.
Die zweite störende Durchlässigkeit besteht häufig zwischen den Flügeln der Doppelfenster. Es gibt ganze Stadtteile, in denen die inneren Fensterflügel mit Distanz auf die äußeren gedoppelt sind. Das ist falsch. Warmfeuchte Zimmerluft kann durch den Raum zwischen den Glasscheiben streichen. Sie kühlt dabei ab, beschlägt die Außenscheibe und rutscht unten kalt in den Raum. Solche Doppelfenster sind nicht besser als Einfachfenster. Ein Dichtstreifen rundherum zwischen den Flügeln wirkt erstaunlich.
Die dritte Undichtigkeit tritt zwischen Stock und Mauerwerk auf. Weil hölzerne Fensterstöcke in der trockenen Winterluft schwinden werden Fugen frei, die Wind durchlassen. Abhilfe ist von innen oder außen möglich. Wer innen und außen abdichtet, macht es am besten. Als Dichtmittel empfehlen sich dauerelastische Kitte. Es gibt sie in Tuben oder Kartuschen. Sie halten länger als geklebte Dichtstreifen, müssen nicht wieder erneuert werden, wenn der Maler kommt.
Mit einem besonderen Verfahren können ähnliche Kitte auch zum Dichten der Flügel verwendet werden. Die Ausgabe dafür lohnt sich gegenüber den geklebten Streifen. Der Trick besteht darin, den Kitt aus der Kartusche nur am Flügel, nicht am Stock kleben zu lassen. Die Fugen werden dabei absolut dicht ausgefüllt. Was aus den Fugen quillt, wird nach der Selbsthärtung des Kittes mit einem Messer abgeschnitten. Besser geht's nicht an alten Fenstern! Neue Fenster werden hoffentlich schon sehr bald nur mehr mit Manschetten-Dichtungen gefertigt.
Der Spar-Effekt, der aus der Fenster-Abdichtungen erwächst, übersteigt bei weitem den Wert der ungezählten Empfehlungen zur nachträglichen Isolation von Au-

ßenwänden. Er dämpft außerdem die Geräuschbelästigung etwa durch Straßenverkehr. Gerade dieser Nutzen ist manchen Menschen noch mehr wert, als gesparte Energie

Zwei Fliegen mit einer Klappe!

Zu relativ billigen Sparmaßnahmen mit großer Wirkung zählt das allabendliche Schließen der Rolläden. Wie sehr diese kleine Anstrengung belohnt wird, zeigt das Thermometer im Zimmer, wenn nicht gerade nach der Zimmertemperatur die Heizung geregelt wird. Eine für die herstellende Industrie billige Verbesserung der Rolläden könnte außerdem eine reflektierende Beschichtung der Innenseite werden. Die Reflexion langwelliger Wärmestrahlen spart in Winternächten mehr, als sie kostet und hält im Sommer Sonnenhitze ab.

Für den Bastler tut es Aluminium-Bronce aus der Sprühdose. Wer zum Malen neigt, achte darauf, daß er nichts zwischen die Ritzen streicht. Die Tropfen auf der Außenseite von Rolläden sind bisweilen nur mit der Feuerwehrleiter erreichbar.

Je nach Farbqualität ist ein farbloser Decklack vonnöten, damit sich die Reflex-Schicht nicht beim Aufrollen an der Außenseite der Rolläden abreibt. Größerer Aufwand lohnt sich jedoch nicht. Der Rat ist für Heimwerker gedacht, die sich nützlich betätigen wollen, die Ofenrohrfarbe oder Bootslack verstreichen möchten ehe der Vorrat gänzlich vertrocknet. Wer stattdessen eigens Maler holt, wird kaum auf seine Rechnung kommen.

Bastlersache

Die finanzielle Rendite nachträglicher Isolation der Außenwände ist ohnehin fraglich. Es ist nicht getan mit einem Rechenexempel das angibt, wievielen Zentimetern Ziegelmauerdicke ein paar Millimeter Sowieso-Schaum entsprechen. Schließlich kommt es auf den praktischen Wert an, nicht auf den mathematisch- theoretischen Ersatz. Die größten Probleme bringt dabei eine nachträgliche Isolation auf der Innenseite. Nur zuleicht kann die Wand dahinter feucht werden, bis zur Schimmelbildung stocken. Außerdem schaltet Innenisolation die Speicherwirkung des Mauerwerks aus. Das ist im

Winter unter gewissen günstigen Umständen kein Nachteil. Im Sommer aber, gibt es kein schattenkühles Raumklima hinter geschlossenen Fensterläden, nur heiße Wüstenluft im Zimmer.

Vorsicht ist geboten

Innenisolation muß vor der Montage ein erfahrener Bauphysiker berechnet haben. Er darf nicht mit dem Isolationsmaterial handeln, muß vielmehr für seine (bezahlten) Berechnungen garantieren. Baubiologen werden die Innenisolation auch dann ablehnen.

Über Außenisolation läßt sich eher reden, wenngleich auch hier die erwartete Sparwirkung häufig durch handwerkliche Fehler ausbleiben kann. Hinterlüftete, wetterfeste Platten als Ersatz für anfälligeren Anstrich sind z. B. noch keine Energie-Sparmaßnahme.

Dazu gehört eine fugendichte Isolation, die sich wie ein wärmender Mantel an das Mauerwerk anlegt. Das Gegenteil davon sind Hartschaumplatten, mit fingerbreiten Stoßfugen vor buckeligen Außenputz gestellt, womöglich nur hinter einem Lattenrost eingespreizt. Diese Lösung kostet nur Geld. Energie spart sie nicht. Der Spar-Effekt soll vom Lieferanten vorher anhand des bisherigen Energie-Verbrauches in Zahlen ausgedrückt, belegt werden. Dann zeigt sich, wieviele Jahre, oder Jahrzehnte vergehen müssen, ehe die Ausgabe eingespart ist.

Dem einzelnen und der Volkswirtschaft ist nichts gedient mit sog. Sparratschlägen, die mehr kosten als sie jemals zu bringen vermögen. Schließlich ist der Sinn aktueller Energie-Einsparung nicht, dem jeweiligen Energie-Lieferanten eins auszuwischen, sondern das Lebensnotwendige zu erschwinglicherem Preis zu erhalten. Für längerfristige Energie-Politik sind Isoliermatten so oder so kein geeignetes Mittel.

Sparen, aber doch nicht um jeden Preis!

Unter diesem Gesichtspunkt ist jegliches Sparangebot zu sehen. Etwa auch das mit Thermostatventilen. Ein überheiztes Haus kann ohne jeden Aufwand herunterreguliert werden. Zeitweises Kleinstellen von Heizkörpern bringt nur wenig Vorteil. So wenig, daß die nach-

träglichen Einbaukosten für Thermostatventile von 50,– bis 100,– DM je Heizkörper noch lange nicht eingebracht sind ehe die Regler wieder kaputt sein werden.
Die Anschaffung von 10 Thermostatventilen z. B. kosten soviel wie 1600 bis 3200 Liter Heizöl. 10 Heizkörper verbrauchen jährlich die Energie von höchstens 3000 Litern Heizöl. Wieviel sich davon einsparen läßt, ohne im Kalten zu sitzen, wann die erzielbare Einsparung folglich lohnend wird, läßt sich im Kopf errechnen. Wer Thermostatventile trotzdem kaufen will, soll sie vorher in Betrieb irgendwo anhören. In den Ventilen zischt und pfeift das gebremste Heizungswasser. Das Gepfeife muß man mögen. Vor Jahren noch waren derlei Geräusche Grund zu Mängelrügen und Minderungsklagen gegen Heizungs-Installateure.

Als besonderes Kapitel – nicht dieses Buches, sondern – der Entwicklung der Elektroheizung, wird eines Tages der Nachtstromspeicher gelten. Die Anhänger der voluminösen Warmluftbläser werden sich noch wundern. Sie geben sich als die fortschrittlichsten, die saubersten und als die, mit den besten Chancen für die Zukunft aus. Dabei haben sie übersehen, daß gerade mit diesen Behauptungen der Branche drei große Irrtümer unterlaufen sind.

Öfen ziehen keinen Sauerstoff aus der Luft!

Im Eifer des Geschäfts vergessen die Förderer dem Volksmund zu widerspechen, wenn er sagt, die Elektroöfen seien deshalb die besten, weil sie keinen Sauerstoff aus der Luft zögen. Der Volksglaube beharrt darauf, daß Öfen in denen Flammen brennen, der Zimmerluft Sauerstoff entziehen. Mittlerweile kann das vielleicht die »rauchverzehrende Kerze«, aber natürlich kein Ofen. Im Gegenteil! Der Transport frischer Luft, herein durch Tür- und Fensterritzen, hinaus durch Ofenrohr und Kamin, ist eher zu groß, als zu klein. Aber, das Märchen vom verbrauchten Sauerstoff paßt ins Elektrogeschäft. Genau so gut wie das von der sauberen Energie.

Strom ist nicht die sauberste Energie

Eigentlich ist das kein Märchen mehr, schon eher eine handfeste Lüge. Strom ist in Bezug auf Umwelt die Energie der größten Probleme, mit einer Technik der größten Risiken. Stromerzeugung aus Wasserkraft läßt die Luft sauber. Zugegeben, dafür gehen die Flußlandschaften und die Fischbestände zugrunde. Schweden hat dafür den Beweis in Form eines in Europa einmaligen Großversuches geliefert. Keiner der großen Flüsse des Landes ist ohne Kraftwerk geblieben. Die Seen, durch welche die Flüsse fließen, haben sich dadurch verändert. Wochenlang stehen sie, weil »abgelassen«, mit trockenen Uferstreifen. Was an kleinen Krebsen und Larven dort normalerweise lebt, ist danach tot. Wenn das Wasser wieder steigt, fehlt dieses Getier den Fischen als Nahrung. In vielen schwedischen Seen fehlt der große Fisch.

Wer ißt schon Lachs?

Der Lachs ist bedroht. Wo gibt es ihn heute noch, wo es ihn vor Jahren noch gegeben hat? –

Das Walchensee-Kraftwerk gefährdet keinen Lachs. 1922–24 erbaut, war es ein Meisterstück des Ingenieurbaues. 40 Jahre später war der Wasserverbrauch so gestiegen, daß der Walchensee monatelang einen Pegel von 5 bis 8 m unter Normal hatte. *Anderes Beispiel*

Dann kam das Rißbach-Projekt, der Sylvensteinspeicher, mit der inzwischen meistfotografierten Brücke Deutschlands. Der obere Isarlauf durfte den Walchensee »speisen«. Das Projekt gelang. Von Lenggries bis Wolfratshausen ist die ehemals reißende Isar seither ein Gänsebach. Urige Aulandschaften mit hektargroßen, weißen Kiesbänken, durchzogen von verästelten Flußarmen, sind nun überwuchert von Gestrüpp und Weiden. Ein einziger tiefer Bach läuft durch, der immer noch tiefer wird. Er nimmt das Grundwasser mit, weil sein natürlicher Nachlauf buchstäblich in anderen Kanälen fließt. Irreparabel! –

Das Ausmaß der Schäden durch Wasserkraftwerke erkennen wir erst allmählich. Richtig ist es daher, sie nicht länger für gänzlich harmlos zu halten. Die Elektroleute sollten das nicht zulassen. Sie müssen, um glaubhaft zu bleiben, aufklären, wo allzu leichtfertig die Lüge von der saubersten Energie verbreitet wird. Strom aus Wasserkräften deckt schließlich nur 10 Prozent des gesamten Stromverbrauches in der Bundesrepublik.

Dieser kleine Anteil bedeutet schon ein beträchtliches Problem im Hinblick auf den Schutz der Umwelt. Die Erzeugung der »restlichen« 90 Prozent ist noch viel problematischer, für Land und Leute gebietsweise ausgesprochen gefährlich. Das darf nicht totgeschwiegen werden.

Strom ist hie und da in der Anwendung sauber. So als Licht, als Drehmoment in vielen Motoren! Aber Strom ist auch dort nur so sauber, weil aller Schmutz über den Elektrizitätswerken hochgegangen ist. Diese, ach so edle Energie entsteht in Generatoren, die von Dampf- oder Gasturbinen getrieben werden. Ursächlich ist die treibende Kraft irgendein Verbrennungsprozeß. Von der verbrennenden Energie gelangt höchstens ein Drittel als Strom in die Wohnung des Verbrauchers. Irgendwo verbrennt also dreimal soviel Energie, verschmutzt dreimal soviel Brennstoff irgendeine Luft, wie ein Elektroofen in Form von Wärme freisetzt. So gesehen, ist jeder Ölofen für die Landschaft sauberer.

Um bei der Landschaft zu bleiben: Wie steht es mit den Freileitungen? Experten behaupten immer wieder, es gäbe keine wirtschaftlichere Form für den Transport der Stromenergie. Mag sein! Es gibt aber auch keine häßlichere! Was sich da übers Land spannt, kreuz und quer, über manche Alpenpässe, in den Industrie-Zentren, ist eine Zumutung. Noch sind es wenige, denen diese Verunstaltung der Landschaft ein Dorn im Auge ist. Aber es werden von Jahr zu Jahr mehr. Fragt sich, wer das Rennen gewinnt, die Masten-Errichter oder die Mastengegner. Daß Gefahr im Verzug ist, ahnen die »Elektrizitäts-Versorgungs-Unternehmen«, wie sie sich prägnant nennen. Sonst würden sie nicht schon so lange und so laut die Werbetrommel rühren. »Strom braucht Leitungen« heißt der logische Leitsatz. Die Frage, ob sich diese Leitungen weiterhin über der Erde vermehren müssen, oder endlich im Boden verschwinden, ist dabei aufgeschoben. Der Hinweis auf die Kosten zieht nicht.

Qualität ist das Gegenteil von Provisorium!

Lebensqualität ist auch Landschaftsqualität. Weil es in der Tat zu teuer käme, eines Tages alle Masten auf einmal zu fällen, sollte man sich rechtzeitig entschließen, keine neuen mehr aufzustellen.

»Atom-Strom« kommt nicht billiger!

Ein rechtzeitiger Entschluß zu zeitgerechter Aufklärung ist auch in Bezug auf den »Atomstrom« fällig. Ob die Flüsse, die zur Kühlung der Kondensatoren gebraucht werden, zu heiß werden, ob die Kühlturmtechnik »strichweise« zu Landregen führt, ist jeweils Teil des großen Risikos der Elektro-Energie. Daß aber dieser Strom aus Nuklear-Brennstoffen genausoviel kostet wie der »alte« aus fossilen Brennstoffen oder Edertal-Sperrenwasser, steht fest. Heute sind 90 Prozent des Strompreises

Verteilungs-, Transport- und Verwaltungskosten. Gratis-Energie würde, könnte also nur 10 Prozent billiger werden. Weil wir Atomkraftwerke ganz gewiß nicht gratis kriegen, bleibt beim »Atomstrom« mit dem Preis alles mindestens beim Alten. Das sollte öfter mal klar gesagt werden, damit nicht gar soviele Bundesbürger auf diesen Fortschritt warten. Atomstrom macht das Licht nicht heller und das Heizen nicht billiger.

Nachtstrom hört auf, wenn die Täler voll sind

Elektrisches Heizen mit Nachtstrom ist teuer, weil es so altmodisch ist. Angefangen hat die Geschichte mit den »Nachtstromtälern«. Dieser Begriff ist eine bildliche Beschreibung der nächtlichen Stromabgabe-Aufzeichnung eines Elektrizitätswerkes. Frühmorgens, wenn Arbeitsmaschinen starten, vormittags, wenn die Kochherde der Hausfrauen dazukommen, zeichnet sich die Abgabekurve wie ein Berg. Die Mittagspausen der Industriebetriebe verhindern, daß der gezeichnete Berg einen echten Gipfel bekommt. Es bleibt beim Plateau, wird eher ein Krater. Am Nachmittag verläuft die Kurve wellig abwärts, steigt gegen Abend nocheinmal, wenn die ungezählten Lampen eingeschaltet werden, die Fernsehgeräte und anderes mehr. Nach 22 Uhr fällt sie rapide ab. Die Kurve der Stromabnahme beschreibt bis zum Morgen ein einziges großes Tal. Gegen 6 Uhr früh erst beginnt wieder der steile Berg des Tages.

Qualität ist das Gegenteil von Provisorium!

Nun lassen sich aber Elektrizitätswerke diesen Lastschwankungen sehr schwer und nur unter wirtschaftlichem Verlust anpassen.Technische Schwierigkeiten und finanzielle Einbuße sind dabei so groß, daß es sich »lohnt«, während der Nachtstunden guten Strom zum halben Preis anzubieten.
Ziel dieses Angebotes ist eine gleichmäßige, über die 24 Stunden des Tages möglichst schwankungsfreie Stromabgabe. Ausnutzungsgrad und Wirtschaftlichkeit der Stromerzeugung wären dann am besten.
Natürlicherweise ist der Verkauf billigen Nachtstromes für ein E-Werk nur solange interessant, wie ein »Nachtstromtal«, zumindest eine »Senke« existiert. Das Inter-

esse erlischt, wenn das Tal »aufgefüllt« ist. Und völlig sinnlos wäre ein »Nachtstrom-Berg« zum halben Verkaufspreis. Das ist verständlich, aber keineswegs allgemein bekannt.

Eingetreten sind diese Fälle mittlerweile in der ganzen Bundesrepublik. Nachtstromspeicherheizungen sind genehmigungspflichtig. Die Elektrizitätswerke teilen die verfügbare Leistung in kW zu. Wer 62 will, bekommt z. B. 20.

So ist das mit dem Nachtstrom. Die Basis des halben Tarifs ist so breit wie das nächtliche Abnahmetal des Versorgungsgebietes. Oder so schmal! Allnächtliche Wärmespeicherung verzehnfacht die Stromabnahme eines Durchschnittshaushaltes schon bei mittelmäßiger Wohnungsbeheizung.

Ein verhältnismäßig kleiner Anteil von Nachtstromheizern kann die »Täler« füllen. Elektroheizung in dieser Form hat also nur örtlich eine bescheidene Versorgungszukunft.

Raumklima nicht beachtet!

Raumklimatisch haben die Nachtstromöfen üblicher Bauart wohl den größten Nachteil. Die Hersteller sagen, er wäre »konstruktiv« bedingt und »versorgungstechnisch« obendrein. Ist er aber nicht! Der Fehler heißt Staubpegelerhöhung und entsteht als Folge erzwungener Umwälzung der Raumluft.

Thermostatisch gesteuerte Gebläse jagen Raumluft durch den heißen Speicherkern. Aus den Speicheröfen kommt heiße Luft. Wieder ist der Staubpegel ganz besonders hoch. Wieder nur Luftheizungsklima mit hoher Lufttemperatur und kalten Wänden.

Verstärkt wird der Effekt durch den zeitweisen Betrieb, der auf die Dauer eben zu teueren Heizungsart.

Die Konstrukteure dieser Blasgeräte kennen die raumklimatischen Bedürfnisse menschlicher Wesen nicht. Sonst könnten sie auf ihrer Technik nicht beharren. Diese Technik besteht darin, einen Steinklumpen bestimmter Größe während der Nacht-Tarif-Zeit – zwischen 22 und 6 Uhr – elektrisch sehr stark aufzuheizen.

Bisweilen auf Glühtemperatur! Eine besonders gute, und daher dicke Isolationsschicht muß den Speicherkern hindern, unerlaubt Wärme abzugeben. Nur wenn geheizt werden soll, darf Heizluft durch den Speicherkern ziehen. Weil Konstrukteure meinen, daß alles andere komplizierter wäre, besorgen sie den Durchzug mittels Gebläse. Thermostatisch geregelt!

Das hebt den Staubpegel an!

Nachtstrom-Speicheröfen sind schwere Brocken, weil für eine gewünschte Speicher-Kapazität ein gehöriger Steinhaufen gebraucht wird. Nachtstrom-Speicheröfen sind groß, weil die Isolation auch noch aufträgt, und: weil sie als Zeitöfen von Haus aus viel zu groß gekauft sind.

Über Raumklima ist inzwischen soviel bekannt, daß die Wertung blasender Nachtstromspeicher nicht schwer fällt: Es gibt wohl kein stationäres Elektroheizverfahren, das ungesünderes Raumklima produzieren könnte.

Dagegen hilft auch nicht die Vorstellung eines Schlaumeiers über »bakteriologische Reinigungswirkung«. Nach seiner Idee würden sich Krankheitskeime an den heißen Speicherkernen bis zur Unschädlichkeit »verbrennen«. Die Staubpegelerhöhung überwiegt bei weitem die theoretischen Vorteile der thermischen »Keimpegelsenkung«.

Vorteilhafter: öfter schneuzen!

Gegen das schlechte Raumklima helfen nur „strahlende" Nachtstromspeicher. Auch in Leistungsgrößen, in der sie nach Ansicht der Blasofen-Fabrikanten gar nicht existieren, werden welche gebaut. Es sind Geräte für wirtschaftlichen Dauerbetrieb. Sie brauchen auch noch Platz, verunstalten aber ein Wohnzimmer nicht. Der Hersteller wirbt nicht dafür. Er liefert seine wunderschönen Nachtstrom-Kachelöfen anscheinend nur an Freunde. Nachtstromverkauf verbessert die Wirtschaftlichkeit der Elektrizitätsversorgung. Die Förderung des Nachtstromverkaufs ist legitim. Als Heizwärme läßt sich der wohlfeile Strom am schnellsten und in größten Teilmengen loswerden. Jedoch nur in der kalten Jahreszeit und auf einem Sektor in dem der Wettbewerb »Zentralheizung«

Wie wär's mit Nachtstrom-Boilern?

am stärksten, man selbst, nur mit Luftheizern ausgerüstet, am schwächsten ist. Klüger und auf lange Sicht wirkungsvoller, nützlicher und eleganter wäre es, an der Stelle einzuhaken, wo eben jener Heizungs-Konkurrent am schwächsten ist: bei der Warmwasserbereitung.

Heizkosten, verglichen zwischen heizöl- oder gasbefeuerter Zentralheizung und Nachtstromheizung gehen nur unter einer dümmlichen Voraussetzung zu Gunsten des Stromes auf: wenn nämlich elektrisch beheizte Bauten mit einer ganz überdurchschnittlich guten Wärmeisolation ausgerüstet sind. Sogar in behördlich sanktionierten Kalkulationen werden für hergebrachte Zentralheizungen aber die üblichen, gerade ausreichenden Wärmeisolationswerte eingesetzt. Mit einerlei Maß gemessen, wäre die luftheizerische Nachtstromwärme mehrfach teuerer. Ganz ohne schizophrene Rechenkunst hat dagegen wasserwärmender Nachtstrom enorme Vorteile: Einrichtungs- und Betriebskosten häuslicher Warmwasser-Bereitungsanlagen betragen für Ein- bis Vierfamilienhäuser nur etwa die Hälfte der vergleichbaren Kosten, die Kombinationsanlagen mit Zentralheizungen verursachen. Für die Elektrizitätswerke wäre der Nachtstromboiler viel interessanter als der Nachtstromofen. Schließlich ist der Warmwasserverbrauch einer Familie sommers kaum kleiner als winters. Die Nachtstromtäler füllen Nachtstromboiler also auch im Sommer auf. Der Vorteil für die Luftreinhaltung wäre beachtlich. Gerade der Teilbetrieb der Zentralheizungskessel mit Warmwasser-Kombination bringt in den Sommermonaten die unangenehmen, riechbaren Abgase. Der kurzdauernde Sommerlauf der Heizölbrenner verrußt die Kessel, versottet die Kamine.

Da stimmt der Preis!

Da stimmt die Technik

Auf diesem Gebiet wurde viel versäumt. Wo sind die Prospekte, die Kataloge der Nachtstrom-Standspeicher? Welcher Anteil der Einfamilienhausbesitzer weiß, daß es Nachtstromboiler mit 200 bis 500 Liter Inhalt gibt? Wem wurde vorgerechnet, daß ein 250-l-Standspeicher im Keller, unter dem Bad oder auf dem Dachboden darüber nicht wesentlich mehr kostet als ein weißlackierter mit 80 Liter Inhalt, der das kleine Bad noch enger macht? Wenn die Heizungsleute nicht zugeben, daß Nachtstromboiler über das ganze Jahr einen gleichmäßig guten Wirkungsgrad von 60–80 Prozent haben, brauchen die Stromleute auch nicht zu verschweigen, daß Boilerkessel von Zentralheizungen vergleichbarer Größen einen Sommerwirkungsgrad von nur 5–10 Prozent erreichen, den kein Winterwirkungsgrad aufwiegen kann. Eines gegen das andere aufgerechnet, kostet Nachtstrom-Warmwasser in der Badewanne ein Drittel des Warmwassers aus dem ölbeheizten Boilerkessel der Zentralheizung. Ohne darauf herumzuhacken, sollten die Stromverkäufer hier einhaken. Der Nachtstromboiler bleibt für die Elektrizitätswerke auf die Dauer ergiebiger, weil er den Nachtstrom-Speicherofen technisch überleben wird.

Hier wurde an der Preisschraube gedreht: Boiler und Nachtstrom kosten heute mehr als das Doppelte. Und die schlechten Boilerkessel gibt es kaum noch. Warmwasser aus Öl- oder Gasheizungen ist am billigsten

Möglich, daß Elektrizitätswerks-Direktoren daran nicht glauben wollen. Zuviele Dinge sind im Gespräch, zuviele große Pläne in den Schubladen. Um wievieles interessanter sind Gedanken über »postfossile« Energieversorgung, d. h. über die Frage, woher wir Energie beziehen werden, wenn alles Erdgas und alles Erdöl verbrannt sein werden. Aller Wahrscheinlichkeit nach wird die Nuklearetechnik für den Anschluß sorgen. In welcher Form, mit welchen Methoden oder Verfahren das geschehen wird, wäre auch interessant zu wissen. Aber eben nur interessant, denn noch ist vieles offen.

Einiges wird sich sogar als falsch erweisen, obgleich viele darauf setzen. Möglicherweise gehört das Verfahren der Wärmepumpe dazu. (Atom-)Kerntechniker meinen, sie könnten damit die Flüsse wieder kühlen, die Atomkraftwerke sehr bald unerträglich aufheizen werden. Die rückgewonnene Wärme könnte Wohnungen, Siedlungen, ja ganze Städte heizen. Könnte . . . !

Wärmepumpe nennt man das Kühlschrank-Verfahren mit umgekehrter Nutzanwendung. Im Innenraum eines Kühlschrankes wird und bleibt es kalt, weil ein kleiner

Für den Anschluß vielleicht, doch womit wird sie ergänzt? Sonne und Wind reichen nicht, Wärmepumpen schaffen es nicht – Bleiben Wasserstofftechnik oder »Freie Energie«?

Heizkörper außerhalb des Kühlschrankes immer warm ist. Ein raffiniertes Kreislaufsystem entzieht den ladenfrischen Koteletts, der Whiskyflasche, ja selbst den Eiswürfeln im Kühlfach Wärme und leitet sie über den Heizkörper nach außerhalb. Während man beim Kühlschrank auf die Kühlung achtet, sieht man bei der Wärmepumpe den Wert in der Wirkung des Heizkörpers. Die Anlagen sind um einiges größer gedacht – in Einzelfällen auch schon gebaut und erprobt – als Kühlschränke. Großanlagen könnten Flüsse, auch Ströme um einige Grad Celsius abkühlen. Rechnerisch erreicht der Wärmegewinn unglaubliche Ausmaße. Der Wirkungsgrad des Verfahrens wird aber um so schlechter, je höher die Temperatur der Nutzwärme liegt. Und das ist die Schwierigkeit. Was wir heute vom richtigen Heizen, von schönem Raumklima wissen, läßt uns vermuten, daß Wärmepumpen bestenfalls Luftheizerei gestatten. Dafür aber brauchen wir nichts zu investieren. Der Traum vom Atomkraftwerk, das den Sowiesofluß im Oberlauf

... ein Traum

um fischgerechte 5° C aufheizt und von der Wärmepumpe, die, 200 km entfernt, aus dem Unterlauf diese Kühlwärme wieder herausholt, um damit eine Kleinstadt zu heizen, wird keine Wirklichkeit. Jedenfalls nicht, wenn sich das Wohl der Menschen gegenüber dem Wirkungsgrad eines technischen Verfahrens als Maßstab durchsetzt.

Heizung im Automobil

Autoheizungen sind ein Produkt der Unwissenheit, sind das Ergebnis jahrzehntelanger Denkfaulheit. Außer der allerersten Idee, das Wageninnere zu heizen, ist bei allen Typen alles daran falsch.
Selbstverständlich ist es vernünftig, jene Wärme zum Heizen des Wageninnern zu verwenden, die der Motor schon nicht ausnützen kann. Muß das aber auf derart gesundheitsschädliche Weise geschehen?
Autoheizungen lassen Außenluft über heiße Motorteile streichen und leiten sie dann ins Wageninnere. Die Luftbewegung besorgen Druckunterschiede, als Folge des Fahrtwindes, oder Gebläse, die wiederum dauernd mit dem Motorlauf oder nur bei Bedarf arbeiten. Je nach Motorbelastung und Außentemperatur wird die Heizluft bis auf über 100° C erwärmt. Auch wenn sie sich am eiskalten Wageninnern etwas abkühlt, bleibt sie das einzig Warme. Doch nicht genug damit! Die angesaugte Luft ist staubige Straßenluft. Bei langsamer Fahrt oder kleingestelltem Gebläse, sogar bei abgeschalteter Heizung lagert sich in Ecken und Winkeln der Luftleitungen Staub ab. Bei schneller Fahrt, stärkerer Blaserei, kommt er in Wolken zum Vorschein. Es ist ungewöhnlich viel und unerhöhrt gefährlicher Staub. Am meisten und am gefährlichsten ist der Staub auf winternassen Straßen.

Erster Fehler

Zweiter Fehler

Dritter Fehler

Vierter Fehler

Fünfter Fehler

Was nämlich als braunschwarze Pünktchen während der Fahrt, wie Millionen Sommersprossen, Scheiben und Scheinwerfer verdunkelt, ist versalzener Staub, mit Wasser angerührter Straßengrabendreck, plus Reifenabrieb, plus Straßenteer, plus abgetropftes Motoröl, plus gelöstes, in Nebeltröpfchen und Regenwasser aufgenommenes nitroses Auspuffgas.

Hauptfehler

An den Heizflächen der Autoheizungen werden die Klümpchen getrocknet, wenn sie nicht freiwillig zerfallen vom Gebläse an Ecken und Kanten zerstoßen und via »Defroster« den Wageninsassen direkt in die Nase geblasen. Was an gröberem Staub nicht veratmet auf den Boden sinkt, wird wiederverwendet, wenn der Fahrer kalte Füße bekommt. Schließlich kann man in jedem

Wagen die Heizluft auch über die Fußmatten jagen.
Der salzige Luftheizungsstaub im Auto ist schuld am Durst der Winterfahrer, an den schwarzen Hemdenkrägen, an schmutzigen Händen, am graublauen Innenbelag der Scheiben und an manchem Lungenkarzinom. Die Belästigungen sind gefährlich. Nicht schon bei 100 km Fahrt, dafür um so mehr auf die Dauer.

Sofort gefährlich ist natürlich die Gebläseheizung in stehender Kolonne. Viele Autos sind so raffiniert gebaut, daß die »Frischluftansauglöcher« ihrer Heizungsgebläse exakt den Auspuff des vorderen Wagens erwischen.

In Polizeiberichten steht davon nichts

Wieviele Übelkeit, schlechte Reaktion, Benommenheit wievieler Autofahrer mag es dadurch schon gegeben haben, wieviele Unfälle?

Dabei wäre auch im Falle Autoheizung alles wirklich einfach, wenn nur das Allererste richtig gemacht würde. Mit verblüffend einfachen Mitteln läßt sich ein Auto heizen, oder auch bei Bedarf kühlen. Wohlgemerkt ohne Katalytöfchen und auch ohne die höchst problematischen Kühlanlagen, nur um einiges besser in der Wirkung.

Den Weg dorthin weisen wieder die physiologisch bedingten Klima-Gesetze (siehe Kurve S. 31). Auf deren Grundlage läßt sich der Unwert heute üblicher Autoheizungen erklären. Im Winter liegt die Ausblas-Temperatur der Heizluft weit über der Dauerverträglichkeit. Sie muß zunächst so hoch liegen, damit sie Fahrgastkabine, Polster, Verkleidungen, Pfosten und Scheiben erwärmt, und die Strahlungstemperatur im Wageninnern in bessere Bereiche hebt. Behaglichkeit kann aber nicht erreicht werden, weil die äußere Abkühlung des Wagens ständiges Nachheizen über die Heizluft erfordert. Die Lufttemperatur kann nicht der Strahlungstemperatur angepaßt werden, z. B. wenn eine ausreichende Strahlungstemperatur durch erwärmte Verkleidungen, Polster etc. erreicht wäre, sie muß sich vielmehr nach dem Wärmeverlust des Wagenaufbaues im Fahrtwind richten.

Im Sommer ist es im Wageninnern zunächst nur mit geöffneten Fenstern erträglich. Die Strahlungstemperatur liegt derart hoch, daß nur durch Fahrtwind die einigermaßen entsprechende niedrige Lufttemperatur vorgetäuscht werden kann.
Der technische Kniff, der diese Verhältnisse sofort positiv verändert besteht darin, die Strahlungstemperatur zu beeinflussen und sie der gegebenen Außenlufttemperatur anzupassen.
Praktisch bedeutet das, mit der Abwärme des Motors im Winter nicht die Luft des Wageninneren zu heizen, sondern den Aufbau. Bei fast allen Wagentypen ist dies möglich, wenn man die Warmluft vom Kühler oder von den Zylindern weg durch die Hohlräume der Karosserie streichen läßt; anstatt in den Fahrgastraum z. B. von den Kotflügeln durch den Fahrzeugboden oder dessen Träger, durch Fensterholme, Türrahmen zum Dach, durch Türen in Längsrichtung bis zu einem endgültigen Auslaß. Die Strahlungstemperatur im Wageninnern kann durch Aufheizen der Karosserieteile, des Unterdaches, der Türverkleidungen usw. völlig beherrscht werden. Durch Mischung der warmen Motor-Abluft mit Außenluft kann die Strahlungstemperatur stufenlos geregelt werden. Im Sommer strömt nur Außenluft durch die Hohlräume. Damit stellt sich eine Strahlungstemperatur ein, die trotz Sonneneinstrahlung kaum über Außenlufttemperatur liegt. Das damit erreichte Klima entspricht dem auf der Schattenseite eines Hauses, oder, im Bild des Autofahrers, dem erträglichen Innenklima, wenn ein Wagen lange Zeit im Schatten gestanden hat. Gerade die sommerliche Fahrzeugkühlung ist die bemerkenswerte Begleiterscheinung der richtigen Fahrzeugheizung, die die Strahlungstemperatur beeinflußt. Die verdrießliche Auseinandersetzung im Auto, ob Fond- oder Vordersitze geschlossene oder geöffnete Fenster während der Fahrt benötigen, ist ja nur entstanden, weil einerseits die Strahlungstemperaturen der durch Sonnenbestrahlung aufgeheizten Fahrzeugteile unausstehlich sind, anderer-

Warum eigentlich nicht?

seits der Zug des Fahrtwindes ein erträgliches Maß übersteigt, ohne diesen Wind aber die Strahlungstemperatur nicht sinkt.

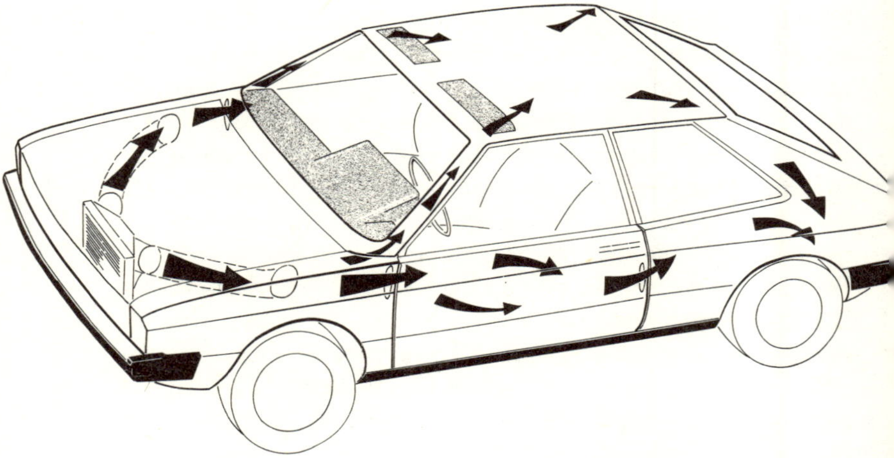

Anders bei der durchlüfteten Karosserie! Schon nach kurzer Fahrt gleicht sich die Strahlungstemperatur winters wie sommers spürbar dem Idealwert an. Der Wärmeinhalt der Blechteile ist nicht sehr groß, die inneren Streben, Schenkel, Borde und Stege sind ausreichend flächig, um den erforderlichen Wärmeübergang zu schaffen. Der eigentliche Wärmeverlust nach außen fällt nicht ins Gewicht, da außer in der Anfahr-Phase bisher nie die ganze Abwärme der Motoren für Heizzwecke verwendet werden mußte. Es gibt da viele ungenutzte Reserven.

Die Luftrate für das Wageninnere kann eingeschränkt werden, sie muß leichten Überdruck bilden und Scheiben beschlagfrei halten.

Nebeneffekt, weil das Erste stimmt . . .

Dies ist besonders leicht durchführbar. Die versenkten Scheiben tauen ab, trocknen und erwärmen sich, profitieren anschließend von der höheren Strahlungstemperatur, ja werden allein durch diese in der Regel beschlagfrei bleiben. Lange Überlandreisen, während derer sich die Strahlungstemperaturen auch mit den herkömmlichen Luftheizungen allmählich heben, bestätigen dies hinreichend.

Die Luftführung vor der Frontscheibe ist so zu gestalten, daß sie nicht in den Fahrgastraum streicht. Besonders bei Karosserien deren Fensterholme für die Durchlüftung zu geringe Querschnitte haben, kann die „Defrosterluft" das untergehängte Dach temperieren, indem sie durch den Zwischenraum unter dem äußeren Wagendach geleitet wird. Wenn die Defrosterluft nicht gebraucht wird, kann die Innenluft auf diesem Weg abströmen. Die wärmere, feuchtere Ausatmungsluft wird auf diese Weise bevorzugt abgeleitet.

Eine andere, sehr vorteilhafte Möglichkeit die Frontscheibe wirksam zu entfrosten, bietet die elektrische Widerstandsheizung, und zwar nicht der Scheibe selbst, sondern vom Armaturen-Deckel aus. Insbesondere bei aerodynamisch günstiger, flachliegender Frontscheibe ist Strahlungsheizung wegen des vorteilhaften Winkels zur Scheibe besonders wirksam. Widerstandslacke erlauben jede Form des Deckels. Die Lacke werden auf der Unterseite der Kunststoff-Formteile aufgespritzt, oder auf der Oberseite, dann mit deckender zusätzlicher Lackschicht. Die Kunststoffe aus denen die Formteile heute schon hergestellt werden sind ausreichend temperaturbeständig. Unter der Sonneneinstrahlung an sommersonnigen Parkplätzen werden höhere Temperaturen erreicht, als sie für eine ausreichende Defroster-Wirkung erforderlich sind. Der Wärmeübergang durch Strahlung vom Armaturen-Deckel zur Frontscheibe ist intensiver als der konvektive durch vorbeistreichende Warmluft. Die Strahlungswärme wird bei sehr kalten Wagen schneller wirksam als die Warmluft, denn sie setzt nur Drehzahl voraus, warme Luft gibt es dagegen erst bei warmem Motor.

In vielen Wagentypen wäre es möglich, die Unterseite der hochgeklappten Sonnenblenden als elektrisch beheizte Strahlungsflächen zu gestalten. Sie könnte als Defroster verwendet, oder zur Erhöhung der Strahlungstemperatur während der Anfahr-Phase eingesetzt werden.

Mit der gleichen Technik ist es überdies möglich, das untergehängte Dach, den sog. Himmel zu temperieren. Weil die erforderlichen Temperaturen bei 20° C liegen, genügen minimale elektrische Leistungen. Die behagliche Strahlungstemperatur ist auf diesem Weg ebenfalls schneller zu erreichen als mit jeder bisher angewandten Technik.

Erhöhte Strahlungstemperatur im Fahrgastraum des Autos gestattet es, die Luftwechselrate auf den tatsächlichen Bedarf an Atmungsluft zu senken. Dies ist nur ein Bruchteil der bisher von den Gebläsen oder dem Fahrtwind durch die Fahrgastkabine gejagten Luftmenge. Kleinere Luftraten gestatten geringere Geschwindigkeiten. Die Luft wirbelt dabei weniger Staub auf.

Für die gehobenen Fahrzeugklassen wird die Luft im Fahrgastraum an geeigneten Stellen aus Düsen eingeblasen. Ein Hochdrucksystem mit gereinigter Luft kann infolge der adiabatischen Abkühlung beim Ausblasen sogar kühlere Atemluft bieten. Dadurch ist die allgemeine Luftbewegung im Fahrzeuginnern klein. Die Atemluft wird gegenüber heutiger Praxis nahezu staubfrei sein können.

Längere »Lebensdauer« der Autos gratis!

Eine erfreuliche Nebenwirkung stellt sich mit dem Trocknungseffekt der Heiz- oder Kühlluft im Innern der Karosserieteile ein. Weil es kein Kondensat mehr gibt, entfällt der Rost von innen heraus. Gerade im Winter wird die Restwärme nach dem Abstellen des Fahrzeuges

ausreichen, um die gefährdete Unterseite auch außen abzutrocknen, dazu manchen Wassertropfen aus Ritzen und Fugen.
Selbstverständlich werden Erprobungen des Systems nötig. Je nach Leistung des Motors und entsprechender Abwärmemengen werden mehr oder weniger Karosserieteile ausreichend temperierbar gestaltet. Isolationen der Außenbleche mit heute schon üblichen Antidröhn-Anstrichen können verwendet werden. Die Innen-Gestaltung der Türen, Dächer, Stützen, der Fußmatten und vieles andere wird eine Anpassung erleben. Alles in allem werden keine Komplikationen eintreten, sondern mehr Vereinfachungen.
Immer, wenn das Erste stimmt, lösen sich eine Reihe weiterer Probleme im Anschluß wie von selbst. Die Beherrschung der Strahlungstemperatur im Wageninnern ist so eine erste Sache. Sie ist auch im Auto der Zukunft ein Schlüssel zu gesundem Klima.
Vielleicht gibt es noch andere Möglichkeiten, mit automobilgerechter Technik im Innern künftiger Autos humanes Klima anzubieten. Womöglich hecken findige Konstrukteure noch manches vortreffliche Patent aus.

Bitte, weiterdenken!

Eine neue Entwicklungs-Generation des Automobils, die die Erkenntnisse der Sicherheits-Forschung berücksichtigt, die Erfahrungen einer Energie-Krise beherzigt und die Umweltbelastungen herabsetzt, muß auch die Forderungen nach humaner Heiztechnik erfüllen. Zumal richtige Autoheizungen auch nicht teurer kommen, als die gefährlichen von heute.

Anmerkung 1987:
Angeblich aus Gründen des Umweltschutzes hat sich die Autoindustrie in den vergangenen 15 Jahren darauf konzentriert, den Kraftstoffverbrauch zu verringern. Zur Einsparung des letzten Liters je 100 km mußte der Widerstandsbeiwert (cw) drastisch gesenkt werden. Dies führte zu flachen und größeren Front- und Heckscheiben. Die verstärkte Sonneneinstrahlung zwingt ab der Mittelklasse zum Einbau kühlender Klimaanlagen. Diese verbrauchen wiederum den eingesparten Sprit.

Fehlerketten vereiteln auch beim Automobilbau echte Problemlösungen!

Aus Träumen erwachen wird die sog. Klimatechnik. Wenn das Wohl des Menschen zum Maßstab wird, muß Klima mehr bedeuten als feuchtkalte Luft aus Blechkanälen.

Geschäft mit den Fehlern anderer

Die Lüftungs- und Klimaindustrie arbeitet, so gut sie kann, im Stillen. Kundschaft ist nicht die breite Masse. Das Geschäft läuft (noch) ohne Auseinandersetzung mit der Öffentlichkeit. Werbung ist nicht notwendig eher überflüssig, dient allenfalls dem Ansehen. Die Klimaleute leben im wesentlichen, wie die Flachglasfabriken, von moderner Architektur; genauer: von den Fehlern moderner Architektur. Zu diesen Fehlern gehören übergroße Fensterscheiben, Glas-Fassaden.

Die Glas-Baukunst wurde schon viel kritisiert und oft verteidigt. Die Befürworter sagten zu Anfang, als es nur um schaufenstergroße Wohnzimmerfenster ging, die Sonneneinstrahlung wäre in unseren Breitenlagen ein wintertäglicher Wärmegewinn, der den Verlust während der Nächte ausgleicht, ja sogar überwiegt. Argumente für die Glasflächen kamen auch aus ganz anderen Richtungen: Fensterputzen ist leichter als Fassaden streichen. Und billiger! Maler brauchen sündteure Gerüste und hochwertige Farben. Fensterputzer nur lustige Aufzug-Gondeln und klares Wasser. Warum Maler nicht aus Gondeln heraus streichen könnten, bleibt ungeklärt, ebenso die Frage, wo der Wasseranteil größer ist, im Malerkübel oder im Fensterputzeimer. Klärung ist auch gar nicht nötig!

Sind gläserne Schicksals-Schlösser nur Krankenhäuser?

Das gläserne Haus ist ein uralter Traum der Menschheit. Mondfahrtvorstellungen sind erst Jahrzehnte alt, seit Jahrhunderten dagegen leben sagenhafte Märchenfeen und Götter des Glücks hinter irgendwelchen Höhenzügen auf unbezwingbaren Gipfeln in gläsernen Schlössern. Wen wundert es da, daß sich die Menschheit, die den Mond erreicht, auch gläserne Schlösser baut, kosten sie was sie wollen? Wer würde es auch wagen, vom Geld zu reden, wo es um (Träume von) Macht und Schicksal geht?

In der Tat fällt es schwer, aus dem Ernst dieser menschheitsbewegenden Urmärchen über die Wirklichkeit zu berichten, über die kleinen Wehwehchen derer, die hinter den Goldscheiben der Verwaltungs-Paläste arbeiten müssen. Banale Dauerschnupfen sind es, die diese Menschen plagen. Augenleiden, chronische Gelenkschmerzen, ein bißchen Rheuma, kleinere Neurosen und größere Ängste, die sie ausstehen und durchstehen müssen. Das Leben ist eben hart. – Nein! Das Leben in diesen Glaspalästen ist nur ungesund.

Trügerische Spiegeleien!

Fensterglas läßt Licht- und Wärmestrahlen durch. Nur ein kleiner Teil wird reflektiert. Jeder kennt das. Vor dunklem Hintergrund wird ein Fenster zu einem primitiven Spiegel. Man kann beurteilen, wie der neue Hut sitzt. Das direkte Spiegelbild ist dunkel, weil nur wenig der senkrecht einfallenden Strahlung reflektiert wird. Aus seitlichem Winkel spiegelt ein Schaufenster schon die ganze Straße wieder. Fotografen nützen das aus. Schräg einfallendes Licht wird von Fensterglas etwas besser reflektiert. Was nicht reflektiert wird geht durch. Ganz genauso ist es mit der unsichtbaren Wärmestrahlung. Senkrecht auf Scheiben strahlende Wärme wird kaum reflektiert, kann geradezu ungehindert durch. Von schräg einfallender Wärmestrahlung wird etwas mehr reflektiert. Die praktische Auswirkung des Mehr oder Weniger fällt kaum ins Gewicht. Nur die Hälfte der Sonnenstrahlung ist sichtbares Licht. Der Rest ist überwiegend ultrarote Wärmestrahlung. Einerlei mit welchem Einfallswinkel diese Wärmestrahlung auf Fensterglas fällt, es geht immer mehr durch die Scheiben, als reflektiert wird. Hierin liegt das Hauptproblem des Fensterglases. Und wie jede Scheibe hat es zwei Seiten, eine innere und eine äußere.

Achtung Fachleute:

Von innen betrachtet wird ein Fenster infolge der Durchlässigkeit für Wärmestrahlung zum Strahlungsloch. Alles, was der Mensch hinter einer Fensterscheibe an Wärme in Richtung Winterlandschaft abstrahlt, verschwindet durch die Scheibe. Nichts davon wird spürbar reflektiert.

4. Potenz ist im Spiel!

So ist das, und nicht anders

Spürbar ist nur die starke Abstrahlung, die aufgrund der physikalischen Strahlungsgesetze vielfach stärker ist als die Wärmestrahlung gegen eine Wand. Jeder kennt das. »Die Kälte strahlt herein« sagen Laien und zurückgebliebene Innungsmitglieder, wenn sie hinter großgeratenen Fenstern frösteln. Kälte strahlt aber sowenig herein wie Wasser jemals bergauf fließt. Die Wärmeabstrahlung von der Haut durchs Fensterglas hindurch, ist eben so stark, daß einem davon richtig kalt wird.
Von außen nach innen geht es mit der Strahlung (fast) genauso. Was die Sonne an wärmenden Strahlen am Neujahrsmorgen durch die Scheiben schickt ist eine Wohltat. Aber nur an etwa zwanzig Sonnentagen des Jahres wird die Wärmestrahlung angenehm empfunden. An den restlichen 110 der durchschnittlich 130 Sonnentage eines Jahres wird die Wärmestrahlung hinter Glaspalast-Scheiben zu unerträglicher Hitze.
Das Geschäft der Klima-Industrie liegt nun darin, die Auswirkungen dieser beiden Fensterglasfehler, der Wärmeeinstrahlung nach innen und der Wärmeabstrahlung nach außen, zu mildern. Kein schlechtes Geschäft, wie sich zeigen wird.

Physik-Lektion mit Striptease!

Zwecks besserer Einsicht vorher noch ein bißchen Physik. Die Wirkung der Wärmeabstrahlung des menschlichen Körpers bei einer möglichen, totalen Reflexion, veranschaulicht am besten ein praktischer Versuch. Der Versuchsaufbau ist einfach herzustellen. Fünf Quadratmeter hochglänzende Aluminium-Folie, auf eine 2,5 m breite und 2 m hohe, dünne Pappe streifenweise aufgeklebt oder im Ganzen, genügt. Mit der Schichtseite nach innen wird die Pappe über die lange Seite zu einem Hohlzylinder gerollt, zusammengebunden oder verklebt. Senkrecht aufgestellt, wird daraus ein 2 m hohes Rohr. Mit Folie von der Rolle kann etwas praktischer ein kreisrunder Vorhang hergestellt werden. An einem kalten Wintertag im Freien, weniger radikal in einem ungeheizten Raum, kann sich eine Versuchsperson im Innern dieses Rohres auf einer isolierenden Fußmatte ste-

hend entkleiden, daraufhin beliebig lange nackt verweilen, ohne im geringsten zu frieren.
Das Gelingen des Versuches ist an zwei Voraussetzungen gebunden: die Versuchsperson soll vorher nicht völlig ausgefroren sein und, das Reflexrohr muß auf dem Boden stehen.
Was geschieht in dem Rohr? Warum friert ein unbekleideter Mensch darin nicht, trotz eisig kalter Umgebungsluft? – Weil die Wärmeabstrahlung des Körpers der Versuchsperson von dem spiegelnden Zylinder (fast) total reflektiert wird. Der Körper verliert keine Wärme, weil alle Abstrahlung wieder zur Einstrahlung wird. Der Versuchsmensch empfindet den eiskalten Reflektor als »warm«. Er ist es nämlich nicht gewöhnt, in einer Umgebung zu stehen, die allseits »mit Körpertemperatur« auf ihn einstrahlt.

Nützliche Weltraum-Folie

Eine praktische Anwendung dieser Totalreflexion kennen die Skifahrer. Seit einigen Jahren benützen sie die »Weltraum-Folie«, um Verunglückte in Eis und Schnee warm zu halten. Es ist eine hochglänzende, spiegelnde, hauchdünne Plastikfolie. Zusammengelegt trägt sie nicht mehr auf als eine Zigaretten-Packung. Vor oder während der Bergung werden die Betroffenen in diese Folie eingewickelt. Erst dann kommen – so vorhanden – Wolldecken oder wärmende Kleider anderer Skifahrer darüber. In der Folie strahlt sich der Verletzte selbst warm. Den zugkräftigen Namen hat die Folie wohl von ihrer ersten Verwendung zwischen den 37 Schichten der amerikanischen Weltraum-Anzüge.
Die Folie braucht nicht frei zu liegen, um alle Strahlung zu reflektieren. Sie kann das auch eingenäht zwischen Stoffen.
Aus der Physik der Strahlungs-Reflexion hat ein Chemie-Konzern einen Werbetrick gemacht. Angehende Bauherren bekamen per Post ein Spielzeug-Haus aus Styropor, jenem körnigweißen Isoliermaterial, das bei vielerlei Art von Berührung so aufreizend quietscht. In einer Druckschrift wurde der angehende Bauherr aufgefor-

Einser-Frage für Physik-Unterricht!

dert, seine blanke Faust in das Spielzeug-Haus zu stekken und selbst zu fühlen, wie sehr dieser Isolierstoff »warm hält«. Natürlich fühlt man mit der bloßen Faust »Wärme«, ohne die Isolation selbst zu berühren. Ausdauernde Versucher können sich dabei sogar schwitzige Hände holen. Wieso? –

Das Innere des Isolier-Häuschens spiegelt die Wärme zurück. Allerdings nicht ganz so offensichtlich wie spiegelnde Folien. Die weiße Farbe ist dabei eher ein trügerisches Indiz für Reflexion. Der feinporige Schaumstoff isoliert und funktioniert auch, wenn er schwarz eingefärbt ist. Die Reflexion ist eine Folge der ungewöhnlich schlechten Wärmeleitfähigkeit dieses Schaumstoffes. Die Wärmeabstrahlung der Versuchshand trifft auf die Oberfläche des Hohlraumes, wird dort als Einstrahlung absorbiert, d. h. in Wärme umgesetzt. Diese Wärme kann aber nicht ausreichend schnell ins Innere des Schaumstoffes eindringen. Deshalb erwärmt sie nur die alleroberste Grenzschicht, und zwar fast genau auf die Temperatur des Emittenten, des Strahlungs-Aussenders, also auf die Hauttemperatur der Faust. Weil das mehr ist als die übliche Umgebungstemperatur einer Faust, meldet die Haut Wärmegefühl. Der Chemie-Konzern kann sich der Wirkung des Versuchs-Häuschens sicher sein. Warum die Isolation ganz und gar nicht so direkt wirkt, wenn sie irgendwo innerhalb eines Hauses zentimeterdick eingemauert ist, müßte eigentlich klar sein.

Wärmespiegel: Thermosflasche!

Ein Fall von sichtbarem Wärmespiegel ist die bestens bekannte Thermosflasche. Diese doppelwandig geblasene Glasflasche ist zwischen den beiden sehr dünnen Wandungen verspiegelt und evakuiert, d. h. (fast) luftleer gemacht. Allein dadurch funktioniert die Flasche in der bekannten Weise. Zusätzliche Hüllen aus Wellpappe oder Schaumstoff dienen nur mehr der Polsterung.

Kaffee bleibt in dieser Flasche heiß, weil seine Wärmeabstrahlung beständig und nahezu vollkommen nach innen reflektiert wird. Eis bleibt in dieser Flasche (lange Zeit) Eis, weil Wärmeeinstrahlung von außen in einem fort und fast total reflektiert wird. Die Luft ist aus dem Zwischenraum der Wandungen abgesaugt, weil sie durch Mitführung Wärme von einer der Wandungen zur anderen »transportieren« könnte.

Richtung des Gefälles beachten

Doch zurück zu den gläsernen Verwaltungs-Palästen! Was den Menschen im Winter darin fehlt, was sie im Sommer zuviel haben, ist Strahlung durch die Fensterwände.

Der fehlende Strahlungsreflex von der Fensterwand, der sich im Winter einstellt, wird durch eine höhere Lufttemperatur ausgeglichen. Wie wenig davon aus gesundheitlicher Sicht zu halten ist, haben vorausgegangene Kapitel deutlich gemacht. Zum Teil gleicht die Wärmestrahlung der elektrischen Beleuchtung die ungünstige Strahlungsbilanz etwas aus. Sie kann das aber nur für bestimmte, sehr eng begrenzte Zonen der Innenräume und auch da nur unterschiedlich gut.

Rettender Zufall: Lamellen-Stores!

Wie so oft in der Heizungsbranche schaffen Einrichtungen Abhilfe, führen Dinge zur Erträglichkeit des an sich unguten Raumklimas, die ursprünglich für ganz andere Zwecke bestimmt waren. Oder würde einer der Glasbaumeister behaupten, er hätte der Montage sog. Lamellen-Stores, dieser verstellbaren Jalousetten, auf der Innenseite der Fensterfronten zugestimmt, damit für kalte Tage eine Wärmestrahlungs-Reflexion vom Fenster her gegeben ist?

Zunächst sind diese mechanischen Vorhänge aus Blech- oder Plastiklamellen immer und überall als Schutz vor Sommersonne gedacht. Sie dämpfen das gleißende Sonnenlicht, machen es für die Augen erträglicher. Das können Sie. Die Lamellen spenden Schatten, Schutz vor direkter Sonnenbestrahlung, halten aber deren Wärme fast gar nicht ab. Theoretisch spiegeln sie Wärme durch die Scheiben zurück ins Freie. Praktisch werden sie von der Sonnenstrahlung erwärmt, geben diese Wärme aber an die Raumluft und durch Strahlung nach innen wieder

Wertlos im Sommer, nützlich im Winter!

ab. Im Sommer also, sind diese Lamellen neutral aussehender, psychologisch »kühl« wirkender Ersatz für Textil-Vorhänge ohne die eigentlich erwartete Wirkung. Im Winter werden sie zum Wärme-Reflex-Schirm. Insbesondere, wenn sie aus lackiertem Aluminiumblech sind. Ihre Wirkung unterscheidet sich nur quantitativ von der innen verspiegelten Auskleideröhre. Ein Teil der Fensterfläche, nämlich der von den Lamellen verdeckte Teil, kann nicht mehr als Strahlungsloch wirken. Bei entsprechender Einstellung läßt sich fast das ganze Fenster »entschärfen«. Natürlich gilt das nur, wenn die Lamellen-Stores im Raum frei vor den Fensterscheiben hängen. ZwischenDoppelscheiben angebracht, funktioniert ihre Physik etwas anders; was winterliche Strahlungs-Reflexion anlangt, weniger stark.
In diesen Fällen und überall, wo es keinen rettenden Zufall gibt, ist die einzig mögliche Abhilfe Übertemperatur der Luft, verbunden mit starker Luftumwälzung, damit die Übertemperatur von der Decke bis herunter zum Boden einigermaßen gleichmäßig herrscht. Für »Klimaanlagen« ist diese Luftbewegung kein Problem. Bedenklich aber: der Staubtransport! Mag die warme Luft manchem Sekretärinnen-Dekolleté noch so schmeicheln, in den Lungen wirkt karzinogener Staub.
Nichts anderes gilt für den Sommerbetrieb der Anlagen. Weil es gegen Wärmestrahlung von außen kein geeignetes Mittel gibt, wird gekühlt. Mit Untertemperatur der Luft wird die Haut der Insassen oberflächlich beruhigt. Weil tiefe Temperaturen teuer sind, geschieht es mit weniger tiefen, und größerer Luftumwälzung. Rechnerisch geht das aufs Gleiche hinaus, nur: der Staubpegel steigt mit der Luftmenge.

Wieder ein erster Fehler

Ehe die Klimaanlagen selbst betrachtet werden, ein Rückblick auf den ersten Fehler: strahlungsdurchlässige Glasfassaden verhindern eine vernünftige Heiztechnik. Anstatt den Grundfehler zu beseitigen, werden mit neuen Fehlern seine ungünstigen Auswirkungen gemildert. Daß Klimaanlagen Fehler haben, läßt sich gewiß schon ahnen. Ob Klimaanlagen irgend etwas mildern, wird sich noch zeigen.

In Prospekten – soweit es überhaupt welche gibt, häufiger sind Zeitungsartikel mit Anzeigen-Kopplung – steht über Klimaanlagen: sie kühlen, heizen, reinigen die Luft und sorgen für gleichbleibend gesunde (!) Luftfeuchte usw.

Die auffällige Leistung einer Klimaanlage ist dabei die sommerliche Kühlung. Es sei eine Wohltat, so kann man lesen, bei 28 Grad im Schatten, die kühle Halle einer Bank, einer Versicherung zu betreten.

Rooms air-conditioned!

Tut man es wirklich an einem heißen Tag, sieht die Sache anders aus. Man selbst ist an Hundstagen nicht sehr warm gekleidet. Von keinem Chef, von keiner Konvention gezwungen, bleibt der Rock zuhause hängen. In den Räumen einer Verwaltungs-Kühlhalle jedoch, arbeitet das Personal mit Rock und Kragen. Nicht, weil die Häuser so ungeheuer vornehm sind, nein, anders würde man diese besondere Kühle nicht ertragen. Ein Besucher mit normaler Empfindlichkeit findet die Lufttemperatur zunächst angenehm. Sie wirkt wie eine besondere Form von Schatten. Nach etwas längerem Aufenthalt mehren sich tiefere Atemzüge. Noch etwas später ist der Besucher auf dieses besondere Klima sogar einigermaßen eingestellt. Doch schon ein temperamentvolles Gespräch, ein paar hastig genommene Treppen treiben den Schweiß auf die Stirn. Und nun merkt es der Besucher, eigentlich ist dieses Klima schwül, das er, von draußen kommend, anfangs kühl empfand. Verläßt er schließlich die ungewöhnliche Umgebung, so merkt er bei den ersten Schritten im Freien, daß in seinen Kleidern scheinbar noch etwas von der Kühle steckt.

Trügerische Kühle!

Wie kommt dies alles? – Es ist die Folge einer zu hohen Luftfeuchte und diese ergibt sich aus den hohen Kühlkosten, sowie aus der falschen Feuchte-Theorie der Klima-Branche.

Sommerluft trägt bei uns 6–8 g Wasser je kg Luft. Bei einer Kühlung mit Kältemaschinen und Solekreislauf, wie das üblich ist, gibt die Luft davon fast nichts ab. Mit 20 oder 22° C eingeblasen, hat sie die (fälschlicherweise) theoretisch erwünschte relative Feuchte von ca. 50 Prozent. Mit Ausatmungsfeuchte angereichert, und weil ein Teil der Raumluft aus Kostengründen gern »nachgekühlt« und wieder umgewälzt wird, steigt der absolute Wassergehalt sehr leicht auf 8–10 g/kg und darüber. Das aber ist schon schwer zu atmende Luft, die Schweiß treibt, auch wenn sie noch so kühl ist.

Es kommt auf den absoluten Wassergehalt der Luft an!

Gesundheitlich richtiger wäre es, die Luft zu trocknen. Wenn schon »klimatisiert« werden muß, wäre das die einzige vernünftige Lösung. Aber: um aus Sommerluft Wasser fällen zu können, müßte sie auf Temperaturen um 0° C abgekühlt werden. Wohlgemerkt die gesamte Umwälz- oder Einblaßmenge! Mit dieser Temperatur kann sie aber nicht eingeblasen werden, deshalb wäre eine Nachheizung auf 20° C erforderlich. Erst kühlen, dann wieder heizen, das kostet imenses Geld. Bei der Einrichtung und im Betrieb! Deshalb begnügt man sich soweit irgend möglich mit einfacher Luftkühlung und mit Umluftbetrieb. Das Ergebnis ist feuchte, ungesunde Luft, die nur ein paar Grad weniger Temperatur hat als die Außenluft.

Fachleute wissen das sehr genau

Trocken-Anlagen besser als Kühlanlagen

Ohne den Aberglauben über die unnatürliche, relative Feuchte der Luft, wäre beim Klimaanlagenbau weniger der Begriff »Kühllast« entstanden, vielmehr so etwas ähnliches wie »Trockenleistung«. Kühllast ist die Wärmemenge, die eine Lüftungsanlage aus einem Raum oder einem Haus stündlich wegschaffen muß. Dazu gehört was die Sonne einstrahlt, was Beleuchtung abstrahlt und was Menschen an Wärme liefern. Die Kühllast macht eine Lüftungsanlage teuer in der Herstellung und im Betrieb. Die Herstellungskosten verschwinden womöglich in der Baukostensumme, aber die Betriebskosten fallen monatlich auf. Sie lassen sich senken, indem man die

Kühlung drosselt. An sich wären höhere Raumtemperaturen im Sommer nicht so tragisch, wohl aber der höhere Wassergehalt der Luft, der sich dadurch zwangsläufig einstellt. Sparmaßnahmen bei der Kühlung gehen in Glas-Palästen zu Lasten der Luftqualität.

Merkwürdig: Umfangreiche Untersuchungen bestätigen längst diese Kritik, dennoch kümmert sich die Klima-Branche nicht um den Wassergehalt der Luft!

Wäre man sich dieser Tatsache bewußt, so würden Kühlaggregate wenigstens nach der Trockenleistung bestimmt. Gesunde, leicht zu atmende Luft hat höchstens einen Wassergehalt von 5 g/kg. Von dieser Forderung ausgehend, ergibt sich ein anderer Berechnungsgang, eine andere Konstruktion der Anlagen und eine Betriebsweise, die keine Sparmaßnahmen zuläßt. Interessanter als die technischen Details sind dabei die Auswirkungen. Durch die Wertung des absoluten Wassergehalts der Luft verliert die Lufttemperatur an Bedeutung. Es ist nicht unangenehm, wenn trockene, leicht zu atmende Luft etwas wärmer ist. Die ausgeprägte Unterkühlung in Aufenthaltsräumen erübrigt sich. Wenn draußen strahlender Sommer herrscht, können auch drinnen sommerliche Temperaturen herrschen. Die Insassen brauchen keine Winter-Saccos zum Schutz vor künstlicher Kühle, an die sich zu gewöhnen, die nachmittags mit einem Schritt zu verlassen, außerdem eine gehörige körperliche Belastung ist.

Mit trockener Luft wird vieles zwangsläufig richtig

Die Einhaltung eines maximalen Wassergehalts der Luft erzwingt einen Kühlbetrieb ohne Sparmöglichkeiten. Gedrosselte Kühlung würde zu bleierner Schwüle führen. Das ist wichtig. Wie anders sollten sonst die immensen Kosten der Glas-Paläste deutlich werden?

Und wieder der Staub

Die Beachtung des Wassergehalts der Luft läßt andererseits geringe Luftraten, d. h. mäßigere Luftbewegung zu. Das ist ein Vorteil im Hinblick auf den Staubpegel.

Natürlich liegt es auch mit dem Staubpegel bei den sog. Klimaanlagen im Argen. Filter sind zwar eingebaut, deren Wirkungsgrad ist jedoch begrenzt. Schließlich ist hoher Filter-Wirkungsgrad gleichbedeutend mit hohem Luftwiderstand. Der aber fordert wiederum stärkere Ventilatoren, d. h. erhöhte Motorkraft. Beide kosten mehr

Geld; in der Anschaffung und im Betrieb. Außerdem bedeuten stärkere Ventilatoren mehr Lärm. Lärm ist unerwünscht. Ventilator-Geräusche, wie das die Fachsprache niedlich bezeichnet, haben tiefe Frequenzen d. h. sie brummen. Brummtöne machen die stärksten Nerven schwach usw ...

Sind »Luftwäscher« nur Augenwäscherei?

Deshalb führen Klimaanlagen zu hohem Staubpegel. Spätestens an dieser Stelle werden Eingeweihte an die Luftwäscher »moderner« Anlagen erinnern. Das kommt gelegen, denn gerade das ist eine weitere, sehr schwache Stelle der Klimatechnik.

In den Luftwäschern gedeihen »Legionellen«, die Erreger der meist tödlich verlaufenden Legionärs-Krankheit. Das Bundesgesundheitsamt kennt die Fakten.

Ignaz Philipp Semmelweis würde gegen die Konstrukteure wegen fahrlässiger Körperverletzung klagen und er hätte vielfach beste Aussichten auf Erfolg.

Luftwäscher sind Regenkammern. In den Zentralen von Klimaanlagen werden sie eingerichtet. Über einer Wasserwanne steht ein Rohrgerüst mit vielen Wasser-Zerstäubungsdüsen. Eine Wasserpumpe saugt aus der Wanne Wasser und drückt es durch das Rohrgerüst zu den Düsen. Dort wird es gegen den Luftstrom zerstäubt. Der gesamte Luftstrom zieht durch dieses »Regengebiet«. Eine Reihe von Prallplatten sorgt am Ende der Wasserwanne dafür, daß keine Tropfen in die Luftkanäle geblasen werden. Im Luftstrom verdunstetes Wasser ersetzt ein automatischer Wasserstandsregler. Weil Regen, vom Trockenen aus gesehen, gut anzuschauen ist, machen Klima-Spezialisten Fenster in die Regenkammern und beleuchten deren Inneres »spritzwassersicher«. Das verbessert nicht die Wirkung der Anlage, aber den Eindruck auf die Käufer. Sie können zusehen, wie die Luft gewaschen wird ...

Für Schau-Effekte ist gesorgt

Ob es wohl jemanden gibt, der ernstlich an diese Luftwäscherei glaubt? – Angenommen, es würde irgendetwas aus der Luft gewaschen, so würde es doch in die Wanne gewaschen. Die Wasserpumpe saugt aus der Wanne. Sie würde also Ausgewaschenes wieder gegen den Luftstrom zerstäuben. Wäre das sinnvoll? –

Wer sich dieser Frage annimmt, muß zu dem Schluß

kommen: Luftwäscher müßten verboten werden, weil die Gefahr besteht, daß sie funktionieren. Staubpartikel und Krankheitserreger könnten in den Wasserwannen geradezu kultiviert werden. Vielleicht entsteht daraus eines Tages die heute noch fehlende Einsicht, daß wir um so gesünder heizen, daß wir um so besseres Klima erleben, je mehr wir die Luft in Ruhe lassen.

Hat diese Klimatechnik eine Zukunft?

Es gibt Ärzte, die haben in ihren Kliniken, speziell im Operationsteil der Gebäude, Klimaanlagen außer Betrieb gesetzt. Grund: Sepsis im Operations-Saal. Das deutsche Wort für Sepsis heißt Infektion. Der Volksmund nennt das noch deutscher »Blutvergiftung«.

Ob die stillgelegten Anlagen Luftwäscher hatten ist einerlei. Wenn ja, war es technische Idiotie! Wenn nein, beweisen diese Anlagen, daß alle anderen erst recht keine Luftwäscher haben dürfen!

Es ist sehr wahrscheinlich, daß die fragwürdigen Regenkammern ursprünglich nur der Luftbefeuchtung dienen sollten. Die bildhafte Bezeichnung »Luftwäscher« mag sich erst später als verkaufsfördernd erwiesen haben. Schließlich müßte ernsthaft am Verstand der Branchen-Mitglieder gezweifelt werden, wenn diese tatsächlich geglaubt hätten, Regen könne ein Bad ersetzen. Luft könnte vielleicht mittels Wasser von unerwünschten Bestandteilen gereinigt werden, wenn sie aus feinsten Düsen durch laufend erneuertes Wasser gepreßt würde. Für den Luftdurchsatz heutiger Klimaanlagen wäre das Verfahren – von anderen Nachteilen abgesehen – wohl kaum geeignet.

Klimatechniker, die sich selbst nichts vormachen, werden zu der Einsicht kommen, daß es zwar lukrativ war, die Glas-Architektur im Sinne des Wortes erträglich zu machen, aber nicht allzu ruhmreich im Hinblick auf das Wohl des Menschen.

Klimatechnik von morgen ist identisch mit Heiztechnik

Klimatechniker, die sich selbst nichts vormachen, brauchen deshalb ihre Betriebe nicht zu schließen. Es gibt einen Ausweg. Die Forderung nach gesundem Raumklima, nach kühler, trockener und staubfreier Luft bringt ihn. Technische Einrichtungen, die dieses gesunde Raumklima künstlich schaffen, verdienen wie nichts anderes die Bezeichnung »Klimaanlagen«. Die Klimatechniker von morgen werden sie entwickeln und bauen. Mit den heutigen Klimaanlagen, gar mit dem, was als Abklatsch des amerikanischen »Air-Conditioning« derzeit angepriesen wird, werden diese neuen Anlagen wenig gemein haben. Sie werden identisch sein mit der Heizung von morgen, die sich zusammen mit dem Wohnhaus von morgen entwickeln wird. Eines losgelöst vom anderen ist nicht denkbar.

K = Kelvin = °C + 273

Für das Wohnhaus von morgen wird, aus den Erkenntnissen von heute, die Fensterfläche zu einer der ersten Fragen. Und zwar wird die Art des Glases für die Größe der Fenster entscheidend sein. Nicht das Material, nicht die Form oder die Ausführung der Rahmen! Die Physik erklärt wieso. Wärmestrahlung ist wie Licht eine elektromagnetische Strahlung. Beide unterscheiden sich eigentlich nur durch die Wellenlänge. Alle anderen Unterschiede ergeben sich daraus. Weil die Wellenlänge der Strahlung unmittelbar von der absoluten Temperatur der Strahlungsquellen abhängt, ist die Temperatur des Strahlungsaussenders ein ebenso gutes, eher leichter verständliches Maß für die Art der Strahlung, wie die Wellenlänge. Farb-Foto-Amateuren sagt »6000 K« sogleich etwas über mittaghelles Sonnenlicht. Die gleichbedeutenden 480 nm (Nanometer); sind möglicherweise weniger gut bekannt. Die Strahlungstemperatur wird noch anschaulicher durch Beispiele. Eine gleißende Fotolampe strahlt mit 4500 K, die rotglühende Wendel von Großmutters Heizsonne brachte noch 1200 K, Mutters neues Bügeleisen bringt es auf Stellung »Leinen« noch auf 480 K. Und der Mensch »strahlt« mit Hauttemperatur (° C) plus 273, also mit ziemlich genau 300 K Wärme ab. Angenehm temperierte Zimmerwände strahlen mit 293 K »zurück«, Fensterscheiben dagegen sind mit »nur«

273 bis 285 K schon empfindliche Strahlungslöcher, wie man inzwischen weiß. Deren Auswirkung wird um so nachteiliger, je größer die Glasfläche ist. Befindet sich ein die Strahlung empfindender Mensch weit genug von der Fensterwand weg im Innern eines Raumes, vermag er die mittlere Strahlungstemperatur der Fensterwand zu registrieren. Das heißt, er empfindet nur das Ergebnis der Abstrahlung seiner Hautflächen gegen die kälteren Fensterscheiben und die wärmere Wand.

Ganz nebenbei erklärt sich dadurch nocheinmal wie von selbst die angenehme, ja man kann sagen die »schöne« Wärme des Kachelofens. Die anderwärts kalte Fensterwand war das Hauptziel seiner Strahlung. Er brachte sie mühelos auf 293 K. Die damals noch kleineren Fenster drückten entsprechend ihres Flächenanteils mit 283 K die Gesamtstrahlung der Außenwand vielleicht auf 290 K.

Ganz genauso ist das mit Heizleisten. Bei voller Leistung bringen sie größere Teile von Außenwänden auf beachtliche 310 K und können damit die Fehlbeträge auch größerer Fensterflächen ausgleichen.

Für Strahlungs-Reflexion wichtig: im Winter nach innen! Unwichtig: im Sommer nach außen!

Was läßt sich aus diesen Strahlungstemperaturen folgern? Ganz einfach: Fensterglas könnte »behaglich« wirken, wenn es Wärmestrahlung reflektieren würde. Technisch formuliert: Fensterglas sollte langwellige Infrarot-Strahlung reflektieren, aber kurzwelliges Licht durchlassen. Damit wäre das erste richtig gemacht. Damit wären Fenster »Wärmespiegel«.

Achtung: Bedampfte oder eingefärbte Scheiben verändern die Lichtfarbe. Mögliche psychische Folgen: Depressionen, Gemüts-krankheit!

Goldbedampfte Scheiben die nach außen viel Licht und wenig Wärme spiegeln gibt es schon. Sie sind für das Haus der Zukunft wertlos. Ziel ihrer Entwicklung war es, die sommerliche Kühllast für schlechte Klimaanlagen zu senken. Luftkühlanlagen sollten dadurch billiger gemacht werden. Auch, wenn diese Aufgabe wirklich gelöst worden wäre, brächte das keinen Gewinn für das Raumklima im Winter. Der Spiegel dieser Scheiben sitzt auf der falschen Seite, reflektiert die falsche Wellenlänge. Ob die Häuser der Zukunft große oder kleine Fenster haben werden, hängt für unsere Breitengrade nicht davon ab, ob ausgerechnet die Glasmacher den Ultrarot-Reflex bewältigen. Es mag auch andere Lösungen geben, etwa nach Art der geheizten Auto-Heckscheibe, oder die mit heizbarer Flüssigkeit gefüllte Doppelscheibe eines Erfinders. Gleichviel, der direkte Ultrarot-Reflex wäre die einfachste aller Lösungen.

Die Zukunft hat noch nicht begonnen

Was damit Neues geschaffen wäre? Die Voraussetzung für sehr vollkommenes Strahlungsklima. Kein Zwang mehr zu übertemperierter Luft, als Ausgleich für zu kalte Flächen. Strahlungsheizflächen auf der Raum-Innenseite. Einfachere und billigere Installation. Beschränkung der Lüftung auf Frischluft-Zufuhr. Ganz kleine Kanäle, die kühle, trockene, wirklich gereinigte Frischluft ausblasen. Einstellbar, nach Temperatur und Menge, wie es jedem gerade paßt. Ein schönes Klima könnte das sein. Aber diese Zukunft muß erst beginnen.

Klima ist die Zusammenfassung aller Witterungserscheinungen. Kurzfristig, d. h. für die eine oder andere Messung, kann sogar mit Radiatoren oder Konvektoren hervorragendes Raumwetter erzeugt werden. Allein kräftiges Lüften vermag im Winter für Minuten herrlich kühle Luft in einen Raum mit warmen Wänden zu zaubern. Aber nach ein paar Augenblicken ist der Spaß zu Ende. Erträgliches Raumklima tritt kurzfristig, vielleicht auch für Tage bei Klimaanlagen auf. Häufig sind das jedoch nur glückliche Umstände, nicht wiederholbare Zufälle.
Strahlungsklima ist zuallererst eine Naturerscheinung und in der Natur kommt die Strahlung in einer besonders angenehmen Form immer seitlich. Aus 15 bis 45 Winkelgraden von oben! Wenn die Strahlungsquelle, unsere Sonne, höher steht, kann es sehr leicht schon zu heiß sein. Jedenfalls in unseren Breiten! Steht sie niedriger, wird ein zu großer Teil der Strahlung durch Schwebestoffe der Atmosphäre absorbiert, aufgenommen, gefiltert, auch gebrochen oder reflektiert.

Diese natürliche Strahlungsrichtung könnte deshalb vorzugsweise auch für das künstliche Strahlungsklima gewählt werden. Wie immer sich der Mensch darin bewegt, trifft die direkte und die reflektierte Strahlung auf den größtmöglichen Teil der Körperoberfläche. Auch der sitzende Mensch kann sich in einer Strahlung, die schräg von oben kommt, um mindestens 90 Grad gegenüber der Strahlungsquelle drehen, indem er nur seine Stellung im Sitzmöbel ändert. Zu einer Dauerbestrahlung ein- und derselben Körperstellen, wie sie beispielsweise bei Decken- und Fußbodenheizungen auftritt, kann es garnicht kommen.

Anregung für Denker!

Zur Erfüllung dieser biologischen Notwendigkeit gibt es eine Reihe von Möglichkeiten. Technischem Einfallsreichtum sind keine Grenzen gesetzt, wenn nur die Grundforderungen beachtet werden. Danach sollen die Strahlungsquellen vertikale Flächen sein. Hohe Anordnung ist zweckmäßig, damit die Strahlung den Menschen schräg von oben bis horizontal erreicht. Um mit vernünftigen, das heißt wirtschaftlich kleinen Strahlungsflächen auszukommen, muß die Temperatur 370–420 K (100–150 °C) erreichen. Die Oberflächen müssen günstige Strahlungszahl und konvektionshemmende Eigenschaften haben, ähnlich dem keramischen Material des Kachelofens.

Durch diese Forderungen des Zwecks ist beileibe nichts über die eigentliche Lösung bestimmt. So ist die Frage der versorgenden Energie offen, und damit auch die des versorgenden Systems.

Ein Umlaufsystem mit einem Heizmedium, das die erwünschten Temperaturen gestattet, könnte die orthodoxe Heizungsindustrie sehr schnell bereitstellen.

Eine Heizsäule im Kreuzungspunkt der Innenwände könnte das kleine Haus versorgen.

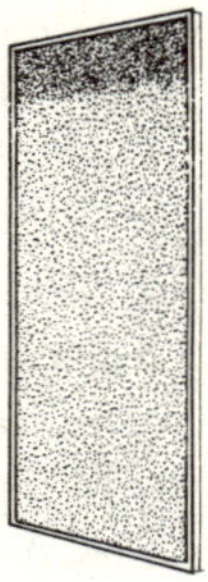

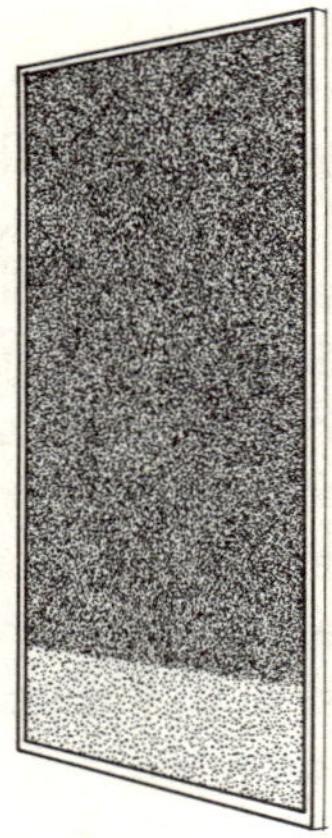

geringe Umlaufmenge
kleine Heizfläche

große Umlaufmenge
große Heizfläche

Die Strahlfläche links arbeitet in Kleinstellung. Nur der oberste Teil strahlt spürbar. Die rechte Fläche heizt nahezu mit Vollast. Diese Betriebsweise ist insbesondere bei Anschluß an Zirkulationssysteme denkbar einfach. Die Leistung wird nur durch die Durchflußmenge des Heizmediums reguliert. Weil die Umlaufsysteme mit Schwerkraft funktionieren sind Regelorgane der einfachsten Bauart ausreichend.

Anmerkung 1987:
Die Vorschläge auf den Seiten 154 bis 156 lassen sich gegenüber Heizleisten nur mit doppelten bis dreifachen Kosten realisieren. Die Strahlungstemperaturen bleiben jedoch asymmetrisch, was bei Heizleisten nicht der Fall ist.

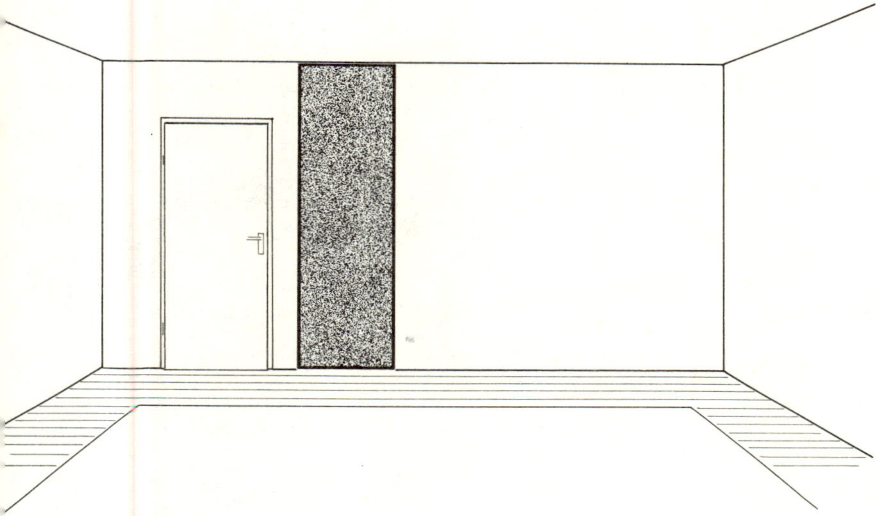

Eine Heizfläche für gesundes Strahlungsklima muß an der Innenwand eines Raumes angeordnet werden. Von dort kann sie, wie ehedem der Kachelofen, die kalte Außenwand bestrahlen. Als senkrechtes Band etwa in Türbreite verfügt sie über eine ausreichende Abstrahlungsfläche. Ein Durchschnittsraum von 20 m² Bodenfläche kann damit beheizt werden.
Die Oberflächenbeschaffenheit schützt vor Verbrennung, obwohl Abstrahlungstemperaturen wie ehedem beim Kachelofen, von 100–150° C erreicht werden. Die Oberfläche hat dadurch gleichzeitig konvektionshemmende Eigenschaften.
Bei Zirkulationssystemen fließt das Heizmedium von oben zu. Daher wird die Hauptstrahlung besonders im Teillastbereich – das ist die längste Zeit der Heizperiode – für den Menschen in einem derart beheizten Zimmer schräg von oben wahrgenommen.

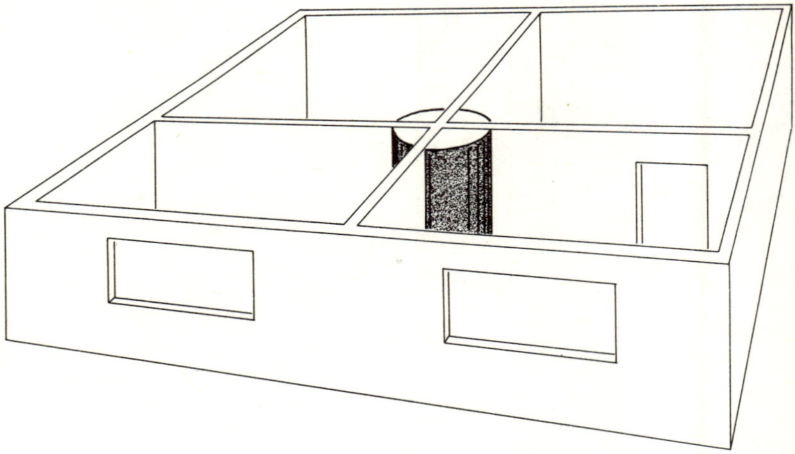

Die kachelofenähnliche Anordnung von Strahlungsheizflächen im inneren Bereich der Räume bringt eine erwünschte Konzentration der Installation. Rohrleitungen und Regelorgane müssen nicht mehr an, oder in der Außenhaut der Häuser verlegt werden. Der Material-Verbrauch und die Montagearbeit verringern sich dadurch.
Die Abbildung zeigt anhand eines bewußt vereinfachten Grundrisses die Tendenz dieser Zusammenlegung. Wenn die Strahlungsheizflächen als Teile eines Zylindermantels ausgelegt sind, ist es sogar möglich, die Installation dahinter auf Putz zu verlegen. Daß dies nicht nur einfachere Lösungen bringt, als alles bisher Bekannte, sondern neue, schönere Gestaltungsmöglichkeiten, ist neben der Hauptsache, dem gesunden Raumklima, so etwas wie ein Geschenk der Natur.

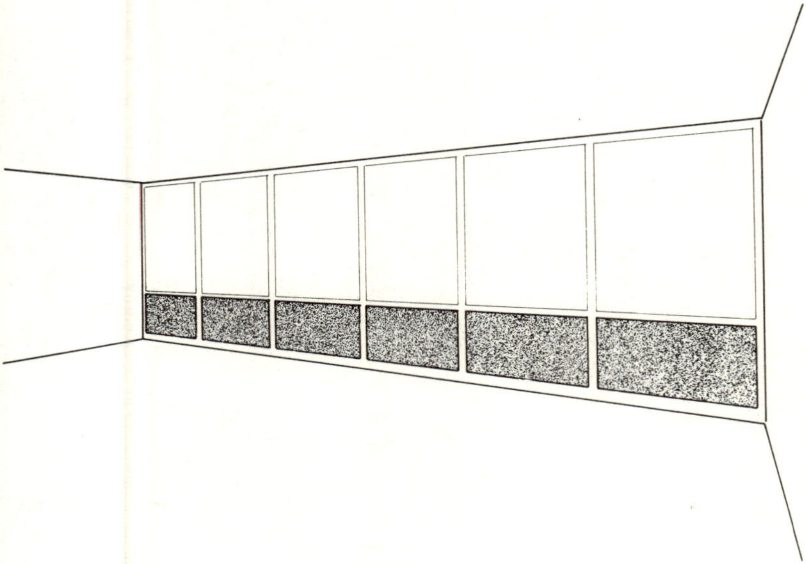

Humane Heiztechnik ist überall realisierbar. Sogar dort, wo unvernünftig große Fenster mit orthodoxen Mitteln bisher nur ungesunde Luftheizerei zulassen, können die Verhältnisse zum Guten gewendet werden.
In der Brüstung eingelassene Strahlflächen gleichen die Strahlungslöcher aus, die Fensterscheiben immer noch darstellen. Schon in kurzer Entfernung vor den Scheiben ist Behaglichkeit möglich. Ohne Luftumwälzung und ohne Staubaufwirbelung!

Anmerkung 1987:
Ähnliche Lösungen, wie hier und auf der folgenden Seite vorgeschlagen, hat die Firma Gartner in Gundelfingen mit größtem Erfolg verwirklicht. Die Strahlungstemperatur der Fassadenteile oder der Säulen überschreitet erstaunlicherweise 30° C nicht.
Variante der san-cal Heiztechnik GmbH, Pullach: Beheizte Zargen, die »Strahlungslöcher« schließen, wie sie große Fenster oder Türen bilden.

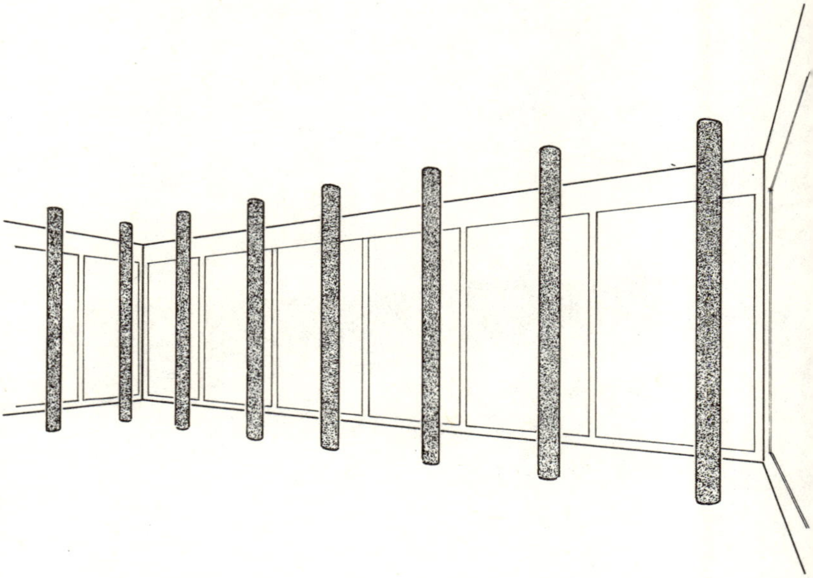

Eine ausgefallene Variante bilden „strahlende Säulen" vor Wänden, die ganz aus Glas sind. Die tragenden Säulen sind von den Strahlflächen ummantelt. Ob diese Heizflächen an ein Zirkulationssystem angeschlossen werden, oder direkt elektrisch beheizt, ist keine technische Frage. Wichtig ist in jedem Fall, daß auch die Grundforderung der Oberflächenbeschaffenheit nach »schlechter Wärmeleitung« zum Schutz gegen Verbrennung und zur Verhinderung der Konvektion erfüllt ist.

Die Strahlungsfläche neben der Zimmertür bestrahlt die gegenüberliegende Fensterwand.
Die ummantelten Stützen des Skeletthauses bringen die erforderliche Strahlungstemperatur selbst vor unsinnigen Fenstern.
Die gleiche Aufgabe können Brüstungen unter Fensterbändern erfüllen.
Daß die Abstrahlungsflächen und -temperaturen in handlichere Größenordnungen kommen, wenn die Anteile der Fensterflächen wieder auf gemütliche Größen schrumpfen, steht dabei außer Frage. Die Einflußnahme der Heizungstechniker hat hier ihr Betätigungsfeld. Humane Heiztechnik wird künftig Argumente haben, mit denen sie unheizbare Traumkulissen klassifizieren kann.
Die Hochtemperatur-Umlaufsysteme werden im wörtlichen Sinn Zentralheizungs-Systeme sein. Im Regelfall wird sich die Rohrinstallation im Kern der Bauwerke finden. Naturumlauf ist möglich, Leistungsregelung durch Variation der Umlaufmenge.

Wieder stellen sich Vorteile wie von selbst ein

Dies sind die Geschenke einer »natürlichen Ökonomie«. Vor derlei Strahlungsquellen gibt es auch keine klimatische Monotonie. Die Strahlungsstärke nimmt im Quadrat der Entfernung ab. Somit ändert jede Bewegung Stärke- und Einfallswinkel der Strahlung. Jeder Steh-, Sitz- oder Liegeplatz in einem Raum mit dieser Art Heizflächen hat charakteristische Klimadaten. Da finden mehrere Personen gleichzeitig unterschiedlichen Bedürfnissen gemäße Strahlungsdichte. Es gibt in einem Raum gleichzeitig wärmere und kältere Zonen gleicher Behaglichkeit.
Selbstverständlich ist es heiztechnisch einerlei, von welcher Energie die Strahlung stammt. Ob ein Ölbrenner oder ein Gasbrenner das Umlaufmedium erwärmt, oder ob die Heizflächen direkt mit elektrischem Strom beheizt werden.

Wie weit Heizungs- und Lüftungstechniker in dieser Hinsicht von vernünftigen Lösungen noch entfernt sind, zeigen Luftheizungsanlagen in Gewerbebetrieben. Weil es »nur« um Werkstätten, Montagehallen oder Warenlager geht, darf die Heizung billig sein. Welcher gesundheitsschädliche Unsinn daraus im Laufe der Nachkriegsjahre geworden ist, welche Millionenauflage er zudem erreicht hat, ist unvorstellbar.

Geht es »nur« um Werkstätten?

Auf der Suche nach den Ursachen dieser Fehlentwicklung stößt man zunächst auf einen ausgeprägten Geschäftssinn der einschlägigen Unternehmer. Wie sollte es auch anders sein. Aber, es zeigt sich auch wieder, daß die falschen Vorstellungen, die man vor 50 bis 80 Jahren über Werkstattheizungen hatte, gedankenlos übernommen wurden. Keine neue Idee im Prinzip, Überlegungen nur für Verbesserungen des Details!

Was waren diese alten Vorstellungen? – Geheizt wird, wenn überhaupt, nur während der Arbeitszeit, oder allgemein gültig, wenn Leute da sind. Dieser Grundsatz stammt aus den Kinderjahren der Dampfheizung. Er ist entstanden durch die Dampfheizung. Deren penetrantes Luftheizungsklima war nur in Raten erträglich. Die Wärmeabgabe der ausnahmslos zu groß geratenen Gußradiatoren oder Rippenrohre war praktisch nur durch Betriebsunterbrechungen regelbar. Aus dieser Not entwickelte sich die Tugend, wonach geheizt wird, wenn's gebraucht wird. Nicht vorher und erst recht nicht nachher. Leider waren Heizkörper und Rohre der Dampfheizungen in den Betriebspausen wasserfrei und konnten deshalb nicht einfrieren. Ohne diesen »Vorteil« wäre manches anders gekommen.

Dampfheizungs-Praxis der Großväter?

Wo also von 8 bis 12 Uhr Schule war, auch Bürozeit, gab es von ³/₄8 bis 9 Uhr den ersten »Dampfstoß«. Der zweite folgte vielleicht von 10 bis ¹/₂11 Uhr. In der restlichen Zeit polierte der Heizer Messinghähne und Manometergehäuse. Was für Schulen oder Büros derart recht war, mußte für Werkstätten billig sein. Wenn irgend möglich, sogar noch billiger. Schließlich sollte Arbeitern

nicht die Möglichkeit genommen werden, sich durch Arbeit warm zu halten.
Diese Heizungswünsche, nicht der Arbeiter, sondern der Fabrikanten, konnten Luftheizungen nach dem Krieg zunehmend besser erfüllen, als Dampfheizungen. Die Werkstätten und Fabrikhallen wurden nämlich größer, durch einscheibige Fensterfronten und Glasdächer heller und nicht zuletzt als Stahlträger- und Betonplatten-Konstruktionen von Haus aus immer kälter. Dampfheizungen waren dafür schon zu teuer, ihre Rohrnetze zu kompliziert und vor allem zu starr.

Neuerung: statt Dampfstoß jetzt Windstoß

Viel leichter waren da blecherne Luftkanäle unter die Decke zu hängen, aus denen heiße Luft strömte. Über Köpfe hinweg, zwischen Maschinen und Werkbänke. Abgekühlte »Umluft« konnte man aus kalten Winkeln durch andere Kanäle zurücksaugen in die »Zentrale«, einen Heizraum, in dem Ventilatoren, Heizkessel und Heizregister (für Betriebspausen »frostsicher«) untergebracht waren. Gegenüber den altväterlichen Dampfheizungen gab es jetzt andere Betriebszeiten. Ohne Dampfstöße! Warmer Wind blies gleichmäßig während der Arbeitszeit. Von 7 bis 12 Uhr, von 13 bis 17 Uhr, samstags von 8 bis 13 Uhr. (Man sprach von der 48-Stunden-Woche, aber es durfte auch, wie beim Metzger wieder, ein bißchen mehr sein!)
Warmer Wind blies auch mit Getöse um geöffnete Hallentore. Man wollte damit verhindern, daß durch die riesigen Einfahrten alle Warmluft mit einem Windstoß von drinnen nach draußen rutschte.

Luftheizung »modern« wie Neonlicht!

Das Geschäft mit den Luftheizungen flutschte. In den 50er Jahren waren die Blechkanäle unter Werkstattdekken und Dachbindern so »modern« wie Neonröhren. Ein »wiederaufgebauter« Betrieb durfte darauf nicht verzichten.
Dann kamen die Heizölbrenner, mit ihnen die trefflich bezeichneten »Lufterhitzer«. Landstrichweise sprach man sogar von »Feuer-Lufterhitzern«, weil das Feuer des Ölbrenners die Heizluft erhitzte. Zwischengeschaltete

Wärmeträger waren überflüssig, vielfach auch die Luftkanäle. In der Größe kleinstädtischer Litfaß-Säulen stehen die »Kompakteinheiten« seither in den Hallen herum, saugen bis Kniehöhe aus dem Bodenbereich Luft an, erhitzen sie und blasen aus Fächerhauben durch »Weitwurf-Gitter« über die Köpfe hinweg. Montag bis Freitag von 8 bis 16 Uhr, samstags geschlossen! Inzwischen wird 40 Stunden gearbeitet oder überhaupt nicht.

Diese Lufterhitzer haben sich durchgesetzt. Sie sind so billig. Billiger geht's nicht. Außer einem Stromanschluß, der kabelähnlichen Ölzuleitung erfordern sie nur noch ein Abgasrohr durchs Dach, durch die Hallenwand. Schon ist alles fertig. Wer will dagegen etwas sagen? – Man kann gar nichts dagegen sagen werden die Hersteller behaupten. DIN-Vorschriften und Baumuster-Prüfungen werden eingehalten und bestanden. Was will man also mehr?

Man will nicht mehr. Im Gegenteil, man will weniger! Man will sogar viel weniger, z. B. viel weniger Staub in der Luft.

ppm = Parts per Million
mg/m³ = Milligramm je Kubikmeter

Es gibt für Gase und Dämpfe sog. MAK-Werte. MAK heißt »Maximale-Arbeitsplatz-Konzentration«. Mehr als 50 ppm oder 35 mg/m³ dürfen von Amoniak nicht in der Luft sein. Bei Essigsäure sind es 25 ppm oder 65 mg/m³. Mehr als 800 Stoffe sind in dieser Weise erfaßt! Über die Einhaltung der Werte wachen die Gewerbe-Aufsichtsämter. Diese berufen sich auf die Veröffentlichungen der »Deutschen Forschungsgemeinschaft«, die ihrerseits eine »Kommission zur Prüfung gesundheitsschädlicher Arbeits-Stoffe« unterhält.

Staub ist kein »Arbeitsstoff«!

Gewöhnlicher Staub, wie er sich tonnenweise auf Dachbindern, Gesimsen und Leitungen, in Ecken und Winkeln, auch der saubersten Betriebe jeweils einen Sommer lang ablagert, wie er von Luftheizern aller Art tonnenweise heruntergeblasen, aufgesaugt und jeweils einen Winter lang in Schwebe gehalten wird, dieser gewöhnliche Staub ist kein Arbeitsstoff. Deshalb gibt es dafür »noch« keine MAK-Werte.

Es wird Zeit, daß es sehr bald welche gibt. Der karzinogene Staub ist die schlimmste Folge der Werkhallen-Luftheizungen. Verstaubte Warenlager, Lampenschirme oder Fensterbretter sind Schönheitsfehler, die man übersehen kann. Jetzt, da wir wissen, daß eben dieser Staub verantwortlich ist für so manchen Lungenkrebs, muß sich das Wegsehen aufhören.

Wieso führt Staub zu Lungenkrebs?

Mag sein, daß der eine, oder andere Leser, erfahren möchte, wieso Staub in der Atemluft karzinogen, oder wie andere Wissenschaftler auch sagen cancerogen wirke. Für diese wenigen Leser sei eine Reihe von Gedanken eingefügt, deren schlüssiger Beweis einer uneingeschränkten Forschung vorbehalten bleibt, deren Einfachheit möglicherweise schon heute überzeugt.
Es hat sich der begründete Verdacht herumgesprochen, daß kein einzelner, bestimmter Erreger der Krebsgeschwülste jemals gefunden werden wird. Die todbringende Krankheit ist mittlerweile an fast allen Organen festgestellt worden. Sowohl Häufigkeit, als auch auffällige Begleiterscheinungen sind bislang zwar statistisch erfaßt, lassen aber keine eindeutige Aussage über die Ursache zu. Indessen vermittelt die Analogie der Naturgesetze, der offenbar gleichen Gesetzen gehorchende Verlauf von Ereignissen auf unterschiedlichen, jedoch natürlich geprägten Gebieten einen beachtlichen Einblick. So ist, beispielsweise, die Zellstruktur weitgehend erforscht. Ähnlichkeit und Unterschiede der Zelle des Einzellers und der mehrzelligen, zu hoher und höchster Entwicklung gebrachten Lebewesen sind bekannt. Überzeugende Tierversuche haben gezeigt, daß die erstaunliche Fähigkeit, alles Lebensnotwendige zu beherrschen, der einzigen Zelle des Einzellers und den unzähligen Zellen des Vielzellers vererbt wird. Verhältnismäßig junge Forschungsergebnisse haben dargelegt wie diese Fähigkeiten vererbt werden. Während ein kleiner Zirkel von Wissenschaftlern darauf abzielt, mit der Manipulation dieser Erbsubstanz zu spekulieren, versucht ein anderer

Kreis die interzellare Organisation der vielzelligen Organismen zu erforschen. An die Ergebnisse dieser Forscher knüpft eine Überlegung, welche durch Berichte über die cancerogenen Eigenschaften der Asbestfaser ausgelöst wurde. (Weil Asbest gut gegen Funken und Feuer ist, Heizung ohne Feuer aber bisher unmöglich war, ergibt sich für Heizungsfachleute eine Wachsamkeit gegenüber der cancerogenen Asbestfaser zwangsläufig).

Immunität

Das wissenschaftliche Ergebnis der Forschung über die Zellorganisation vermittelt den Eindruck, daß ein interzellares Überwachungssystem existiert. Was die Zelle eines spezialisierten Organes, wie Leber, Lunge, Augen, Haut usw. zu leisten hat, ist jeder einzelnen von ihnen vorgegeben, wie man sagt programmiert. Ein Kontroll-Mechanismus wacht darüber, daß jede Zelle tunlichst ihre Aufgaben erfüllt. Seine Wirkungsweise ist noch nicht bekannt, wohl aber deren Ergebnis. Jede Zelle, die nicht dem vorgegebenen Programm gehorcht, wird vom gesunden Organismus erkannt und beseitigt, und zwar mit unterschiedlichen, aber höchst wirksamen Mitteln. Die Existenz und das Ergebnis dieser Kraft bezeichnen wir als Immunität, ihr Ausmaß als Immunitätspegel.

Die natürliche Höhe dieses Immunitätspegels bewirkt z. B. bei Fremdorgan-Verpflanzungen in der Regel den Abstoß der fremden Organteile. Dieser bedeutet den Verlust der eingepflanzten Organe und folglich den Tod des Patienten. Eine Dosis radioaktiver Bestrahlung vor der Verpflanzung senkt den Immunitätspegel, verhindert vordergründig die Abstoßung des Ersatz-Organs, führt aber zu einer auffälligen Anfälligkeit für Krebs.

Wenn Krebs, wie durch Forschungsergebnisse immer mehr verdeutlicht, unkontrolliertes Zellwachstum ist, wird größere Häufigkeit als Folge reduzierter Immunität verständlich. Reduzierte Immunität bedeutet verringerte Wachsamkeit der Zellen untereinander, d. h.

Spielraum für beliebige Abweichungen vom Organprogramm. –

Untersuchungsergebnisse an Lungen-Karzinomen von Arbeitern in Asbestverarbeitenden Betrieben, bestätigen die Enstehung von Zellgeschwulsten an Asbestfasern, die im Lungen-Epithel eingeschlossen wurden. Besonders auffällig ist dabei, daß die Asbestfasern in der Nachbarschaft der Geschwulste stets annähernd gleiche Abmessungen haben. Weder größere noch kleinere, ebenfalls vom Zellgewebe eingeschlossene Fasern lösen offenbar das unkontrollierte Zellwachstum aus.

Asbest in der Lunge

An eben dieser Stelle drängt sich nun eine hypothetische Analogie auf, und zwar die späteren Beweis herausfordernde Annahme, daß Feststoff-Einschlüsse im Gewebe mit der Zeit den Immunitätspegel an diesen Stellen auf besondere Weise senken. Die Immunität ist das Ergebnis einer Informationsarbeit von Zelle zu Zelle. Wahrscheinlich reagiert jede Zelle positiv, solange auch ihre Nachbarschaft „programmgemäß" reagiert. Zu negativem Signal kommt es vermutlich, wenn eine Nachbarzelle regelwidrig reagiert. Der Zellorganismus vermag aus der Summe der Informationsinhalte aller reagierenden Nachbarzellen die störende Abweichung zu orten und nach Lage und Art die erforderliche Abwehrmaßnahme in Bewegung zu setzen.

Im Falle der Asbestfaser von bestimmter Größe meldet der Informationsmechanismus den anorganischen Fremdkörper als Unregelmäßigkeit, bleibt aber die nähere Bestimmung der Art schuldig. Er ist ja auf organisch reagierende Nachbarzellen eingestellt. Das für organische Abweichungen gegebene Abwehrsystem wird daher nicht ausgelöst. Stattdessen wiederholt sich beständig das Anfangssignal für „Unregelmäßigkeit in der Nachbarschaft". Die Ortungsfähigkeit des Zellorganismus ist nicht beschränkt, denn alle benachbarten Zellen melden den gleichen Informations-Rumpf. Weil aber der wesentliche, die Abwehr auslösende Informationsgehalt fehlt, kommt es im Laufe der Zeit zu einer Ab-

Dauerreiz bewirkt Abstumpfung

Über diesen spekulativen Beitrag eines Heizungsingenieurs zur Immun-Biologie mögen Mediziner lächeln. Deren bisherigen Beitrag zu humaner Heiztechnik findet der Heizungsingenieur zum Heulen.

stumpfung. Der Dauerreiz ohne die üblicherweise sonst folgende Kompensation führt zu einer lokalen Abschwächung der Aufnahmebereitschaft für das Warnsignal und zur Schwächung der Abwehr-Reaktion. Der Immunitätspegel sinkt im Bereich der Abstumpfung, also in der Nachbarschaft des Fasereinschlusses. Abwehrkräfte bleiben auch dann aus, wenn – nach Jahren – zwar komplette, aber eben aus diesem Gebiet inzwischen zu schwach wahrgenommene Informationen über wucherndes Zellwachstum auftreten.

Der Fasereinschluß wirkt offenbar durch Einfluß auf die interzellare Information sehr indirekt cancerogen. Wahrscheinlich wirkt jeder Einschluß im Zellgewebe, der infolge seiner Größe, seiner Masse, oder seiner chemischen Reaktion die interzellare Information ähnlich verstümmelt, in gleicher Weise cancerogen. – Gleichgültig ob in der MAK-Liste registrierter „Arbeitsstoff" Tabakteer, oder ganz gewöhnlicher Staub.

Die USA mögen sich krank »klimatisieren«!

Die Spekulation mit den Jahresumsätzen der Hersteller von »Klimaanlagen« in den USA darf nicht länger heimlicher Anreiz sein, auch uns das gefährliche Air-Conditioning aufzuschwatzen.

Ein Staub-Aufwirbelverfahren kann kein Gegenmittel für verschmutzte Luft werden. Für deutsche Luft- und Klimaverhältnisse ist und bleibt das Geschäftemacherei. Der Umsatz der einschlägigen Verkäufer in den USA von 4,64 Milliarden Dollar im Jahre 1971, beweist allenfalls deren Tüchtigkeit. Rückschlüsse auf die Notwendigkeit der verkauften Anlagen zur Befriedigung lebenswichtiger Bedürfnisse, wird daraus wohl kein vernünftiger Mensch abzuleiten wagen.

Hier können Ärzte helfen!

Das Bemühen, jedermann den Unfug unnützer Luftbewegungen deutlich zu machen, könnte eine spezielle Gruppe von Ärzten unterstützen. Und zwar jene Sparte der Medizin, die sich mit Überempfindlichkeiten, also mit Allergien beschäftigt. Immer besser werden die Verursacher dieser schrecklichen Krankheit, die von Hautjucken bis zu schwerem Asthma Hunderte Erscheinungsformen hat, erforscht. Zu den Allergenen erster Ordnung gehört »Haus-Staub«. Wie sehr Staubsauger dazu beitragen können, ist schon erörtert. »Werkstattstaub« gehört zu den Verursachern einiger Berufs-Allergien. Was Heizungen für die Verwirbelung des Werkstattstaubes beitragen, muß einmal überlegt werden. Das Ergebnis kann dann nur sein, daß ein gewisser Staub künftig mit »Heizungsstaub« bezeichnet wird. Er mag unvermeidlich sein in Werkstätten, Betrieben, Lagern. In Schwebe gehalten, aufgewirbelt wird er jedoch erst so richtig durch die Luftheizungen.

Luft in Ruhe lassen! Auch in der Werkstatt: Strahlungsheizung!

Dabei müßte das keinesfalls sein: Mit einer Strahlungsheizung die Luft in Ruhe lassen, und schon ist die Staubbelästigung beseitigt. Das wurde noch nicht versucht. Jedenfalls nicht mit den richtigen Mitteln. Blechschirme an warmwasserführende Rohre geschraubt, gehören zu den falschen Lösungen. Was damit an Heizleistung installiert werden kann, reicht für Tropenwinter, aber nie für Werkhallen, mit unisolierten Betonböden, zugigen Einfachfenstern. Heizflächen-Erfinder müssen wohl erst noch dahinter kommen, daß jede Oberflächen-Vergrößerung an einer Wärmequelle deren Temperatur senkt und folglich die Abstrahlung mit der Differenz der vierten Potenz verringert. Rippen, Flügel und Flächen verbessern nie die Strahlung. Das vermögen allein Reflektoren. Diese können wie flächige Flügel aussehen, in jedem Fall müssen sie jedoch Wärme spiegeln. Wärmeleitende Reflektoren gibt es nicht.

Hallenheizung ist als Strahlungsheizung möglich. Und zwar mit allen natürlichen Vorteilen, als da sind, kühle, trockene, staubfreie Luft. Sogar die historischen Fabrikantenwünsche, wonach Werkstattheizung sowohl in der Anschaffung, als auch im Betrieb möglichst wenig kosten soll, erfüllen sich wie von selbst damit.

Strahlungs-Hallenheizungen sind in der Herstellung noch billiger, in der Montage noch einfacher als Heißluft-

Sind gesunde Heizungen etwa zu billig?

bläser. Weil durch Lüftungsfenster, durch Hallentore keine mühsam aufgewärmte Heizluft davonzieht, kommen Strahlungsheizungen in Werkhallen außerdem viel billiger im Betrieb als Luftheizer aller Art.
Die Konstruktionen sind denkbar einfach. Bis ins letzte Detail sind die Lösungen fertig. Fertig sind auch Zeichnungen, sogar Verträge. Nur: der Mut fehlt, etwas zu publizieren, was noch keiner kennt. Eine Sache die Material einspart, wirtschaftlicher arbeitet, Lebensqualität verbessert, bleibt in den Schubladen.
Warum, weil es uns zu gut geht? – Das wäre eine mögliche Erklärung für Mangel an Bereitschaft zu Wagnissen. Sie kann die biologische Seite, die Sattheit schlechthin, bedeuten. Technische Neuerungen aber, sind Sache der Industrie. Bei der liegt die Sache im argen, weil sie von einem risikofeindlichen Manager-System geleitet wird. Einziges Anregungsmittel ist die Steigerungsrate. Was soll da eine Technik des Einsparens? –

Management hindert den Fortschritt!

In die Schubladen mit den Berichten der Spar-Apostel! Schickt die Erfinder in die Wüste. Der Erfolg wird uns Recht geben! –
Wird er das? Wenn ja, was ist das für ein Erfolg, der in fetten Jahren gute Zahlen bringt, denen magere Jahre folgen müssen, weil auch die längste Fehlerkette ganz einfach einmal zu Ende ist?
Manager sind positiv denkende Vorwärts-Menschen. Sie haben prägnante Durchsteh-Vokabeln. Viele kennen »Talfahrten« oder »Durststrecken«, doch für keinen gibt es ein »Zurück«. Zurück zum Ausgangspunkt, weg mit dem ersten Fehler! Dieser heilsame Weg ist einem Manager unmöglich. Versucht ihn einer zu gehen, ist er »weg vom Fenster«. Das wissen alle.
Und doch werden wir nicht weiterkommen mit den alten Fehlerketten. Eine kleine Zeitspanne ist hier oder dort noch gegeben. Ein Architekt, unterstützt von seinem »Klima-Experten«, mag noch einen Glaspalast für den nächsten Bankkonzern errichten. Einmal mag es ihm

noch durchgehen, die innere, klimatische Unzulänglichkeit zu verdecken. Zum Beispiel, wie im Norden von München, mit einem vor der Scheiben-Fassade fest montierten Stahlgerüst, das automatisch gesteuert Metalljalousien ausfährt und durch Drehen der Lamellen den Glasbau »optimal« beschattet, mit Blechstreifen also die teuere Aussicht verdunkelt.

Einmal noch!

Aber dann muß es den Insolations-Bauherren doch auffallen, den Genehmigungs-Behörden einleuchten, den Insassen bewußt werden, welcher Irrtum hier vorliegt. Dieser eiserne Vorhang ist trotz aller elektronischer Steuerungsfinessen nur ein überdimensionaler Beweis für »Brett vor dem Kopf«. Er ist keine funktionale Lösung. Keine Optimierung der Insolations-Reflexion (bestmögliche Reflexion der Sonneneinstrahlung)! Rechnerisch mag er die Unwirtschaftlichkeit des Kühlbetriebes im Innern des Glasbaues mildern. In Wahrheit ermöglicht er inhumanen Klamauk mit Klima, ungesunde Manipulationen mit künstlich feuchter Kühle.

Insolation = Sonneneinstrahlung

»Funktional« ist etwas anderes!

Bleiben ein paar Erfahrungen aus Computer-Sälen, wonach hohe Luftfeuchte statische Aufladungen mindert und Störungen an den Speichern seltener werden läßt. Gerade diese Fälle liefern ausgezeichnete Beispiele für Fehlerketten. Vorausgegangen sind nämlich Baukunst-Fehler, die durch falsch verstandene Isolation generell die Ableitung von Reibungselektrizität verhindern. Zu den vorletzten Fehlern in der Reihe gehören Boden- und Wandbeläge aus Kunststoffen und Kunstfasern, die Reibungselektrizität in ungewöhnlichem Ausmaß hervorrufen. Auch Luftumwälzung erzeugt Reibungselektrizität. Glasscheiben vom Boden bis zur Decke, von Wand zu Wand fördern sie. Und die Auswirkungen all dieser Fehler soll am Ende feuchte Luft aus einer sog. Klimaanlage wegschaffen? Auch, wenn sie ungesund ist? – Die Fortsetzung dieser Fehlerketten mag manches Geschäft beleben, echte Vorteile hat sie keine.

»Elektrostatische« Fehlerkette!

Die Zivilisation hat uns alle abgestumpft. Die waldläu-

Kein Gespür, dafür mehr Wissen

ferische Wachsamkeit, die natürliche Empfindsamkeit gegen Schädliches ist uns nicht mehr angeboren. Gleichwohl genießen wir einen Vorzug: das größere Wissen. Was, um aller Welt willen, sollte uns dazu verführen, es zu verleugnen? Es ist das einzige Mittel den auffälligen Mangel an Gespür wenigstens teilweise auszugleichen. Sofern sich die Menschheit nicht tatsächlich ernsthaft vergiften, aushungern, verkümmern lassen will, muß sie zunehmend Mut aufbringen. Mut zum Eingeständnis von Fehlern. Ohne Rücksicht darauf, wie lange sie schon gemacht werden, wie tief sie verwurzelt sind. Ursachen und Wirkungen sind dabei interessant. Auf die Schuldigen muß nicht unbedingt ein Stein geworfen werden. So die Betreffenden dazu (noch) fähig sind, genügt es, wenn sie sich ihrer Taten schämen und auf nachträgliche Rechtfertigungen verzichten, gar auf aussichtslose Beweise scheinbarer Richtigkeit der alten Ansichten.

Heiztechnik und Energietechnik ist zweierlei!

Altväterliche Heizungsfirmen und Lüftungsbauer haben sich im Laufe der vergangenen 20 Jahre sorgsam voneinander geschieden. Das Wissen von heute macht es überflüssig, zwischen heizen und klimatisieren künftig zu unterscheiden.
Moderne Heiztechnik wird nun zur Fähigkeit, richtiges Klima zu erzeugen: Im Wohnraum, im Schlafraum, im Arbeitsraum!
Ob die Aufgaben von den alten Gewerken übernommen werden oder von neuen, ist grundsätzlich einerlei. Möglichst bald richtig heizen, um länger gesund leben zu können, darauf kommt es an.
Nennen wir das neue Fach »Heiztechnik«. Der alte Begriff Heizungstechnik, wurde im Sprachgebrauch im Sinne von Heizungs-bau-technik gebraucht. Davon setzt sich der neue Ausdruck ab. Überflüssig wäre es in einer bewußt gebrauchten, neuen Bezeichnung auf Klima anzuspielen. Im Gegenteil, es ist eher erwünscht die derzeit übliche Luftbehandlung, das sog. Klimatisieren rasch zu vergessen. Neuere Heiztechnik hat nichts als gesun-

des Klima zum Ziel. Wird der Begriff Heiztechnik nur für die Kunst richtiger Wärmeanwendung in Aufenthaltsräumen gebraucht, so macht er den Unterschied klar zur Technik der Wärmelieferung, oder der Wärmeerzeugung.
Für dieses Gebiet bietet sich der Begriff Energietechnik an.
Der Unterschied zwischen Heiztechnik und Energietechnik ist nach dieser modernen Auffassung nicht nur für wissenschaftliche Gespräche von Bedeutung. Er ermöglicht mit aller Deutlichkeit zu unterscheiden, wo bisher selbst von Fachleuten heilloses Durcheinander gepflegt wurde.

Ein Vorteil klarer Begriffe: Schwindel wird erschwert

Es gibt keinen Heizkessel »für wohlige Wärme«, keinen Heizöl- oder Gasbrenner der »Behaglichkeit zaubert«. Heizkessel und Brenner gehören zur Sparte Energietechnik. Ob aus der Wärme, die solche Geräte erzeugen, behagliches, gesundes oder staubiges Raumklima wird, entscheidet die Heiztechnik mit der Art der Heizflächen im Raum. Die Augenwischerei der Heizkessel- und Brenner-Werbung sollte von den Fachleuten und von den Verbrauchern daraufhin einmal untersucht werden.

Etwas spitzfindig vielleicht, Anlagenbezeichnungen wie »Radiatorenheizung mit Stahlkessel und Heizölfeuerung«, oder »Heizleisten-Anlage mit Gußkessel und Gasbrenner«! Gleichwohl vermitteln sie einen Eindruck, was sich hinter den allzu volkstümlichen Worten »Ölheizung« oder »Gasheizung« alles verbergen kann. Eine sorgfältige Unterscheidung zwischen Heiztechnik und Energietechnik zwingt die Heizungsbranche besser aufzupassen, erschwert leichtfertige Täuschungen.
Tante Emma mag ihre Gasöfen weiterhin eine Gasheizung nennen. Der Irrtum ist hier verzeihlich. Ein Bauträger aber, der Luxus-Eigentums-Wohnungen mit Nachtstromspeicheröfen ausrüstet, soll erkennen, daß er heiztechnisch Öfen bietet, mit einem denkbar schlechten Luft-

heizungsklima. Der verwaschene Ausdruck Elektroheizung verschleiert das, läßt Modernes vermuten, das nirgends vorhanden ist. Die Stromversorgung der Öfen ist Energietechnik. Der Nachttarif ist Energie-(Verkaufs-) Politik.

Ganz ähnlich liegt der Fall bei einem tonnenschweren Nachtstrom-Speicher-Kessel für eine kleine Zentralheizung mit Radiatoren. Elektroheizung von der angeblich allerneuesten Art entpuppt sich als Heiztechnik des 19. Jahrhunderts und als besonders einfallslose Technik umständlicher Energie-Speicherung aus Tarifgründen, die in Kürze vielleicht schon nicht mehr existieren werden.

»Eldis«-Heizung

Die Spaltung des Sammelbegriffes »Heizung« in Energietechnik und Heiztechnik erschwert das täuschende Spiel mit klingenden Namen. Die Erfindung eines Baudirektors der Münchner Stadtwerke, »Eldis-Heizung« genannt, erweist sich als Schaltungstrick des Elektrizitätswerkes: nicht nur nachts, auch tagsüber kann das E-Werk beliebig oft für kurze Zeit auf »Nachttarif« schalten und damit Nachtstromspeicheröfen nachladen. Die Stadtwerke können damit den Abnahme-Ausfall selbst der kürzesten »Brotzeitpause« eines Großabnehmers in andere Abnehmerkanäle leiten. Heiztechnisch bringt diese Schaltpraxis nicht den geringsten Vorteil. Die Erfindung dient einer besseren Ausnutzung der an sich recht unbeweglichen Stromerzeugung. Sie kann mit viel Wohlwollen als neuere Versorgungstechnik gelten. Der Ausdruck Eldis-Heizung spiegelt Dinge vor, die damit in keinem Zusammenhang stehen. Das mit dem Eldis-Verfahren gekoppelte Versprechen der Stadtwerke, der Ofenkundschaft als Folge der Tagschaltungen auch nicht zu wenig »Nachtstrom« zu liefern, berechtigt nicht von neuerer Heiztechnik zu reden.

Klare Begriffe erhalten die Freundschaft!

Angesichts der Unterscheidung der beiden Begriffe Heiztechnik und Energietechnik sieht die in jedem beliebigen Prospekt der Heizungs- und Zulieferer-Industrie erwähnte »stürmische Entwicklung der Heizungstechnik«

plötzlich ganz verändert aus.
Je genauer man hinsieht, um so mehr zeigt sich, daß heiztechnisch alles beim alten, wenn nicht beim uralten geblieben ist.
Ein angeblich supermoderner Fertigheizkörper ist eine geschickt verpackte Umsatzsteigerung. Anstatt, wie vor Jahren nur das Heizregister, wird dem Installateur jetzt auch die Verkleidung, deren Anstrich, das Heizkörperventil, die Verschraubung, der Halter nebst Schraube und Dübel verkauft. Was ist dadurch heiztechnisch verbessert?

Ist gesteigerter Umsatz auch technischer Fortschritt?

Eine brandneue Kesseltype wird »automatisch« mit Heizkreisregelung, Mischventil, fertiger elektrischer Verdrahtung geliefert. Was ist daran fortschrittlich? Fließbandarbeit kann billiger sein als Baustellenarbeit, wenn die Handelsspannen den Vorteil nicht aufzehren. Verdrahtung im Werk kann sicherer sein, wenn die Arbeitskräfte dort gewissenhafter sind als auf der Baustelle. Gleichwohl sind Regler, mit dem Kessel verkauft, praktizierte Umsatzsteigerung. Fortschritt der Technik bedeuten sie mitnichten. Oder doch?

Der große Fortschritt: Folge eines großen Fehlers!

Regeltechnik ist der einzige Fortschritt der Heizungsbranche. Regler sind an unseren Heizungen das einzige, was es etwa vor dem zweiten Weltkrieg noch nicht gegeben hat. Daß es sie heute so zahlreich gibt, ist kein Zufall, vielmehr die Folge eines vorausgegangenen Fehlers.
Der Fehler wurde im Kesselbau gemacht, und zwar so einheitlich, so hartnäckig, andauernd, daß man glauben könnte, es habe ihn bis heute keiner bemerkt. Die Sache füllt ein Kapitel.

Josef Strebel erfand 1891 den gußeisernen Glieder-Kessel. 1893 wurde die Erfindung patentiert. Der Kessel war eine umwälzende Neuerung, die den »Siegeszug« der Dampfheizung und der nachmaligen Warmwasserheizung eigentlich erst ermöglichte.
Ehedem kannte man nur genietete Blechkessel, hand-

gemachte Erzeugnisse der »Kesselschmiede«, meist liegend auf gemauerten Fundamenten, die eine technisch dürftige Feuerung umschlossen.
Strebel hatte sich wohl die Aufgabe gestellt, mit einem billigen Werkstoff zu einer Serienfertigung zu kommen. Für Gußeisen und Sandguß hat er dies überzeugend gelöst.

Der Strebel-Kessel war genial ...

65 Jahre sollte der Kessel unverändert in der Fertigung bleiben. Tausende dieses Modelles sind heute noch in Betrieb. Man kennt sie auf den ersten Blick an dem ovalen Querschnitt. Ein Quadrat und zwei Halbkreise vom Durchmesser der Kantenlänge bilden dieses Oval. Jedes Kesselglied ist ein ovaler Hohlring. Am Scheitel und an der Sohle hat das hohle Kesselglied jeweils eine große Nabe. Damit wird eines mit dem anderen zum Kesselkörper zusammengenippelt. Wo unterer Halbkreis und Quadrat aneinandergesetzt sind, ist jedem Kesselglied ein Roststab mit Seitensprossen angegossen. Auf diese Weise bringt jedes der Kesselglieder seinen Anteil zur Rostfläche mit.
Viele Einzelheiten wären an dieser Konstruktion noch erwähnenswert, die Art der Züge, der Rauchsammelkasten, die überlegten Unterschiede zwischen dem Frontglied, das die Füll- und die Aschfalltüre trägt und dem hintersten oder der Feuerungsregler usw.
Diese Konstruktion mußte gut sein. Sie war gut, solange sich das Herstellungsverfahren nicht änderte und solange der Brennstoff Koks blieb.

... aber er war zu lange »Vorbild«

Fast 60 Jahre lang hat das Strebel-Konzept für Gußkessel aller Art hergehalten. Nachdem die Patente abgelaufen waren, gab es keine wesentlich andere technische Lösung mehr. Lediglich die äußere Form wurde infolge besserer Gußtechnik geändert. Die Halbkreise der Urform wurden zu halben Quadraten, d. h. die Kessel bekamen Quaderform.
Der Serie-II-F-Kessel des Josef Strebel war in der Katalogsprache ein Kleinkessel, für Ein- und Zweifamilienhäuser geeignet. Spätere Mittel- und Großkessel ent-

sprachen exakt seinem Prinzip. Abweichungen hat es nur gegeben aus gußtechnischen Gründen oder in nebensächlichen Details, etwa wenn ein Konstrukteur dem anderen nicht allzu plump nachbauen wollte.
Zwei Weltkriege eingerechnet, hat Strebels Gußkessel-Idee gut ein halbes Dutzend Gießer-Generationen überdauert und ebensoviele Generationswechsel an Verkäufern, Technikern, Meistern und Verbrauchern. Mit der Beständigkeit eben des Gußeisernen hat die Kesselkonstruktion seine Zeit um mindestens 30 Jahre überlebt, und darüberhinaus eine neuere Herstellungstechnik für Kessel und dazu gänzlich anderen Feuerungsarten, einschließlich der Regeltechnik nicht nur geprägt, sondern in eine Sackgasse geleitet. Gewöhnung und Gedankenlosigkeit haben im Laufe von fast 80 Jahren aus einem genialen Einfall schrittweise einen verhängnisvollen Unfug werden lassen.
Netzartige Verstrickungen von Umständen haben diese Fehlentwicklung ermöglicht, ja gefördert. Zum Teil lief diese Entwicklung an verschiedenen Stellen, scheinbar voneinander unabhängig ab. Immer in einer Weise als Fortschritt getarnt, daß die Fehler bis heute nicht offen sichtbar geworden sind. Werden aber nur einige der Knotenpunkte freigelegt, ist der Zusammenhang im ganzen unleugbar.

Kesselguß keine Werkstattarbeit!

Kesselguß war vor dem zweiten Weltkrieg Sache etablierter Großgießereien. Soweit sie alt genug sind, werden Fachleute vier oder fünf Werke im Gedächtnis haben, die nicht nur ein Modell, sondern jeweils eine ganze Serie aufgelegt hatten.
Große Gießereien waren nur in der Nähe von Hochöfen wirtschaftlich. Konkurrenz aus mittelständischen Werkstattbetrieben war nicht möglich. Einerseits ist darin die allesüberdauernde Gleichförmigkeit des Kesselgußes begründet, andererseits leitet sich die Art des Wettbewerbs ab, der dem Kesselguß schließlich erwuchs. Die Aufbaujahre nach dem Krieg waren keine Zeit für

gießereitechnische Experimente. Kessel, wie ehedem in »Friedensqualität« nach den alten Modellen gegossen, waren zeitgerechte Erzeugnisse mit denen man Zerstörtes ersetzen, Neues bauen konnte. Zeitgerecht waren indessen auch die Werkstattversuche einiger Schweißer, aus Stahlblech Heizkessel zu schweißen. In Badeofengröße, nach Badeofenart waren welche bekannt, aber größere Typen gab es noch nicht. Blechbedarf und Schweißnahtlängen zusammengerechnet, mußten »Stahlkessel« wesentlich billiger sein als die gußeisernen Vorbilder. Der große Fehler in dieser Überlegung war nicht etwa die Kostenrechnung; die war einwandfrei. Falsch war es, den Gußkessel als Vorbild zu verwenden. Zum einen war es wohl Gewohnheit – gut 60 Jahre lang war der Zentralheizungskessel ein Gußkessel –, zum anderen war es die Spekulation, gleiches Aussehen würde dem Verbraucher am ehesten gleiche Qualität vorspiegeln, denn daran fehlte es.

Erster Fehler

Wie weit es mit der Ähnlichkeit getrieben wurde, ist heute nicht mehr vorstellbar. In den 50er Jahren gab es da einen kleinen Kessel, der mit List und Tücke zurechtgemacht war. Jede Einzelheit bis zur Fülltür war exakt »nachempfunden«. Die Zweitluftrosette, handtellergroß, war aus Guß, um nur ja nichts zu verraten.

Dabei wäre das nicht nötig gewesen. Was es zu verraten gab, brachten die Gußkesselhersteller schon unters Volk: die, zunächst noch angenommene, bald erwiesene, geringere Haltbarkeit der Stahlkessel. Die damals noch wenigen Kesselschweißer hatten keine Ahnung, welch heiße Flächen und wieviele kalte Ecken die gußeisernen Vorbilder in sich verborgen hielten. Solange der Brennstoff ausschließlich Koks war, trotzten Gußkessel den Folgen dieser Fehler, weil sie weder oxidierten noch korrodierten.

Unter günstigen Umständen überlebten viele Stahlkessel ihre ersten Jahre. Damit war einiges erreicht, denn mit den ersten Heizölfeuerungen stellte sich unerwartete Schützenhilfe von der Gußkesselseite ein. Sie war gewiß unbeabsichtigt, lagen doch die Motive auf ganz anderen Gebieten.

Nach »Werksvorschrift« mußten fast alle Kokskessel, die fortan Heizöl in Wärme verwandeln sollten, umgebaut werden. Erstens sollten sie ein neues Vorderglied erhalten, mit einer Platte für den Brenneransatz. Zweitens sollte die Heizfläche um ca. ein Drittel vergrößert werden.

Zweiter Fehler

Die zweite Maßnahme war falsch. Ob der Wunsch nach Umsatzsteigerung oder eine primitive Erschwernis der Umstellung auf Heizöl oder falsche technische Bedenken das Motiv waren, ist heute schon unbedeutend. Entscheidend wirkten die Folgen dieser Heizflächen-Vergrößerung, denn die Verbrennungsgase kühlten sich in den viel zu großen Kesseln vielfach so stark ab, daß schon innerhalb der Kessel Feuchtigkeit kondensierte. Sauere Feuchtigkeit, die auch den gußeisernen Kesselwänden zusetzte. An dieser Stelle sei nochmals an die gewohnheitsmäßig und als Folge der DIN 4701 (Regel für die Berechnung des Wärmebedarfs) viel zu groß geratenen Heizungen erinnert. Deren schon zu große Kessel sollten nun nocheinmal gehörig angebaut werden, ohne daß sich am Wärmeverbrauch des Hauses auch nur eine Kleinigkeit geändert hätte. Die Katastrophe mußte kommen. Aus den Gußkesseln lief zum Teil in Strömen schwarzbraunes Kondensat. Auf dem Betonboden der Heizräume, teils chemisch umgesetzt, teils vertrocknet, ließ es braungelbe Kristalle wachsen. Die ersten Kamine wurden feucht. Alle (Fach-) Welt schimpfte auf das Heizöl.

Die unschöne Erscheinung bekam einen Namen und wurde bekämpft. Taupunkts-Unterschreitung nannte man das vermeintliche Phänomen. Als Abhilfe dachte man nicht folgerichtig an die Umkehrung der Ausgangslage, also an kleinere Kessel mit zwangsläufig höherer Abgastemperatur. Das Heil wurde umständlicher gesucht über »Abgastemperaturerhöhung, als Folge von Rücklaufanhebung durch Vorlaufbeimischung«. Was dahinter

Dritter Fehler

steckt, muß erläutert werden: Die Betriebstemperatur eines Zentralheizungskessels sollte dadurch steigen, daß Vorlaufwasser, das den Kessel oben aufgeheizt verläßt, teilweise wieder in den kälteren Rücklauf eingespeist wird. Neben dem großen Kreislauf vom Kessel über die Heizkörper und wieder zurück, also ein zweiter, kleinerer Kreis für einen Teilstrom aus dem Kessel heraus und durch eine »Mischleitung« gleich wieder hinein.

Zur Verwirklichung dieser ersten Misch-Idee brauchte man eigentlich nur ein Mischventil. Ein einfaches in der Mischleitung hätte genügt, jedenfalls in Verbindung mit der richtigen Anordnung der Umwälzpumpe. Besser, weil optisch eindrucksvoller war ein Dreiwege-Ventil. Die ersten dieser Art kamen aus Schweden. Schwedenmischer nannte sie die Fachwelt.

Das Mischverhältnis der Teilströme wurde zunächst von Hand eingestellt. Dadurch erhielt es stationären Charakter, galt für einen bestimmten Betriebszustand. Für jede andere Leistungsstufe, die von der Heizungsanlage während eines Tages »durchfahren« werden mußte, war diese eine Mischerstellung wertlos. Die Kessel kamen mehrmals täglich, man könnte sagen nach wie vor, in den Temperaturbereich der gefürchteten »Taupunkts-Unterschreitung«. Weil alle Abhilfemaßnahmen den eingeschlagenen Weg weiter beschritten, hat sich die Feh-

Vierter Fehler

lerkette verlängert. So wurden aus Dreiwegemischern, Vierwegemischer. Hie und da erhielten Beimischkreise eigene Pumpen und eigentlich vor allem zu erwähnen:

Fünfter Fehler

die Mischer wurden motorisiert. Jetzt endlich konnte jeder beliebigen Kesselleistung ein Betriebspunkt des Mischers zugeordnet werden. Wirklich? –

Für einige Großanlagen mochte das zutreffen. Für tausende von Kleinanlagen waren die Verhältnisse bestenfalls »leicht gebessert«. Die Reaktionsgeschwindigkeiten der »Motor-Mischer«, wie sie nun bezeichnet wurden, waren in aller Regel zu langsam. Einige Regler konnten überhaupt nur mit »Auf-Zu-Stellung« arbeiten. Vielfach war auch anfangs die Regelfähigkeit zu klein, weil –

wie alles auf dem Heizungssektor – die Mischventile viel zu groß waren. Wegen des »maschinentechnisch-optischen« Bildes erhielten die Mischventile die Nennweiten der Vorlaufleitungen und waren demzufolge für den Mischvorgang um drei bis sieben Nummern zu groß. Natürlich wurden diese Fehler teilweise erkannt, aber immer und überall wurden nur die Auswirkungen durch neue Fehler gemildert. So erhielten zu große Mischer kleine Durchfluß-Querschnitte, die rechnerisch der Durchflußmenge angepaßt waren. Motoren erhielten statt weniger langer Steuerimpulse viele kleine. In den Prospekten waren sie auf diese Weise zu Stetig-Reglern geworden. Der Mischerkult florierte.

Sechster Fehler

Siebenter Fehler

Daß seine Anfänge auf einen Fehler der Gußkesselhersteller zurückgehen, will heute keiner mehr – besser wohl noch keiner – so recht glauben. Und doch waren die fälschlicherweise für Heizölfeuerungen vergrößerten Gußkessel der Auslöser dieser Entwicklung. Der Vorbild-Status der Gußkessel gab den ersten Kessel-Schweißern Anlaß, die Mischer auch zur Lebensverlängerung ihrer Stahlkessel einzusetzen. Die unbeabsichtigte Schützenhilfe der Kesselgießer für die Kesselschweißer hatte also darin bestanden, den Mischer zu kreieren.

Obschon das ein Bärendienst sondergleichen war, leitete er eine Entwicklung unvorstellbaren Ausmaßes ein. Alles, was die Heizungstechnik während der letzten 20 Jahre an »Fortschritten« produzierte, geht zumindest mittelbar auf den Misch-Komplex zurück.

Die ersten geschweißten Stahlkessel waren ohne Mischer zu sehr gegen Korrosionen anfällig. Mischer haben sie davor bewahrt. Gegen die Unkenrufe der Kesselgießer. Die große Diskussion »Guß contra Stahl«, in den 50er Jahren entfacht, konnte den Vormarsch nicht mehr aufhalten. Einer der Kesselschweißer hatte unversehens einen Marktanteil von damals 10 Prozent erreicht. Da war es geschehen. Krupp stieg auch ins Kessel-Geschäft ein. Mit einer Verkaufs-Strategie, die die Branche bis dahin nicht kannte.

Achter Fehler

Reaktion der Kesselgießer: Stahlkesselprogramme wurden aufgelegt. Die Chance der ersten Jahre war vertan. Die Gießer haben es übersehen, mit ein paar Kunstgriffen die Taupunkt-Unterschreitungen zu vermeiden und zu sagen – wir können es ohne Mischer.

Wahrscheinlich war es nicht leicht, die Chance zu erkennen. Man muß den Gießern zugute halten, daß die Mischer sehr bald unter einem anderen, eher irreführenden Namen gehandelt wurden. Hauptzweck so agierten die Verkäufer, sei nicht die Schonung des Kessels, viel wichtiger ist die perfekte Regelung einer Heizungsanlage.

»Komfort-Regler« heißen die Dinger nun schon seit 20 Jahren und als Garantie einer gesteigerten Bequemlichkeit und einer »optimalen« Wirtschaftlichkeit ließen – und lassen – sie sich auch glänzend verkaufen.

Wer hätte einen billigeren Stahlkessel angeschafft, wenn man ihm klargemacht hätte, daß er dazu eine komplizierte Mischer-Anlage braucht, die mehr kostet, als die Differenz zum teuereren, von Haus aus haltbaren Gußkessel?

Weil der zu Tode vergrößerte Gußkessel die Mischer ebenfalls dringend nötig hatte, mußte ja das Geschäft laufen. Ende der 50er Jahre haben nur mehr wenige, als zurückgeblieben verschriene Heizungsbauer, auf Mischer verzichtet. Die Stahlkesselschweißer hatten um diese Zeit die Gußkessel-Nachbau-Phase hinter sich gebracht. Neue Vorbilder waren inzwischen modern: die Kunst der Kesselschmiede des 19. Jahrhunderts, nur nicht genietet, sondern eben geschweißt.

Neunter Fehler

Das am meisten kopierte Prinzip ist der Flammrohr-Rauchrohr-Kessel. So nannte man den Lokomotiv-Kessel der Gründerjahre, der das Feuer nicht mehr in einem gemauerten Unterbau, sondern in sich, in einer »Feuerbüchse« trug. Der Nachbau wurde gewissenhaft vollzogen. Kleinste Einzelheiten bis hin zum Stehbolzen zur Abstützung ebener Wände wurden getreulich übernom-

men. Der Nachbau war auch untereinander sehr gedeihlich. Ein paar Vorreiter hatten den stehenden runden Flammrohr-Rauchrohr-Kessel bevorzugt. Grund genug für ungezählte Wettbewerber sich ebenfalls darauf festzulegen. Weder feuerungstechnische, noch arbeitstechnische Gründe sprachen dafür. Allenfalls die Platzfrage im Heizkeller könnte man als Motiv heranziehen.
Dachte wirklich einer der Hersteller zylindrischer stehender Stahlheizkessel in den 50er Jahren, anfang der 60er Jahre, an den Platzbedarf seiner Kessel im Heizkeller? Kaum!
Gedanken an die Wünsche des Kunden hätten andere Rücksichten erfordert. Technische Leistungen waren in den eigentlichen Aufbaujahren nicht das Ziel des Strebens. Es ging um den kommerziellen Erfolg.
Wenn der Spitzenreiter blaue Kessel bevorzugte, waren auch die Nachbaukessel blau. Wechselte die Führungsposition über auf einen roten Kessel, oder änderte der erfolgreichste die Farbe, zogen auch die übrigen gleich. Nur wer sich als Kesselschweißer selber stark genug fühlte, wagte eine eigenständige Farbe. Höhere Motive, mehr Überlegung gab es einfach nicht.

Auch ein Fehler

Ein Beweis für diese Art von Umsatzdenken ist die weitere Entwicklung. Was der Kesselfabrikant mit dem Kessel verkauft, ist ein sicheres Geschäft, braucht ein anderer nicht erst herzustellen.
Boiler, wie man Warmwasserbereiter im Heizungsfach nennt, sind so ein Erzeugnis. Zu Großmutters Zeiten hingen die Boiler neben dem Heizkessel unter der Decke. Während der Heizperiode gab es dann »fließend warmes Wasser«. Außerhalb der Heizperiode gab es keines, es sei denn die Heizungsanlage war hypermodern und hatte demzufolge einen »Sommerkessel«. Das war dann ein sehr kleiner Heizkessel, der, neben dem Großen stehend, des Sommers nur den Boiler heizte.

Geschäft ist Geschäft

Diesen Boiler in den Heizkessel zu stecken, ihn auf diese Weise zum sicheren Geschäft zu machen, war eine der »fortschrittlichen« Taten der Kesselschweißer. Über

Warmwasser als Komfort gibt es ein anderes Kapitel. Hier soll es um die von einem vorgezeichnete, von vielen anderen übernommene Lösung gehen, die ganz unvorstellbar Schule gemacht hat . . .

Wenn es zutrifft, daß vieles vom Nachfolgenden stimmt, sofern das Allererste richtig gemacht wird, könnte der Boiler im Kessel dafür ein Beispiel abgeben.

Mischer-Regelung bringt hohe Betriebstemperaturen des Heizkessels ohne Rücksicht auf die jeweilige Belastung. Werden in der Übergangszeit z. B. nur lauwarme Heizkörper gebraucht, steht die Kesseltemperatur trotzdem genauso hoch, wie an einem kalten Wintertag. Der Mischer sorgt dafür. Diese Betriebsweise verführt dazu, Warmwasserbereiter in den Heizkessel einzubauen. Rechnerisch leistungsfähige Heizschlangen oder eben gleich Boiler, druckfeste Warmwasserspeicher, ringsum vom heißen Kesselwasser umspült! Folge und Vorzug der Mischer-Regler? Nichts weniger als ein Vorzug! Ein Vorteil der Stahlkesselschweißerei, der weidlich ausgenützt wird! Der Boiler im Kessel bringt dem Fabrikanten einen sicheren Mehrumsatz von 500,– bis 800,– DM je Exemplar. Der Kunde läßt sich die Sache etwas kosten. Schließlich ist Heizung und Warmwasser im Haus ja auch etwas besonderes. So meint man. Die Praxis beweist das Gegenteil.

Und noch ein anderes ließen sich die Käufer nach 1956 viel kosten: die zweite Feuerung.

Geschäft mit der Angst!

Grund war die Korea-Krise. Ein paar Wochen panischer Angst vor einem dritten Weltkrieg haben einiges über Nacht knapp werden lassen. Zucker, Reis und das damals noch so junge Heizöl. Genau genommen war es nicht knapp. Man sagte nur, wir hätten zuwenig davon. Es gab keine Vorräte mehr, aber immer noch Heizöl. Die deutsche Mineralölindustrie tat, was sie konnte. Tankstellen in England verkauften Cherry. Deutsche Autos fuhren und unsere Ölheizungen heizten. Keine wichtige Feuerung ist eine Stunde ohne Öl gewesen. Der oberste Manager der ESSO sollte Jahre später dafür das Bundesverdienstkreuz bekommen. Weil es so gut gegangen war. Kein Grund für die Kesselhersteller zu denken, daß es auch ein zweites Mal gutgehen würde. Mit dem Heizöl im Falle einer Krise! Daß die Kohlenverkäufer unkten, wie schnell der Ölquell versiegen könne, ist erklärlich. Unverständlich bleibt die Haltung der Kesselhersteller. Deren Reaktion auf jene Krise war nämlich die »Erfindung« des Kessels für zwei Brennstoffe.

Anfangs gab es nur Koks als Zentralheizungs-Brennstoff. Als Heizöl dazukam, wurden viele Kessel »umgestellt«. Auch neue Kessel wurden schon sehr bald »umstellbar« konstruiert. Oft bestand die Umstellbarkeit nur in einem abgedeckten Loch für den Ansatz des Brenners. Das hatte genügt und hätte auch weiter genügt. Aber »modern« wurde nach der Korea-Krise der Kessel mit zwei Feuerungen. Links eine für Heizöl, rechts für Koks. Oder umgekehrt!

Zehnter Fehler

Verkaufsargument war von Anfang an die »größere Sicherheit«. Im Falle einer Heizölknappheit ... Der Satz brauchte nicht zu Ende gesprochen zu werden. Er wirkte immer. Weil sich mit der Angst immer gute Geschäfte machen lassen.

Die Geschäfte waren gut. Der Feuerungskasten für feste Brennstoffe war für den Notfall ausgelegt. In einigen Fällen war der Rost, oder der Füllraum für den Koks nur konstruktiv angedeutet. Nichtsdestoweniger zahlte der Verbraucher dafür rund 800,– DM und mehr.

Es kam sehr bald zu technischen Komplikationen. Zunächst war es ja möglich, beide Feuerungen gleichzeitig zu betreiben. Ein paar neunmalkluge Kesselbauer hatten empfohlen, in der Feststoffeuerung auch Autoreifen, Rechnungen, ja den ganzen Müll von Haus und Hof zu verheizen. Vielen Verbrauchern brauchte das keiner zu raten.

Jeder »Heizkessel-Betreiber« sein eigener Müllverbrenner?

Allein wegen der Belastungsfähigkeit der Kessel, wegen der Gefahren, die ein hoffnungslos überheizter Kessel birgt, kam es zu Vorschriften, die das Doppelfeuer untersagten. Sicherheitsschalter an den Kesseln sollten fürderhin verhindern, daß der Ölbrenner weiterbrennt, wenn nur die Türe der zweiten Feuerung geöffnet würde. Zusätzliche Kosten also, die aber niemanden abspenstig machen konnten. Schließlich gab es die Suez-Krise und zwei-, dreimal Niedrigwasser am Rhein. Heizöl wurde jeweils für kurze Zeit teuerer, aber niemals eigentlich knapp. Ausgesprochen rar wurde eher der Koks. Auch wollte kaum einer der neuen Kesselbesitzer über das erste Jahr hinaus ein staubiges Kokshäuflein »für alle Fälle« im Keller haben. Man kann sagen, daß es für die »Krisenfeuerung« der Wechselbrandkessel, wie sie inzwischen klangvoll hießen, seit Anfang der 60er Jahre nirgendwo »Krisen-Brennstoff« gibt. Allein die Kessel werden heute noch gekauft. Die Kesselhersteller haben allerdings nicht mehr die gleiche Freude daran wie ehedem. In Richtlinien ihrer eigenen Verbände haben sie den Schnickschnack mit der zweiten Feuerung gehörig verteuert. Die bloße Andeutung eines Feuerloches, das obendrein zu nichts taugte, hat man sich selbst verboten. Seit Jahren muß der Feuerungsrost halten, was dem Verbraucher damit versprochen wird. Die Konstruktion wurde dadurch schwerer, aufwendiger. Weil aber die Angst der Kunden in all den Jahren nicht nennenswert gestiegen ist, wird für das Sicherheitsfeuerloch nicht mehr ausgegeben, wie vor gut 10 Jahren.

Recht so!

Ergebnis: Die Wechselbrandkessel machen den Herstellern heute mangels Erlös keine rechte Freude mehr.

Auch manchen Besitzern wurde der Spaß an der eigenen Sicherheit schon vergällt: In nicht gebrauchten Feststofffeuerungen frißt der Rost. Sie mußten reparieren lassen, was sie nie gebraucht hatten.

Vielleicht verführt diese Nachricht dazu, trotz Verbotes doch wieder ausgetretene Sandalen oder vergilbte Briefschaften zu verheizen. Mag sein, dann folgt der Ärger in Person des Kaminkehrers. Er wird bei seinen jährlichen Überprüfungen nachweisen, wie sehr die meßbaren Betriebsbedingungen der Ölfeuerungen unter diesen Klein-Müllverbrennungs-Aktionen leiden. Der Kaminkehrer wird Kraft seines Amtes für die Beseitigung der eingetretenen Mängel, d. h. für die entsprechenden Ausgaben sorgen. Was hat aber dann der Besitzer des krisensicheren Wechselbrandkessels von dieser technischen Errungenschaft?

Auch recht so! (Ausnahmsweise!)

Gegenfrage: Was will man denn von einer Fehlkonstruktion erwarten?

Allerdings hat ein Kesselhersteller, der sich gern zur Gruppe der führenden rechnet seine eigene Erkenntnis in einem Prospekt so formuliert:

„Mit Notlösungen ist niemand gedient!

Wechselbrandkessel und Umstellbrandkessel sind durchaus geeignet, wenn man einmal für kurze Zeit von Öl oder Gas auf feste Brennstoffe umstellen will. Aber sie sind in der Regel ungeeignet, wenn immer wieder feste Brennstoffe – und dies möglicherweise wochen- oder monatelang – verheizt werden müssen. Denn in den meisten Fällen ist ihr Füllschacht und ihr Aschenraum viel zu klein für einen Dauerbetrieb: Es müßte laufend Brennstoff aufgelegt werden. Und außerdem: Durch das Verfeuern fester, gasreicher Brennstoffe verrußen und verteeren die Heizflächen eines Kessels. Stellt man ihn dann wieder auf Öl um, so ist sein Wärmeübergang und sein Wirkungsgrad entsprechend beeinträchtigt. Dafür ist Heizöl inzwischen zu teuer und kostbar geworden.

Vorgetäuschte Einsichtigkeit

Außerdem können gerade beim Zünden des Brenners Verbrennungsrückstände aufgewirbelt werden und zur Störanfälligkeit des Brenners führen. Ein Heizkessel, der wahlweise feste, flüssige oder gasförmige Brennstoffe verfeuern soll, ist eben häufig ein technischer Kompromiß."

Diese Sätze könnten glauben lassen, es wäre da etwas ins Bewußtsein gedrungen, das vernünftigere Entwicklungen verspricht. Doch weit gefehlt! Die herzerfrischenden Geständnisse sind eine Käuferfalle bemerkenswerter Raffinesse. Schon im nächsten Absatz des gleichen

Prospektes, der für einen Kohlenkessel wirbt, heißt es: „Und die Fülltür ist kein Nadelöhr!
Was hilft es, wenn ein Heizkessel zwar Holz verbrennen kann, aber die Einfüllöffnung so klein bemessen ist, daß jedes zweite oder dritte Holzstück nicht oder nur nach einer Geduldsübung hineinpaßt? Holzhacken mag vielleicht für kurze Zeit ein gesunder Ausgleichssport sein. Als tägliche Voraussetzung für eine warme Wohnung wird es aber doch einigermaßen beschwerlich. Deshalb bekam der Kessel eine vernünftige Fülltür, durch die nicht nur ausgewachsene Holzstücke, sondern sogar große Kartonstücke passen. Schachteln und Verpackungsmaterial im eigenen Haus verbrennen zu können: Ist das nicht schon fast ein Wunschtraum für manchen Hausvater, der häufig genug nicht weiß, wie er das Zeug los werden soll? (Übrigens: Wir bieten ihm als Zubehör einen praktischen Kartonschneider)."

Was denken sich diese Verkäufer?!

Hier wird dem Käufer nicht nur angedeutet, er könne „große Kartons, Schachteln und Abfälle", was in der Umgangssprache nicht viel anders sein kann, als alles irgendwie Brennbare, mit dem man üblicherweise nicht weiß wohin, in dem fraglichen Kessel verheizen, nein, man liefert dem Käufer auch noch den Kartonschneider aus dem Zubehörprogramm . . .
Nun ist dies nicht die Erfüllung eines „Wunschtraumes für manchen Hausvater", sondern schlechthin Anstiftung zu verbotener Handlung. Durch eine Reihe von Gesetzen und Verordnungen ist es auf mehrfache Weise, unter anderem bei Androhung einer Strafe untersagt, in nicht dafür vorgesehenen und nicht genehmigten Anlagen Abfälle zu verbrennen. Der denkselbständige Hausvater begreift, daß es für die Nachbarschaft wenig Unterschied bedeutet, ob Rauch und Dreck aus einem brennenden Haufen im Garten quellen, oder aus dem Schornstein. Der auf Geschäfte versessene Kesselhersteller weiß das alles auch, aber er kümmert sich nicht darum. Schreibt stattdessen, er würde sich nicht daran hindern lassen, seine Kunden darauf aufmerk-

sam zu machen, wo sie gegebenenfalls Geld sparen könnten. – Frage: wo liegt die Ersparnis? – Woran ist gedacht? – Etwa an gesparte Müllabfuhrkosten? An nicht gezahlte Bußgelder, weil der Schutzmann, den zur Nachtzeit stinkenden Kamin nicht mit anzeigenrechtfertigender Sicherheit orten kann? Oder ist daran gedacht, daß der Hausvater vom Waldspaziergang einen Arm voll Reisig mitbringt?

Dazu müßte man dem Hausvater sagen, wenn er nicht eine uralte Heizungsanlage mit großem Wasserinhalt hat, bringt das prasselnde Holzfeuer das wenige Heizungswasser rasch zum Kochen. Das ist eine Gefahr, mindestens für die Anlage. Der Kesselhersteller weiß auch darüber Bescheid und schreibt wörtlich im Prospekt:

„Deshalb erhielt der Kessel eine Rohrschlange, wahlweise aus Kupfer oder Edelstahl, die an die Wasserleitung angeschlossen ist. Diese Rohrschlange ist mit einer thermischen Ablaufsicherung ausgerüstet: Kommt es im Kessel zu Übertemperatur, so öffnet sich dieses Ventil. Der Kessel wird dann durch das Wasser aus der Leitung gekühlt."

Auch das noch!

Fehlt noch ein erklärender Satz für den Hausvater: Das Kühlwasser kommt durch den Wasserzähler aus der Wasserleitung und läuft als warmes Wasser aus der Ablaufsicherung direkt in die Kanalisation.

Nach dem Stand des Wasserzählers werden die Wasserkosten und die Kanalgebühren ermittelt.

Wenn darauf jemand einzuwenden hätte, das wären wohl nur Pfennigbeträge, dem sei der Kesselpreis verraten: ca. 1600,– DM vor dem Haus abgestellt, plus ca. 800,– DM für den Anschluß einschließlich der Sicherheitsarmaturen. Der Kesselhersteller empfiehlt den Kessel als Zweitgerät neben den gas- oder ölbefeuerten zu stellen. Ein separater Kamin ist für den Kessel in diesem Fall außerdem vorgeschrieben. Wann und wodurch soll der Hausvater diese Kosten mit dem zweiten Kessel einsparen können? –

Das Bewußtsein der Hausväter für die Mitverantwortlichkeit des Umwelt-Zustandes, der Blick für ehrliche Vorschläge und das wieder aufkommende Gespür der Öffentlichkeit für kleinere und größere Gaunereien, die man einander nicht antun kann, wird den erträumten Umsatz mit diesem Kessel und mit ähnlichen Erzeugnissen mehr und mehr erschweren. Andernfalls wären Gedanken an die Zukunft hoffnungslos.

Im Kessel nichts Neues ...

Man kann und darf vom Kesselbau für Zentralheizungen nichts erwarten. Bis auf kleine Ansätze sind die Einfälle unserer Konstrukteure danebengegangen. Streicht man einmal die nutzlose zweite Feuerung, den fragwürdigen Boiler im Kessel, so bleibt ausnahmslos Technik des 19. Jahrhunderts. Eine Feuerbüchse und ein paar Rauchrohre, beides von Kesselwasser umspült! Innerhalb der Rauchrohre gibt es doch etwas Neues: Verdrillte Blechstreifen. Sie sollen die Rauchgase durcheinanderwirbeln zwecks besserer Wärmeabgabe an die kalten Rohre. Turbulatoren heißen sie hochtrabend in den Prospekten. Erwähnenswert macht sie nicht der Einfall, von dem sie herrühren, auch nicht der Neuheitswert, sondern die Beweiskraft, die ihnen eigen ist. Sie dokumentieren den Irrtum der Zentralheizungskessel-Hersteller wie nichts anderes.

... außer Windmacherei!

Ausnahmslos haben sie geglaubt Kesselleistungen seien nur zu erhöhen durch höhere Rauchgasgeschwindigkeiten. Wer mehr Wind macht im Kessel, holt mehr raus. Das ist richtig, nur gibt es ungleich wirksamere Mittel Heizflächen auszunützen als diese Windmacherei. Mancher kleine Techniker mag seinen „Sicherheiz" Kessel mit der überflüssigen zweiten Feuerung, als wahrgenommene Verkaufschance gegenüber einer unbelehrbaren Käuferschicht entschuldigen. Das sei ihm sogar abgenommen. Dafür aber, wie wenig er sich zusammen mit seiner Kollegenschaft bemüht hat, die Energiewandlung, die Energietechnik im Zentralheizungskessel zu beherrschen, wird es kaum Entschuldigungen geben.

Wie weit der Heizkesselbau heute sein könnte, beweist

die Geschichte eines Gerätes, das noch keiner der großen Kesselhersteller kennen will. Es ist das »außengeschweißte Innenrippenrohr« von Günter Fuchs. Für »Summa« hat Günter Fuchs vor rund 50 Jahren der Welt beste Koksfeuerung entwickelt. Als das Heizen mit Koks zu Ende ging, konstruierte er einen Heizkessel für Ölfeuerungen, der einen ähnlichen Ruhm verdient hätte, wie der legendäre Strebelkessel von 1893.

Der verkannte Außenschweißer ...

Vergleichbar ist mit Strebels Konstruktion die Neuheit der Idee. Strebel setzte den nietenden Kesselschmieden einen perfekten Serienguß vor. Günter Fuchs präsentiert den Stahlkesselherstellern, die nur gegossene oder genietete Vorbilder „nachempfinden" können, die erste echte Schweißkonstruktion eines Stahlkessels. Als die Patente der Strebelkessel ausgelaufen waren, hat man ein halbes Jahrhundert lang seine Erfindung nachgegossen. Wenn die Summa-Schutzrechte eines Tages frei sein werden, wird es keinen anderen Stahlheizkessel mehr geben. Bei Strebel und seinen Plagiaten war der Eisenguß perfekt, die Feuerungen, wie wir heute wissen, eher mangelhaft, die Wasserführung anfangs befriedigend, dann zunehmend problematisch. Beim Summakessel hingegen stimmt von Anfang an alles: der Feuerraum, der Wassermantel und eben das Innenrippenrohr. Er verkörpert eine Konstruktion von naturgesetzlicher Richtigkeit, wie es sie in der Technikgeschichte nicht oft gibt. Sein Kernstück, das von außen geschweißte Innenrippenrohr gehört zu den wenigen Dingen, die, obgleich »nur« von Menschen geschaffen, nicht anders sein können, ohne gleich wesentliche Vorzüge zu verlieren. Gemeint sind damit Gegenstände, wie ein Kranhaken, ein Propeller, eine Schiffsschraube, ein Nadelöhr.

... bleibt kein Außenseiter!

Das Erste ist richtig gemacht!

Diese Ansicht ist keine Schwärmerei, auch nicht Glaubenssache. Sie ergibt sich aus der Kenntnis der Physik des Wärmeübergangs. Aus dem täglichen Leben kennt auch diese Physik jeder. Ein Haartrockner bläst Luft von etwa 60 Grad aus. In der hohlen Hand fühlt sich dieser Luftstrom »warm« an. Für die gleiche Hand wirkt auf die gleiche Dauer 60grädiges Wasser schon schmerzhaft heiß. Oder, vor das Fenster in 10grädige Luft gestellt, kühlt ein Topf voll dampfender Suppe ab. In einen Bottich mit 10grädigem Wasser gehängt, tut er das um etliches schneller. Daraus läßt sich ableiten: der Wärmeübergang zwischen Gasen und festen Körpern ist schlechter, als zwischen Flüssigkeiten und festen Körpern.

Wenn diese Formulierung auch nicht für eine Bauanleitung ausreicht, macht sie dennoch klar, daß die Heizfläche eines Heizkessels diesem Unterschied gerecht werden muß. Kesselblech, das auf der einen Seite von Wasser umspült wird, über dessen andere Seite heiße Rauchgase strömen, kann immer nur auf einer der beiden die richtige Größe haben. Ein Ausgleich läßt sich herbeiführen durch Vergrößerung der trockenen Fläche, wie z. B. durch aufgesetzte Rippen. Als Kühlrippen oder Heizrippen ist die Technik der Oberflächenvergrößerung bestens bekannt.

Nur nicht im Kesselbau. Dort gab es sie nicht. Einzige Ausnahme bildete ein Gußkessel aus Amerika. In horizontalen Gliedern führte er das Heizwasser innerhalb von Rohren und konnte sich folglich auf diesen Rohren außen Rippen leisten. Heizkessel, insbesondere Stahlkessel hergebrachter Nachbauart, haben vielfach Rohre eingebaut, in deren Innerem die Gase strömen, die außen von Wasser umgeben sind. Um hier die trockene Heizfläche vergrößern zu können, wären im Rohrinnern Längsrippen nötig. Diese Rippen müßten mit dem Rohr innig verbunden sein, in regelmäßigen Abständen geradezu aus der Rohrwandung nach innen wachsen. Die Höhe der Rippen müßte sich nach dem Temperaturverlauf richten, ihr Abstand voneinander nach der Materialdicke und der Gasmenge und nach einigem anderen mehr. Keine leichte Aufgabe?

Die Lösung sieht kinderleicht aus, geradezu selbstverständlich. Mit ihr erfüllen sich alle Forderungen wie von selbst.

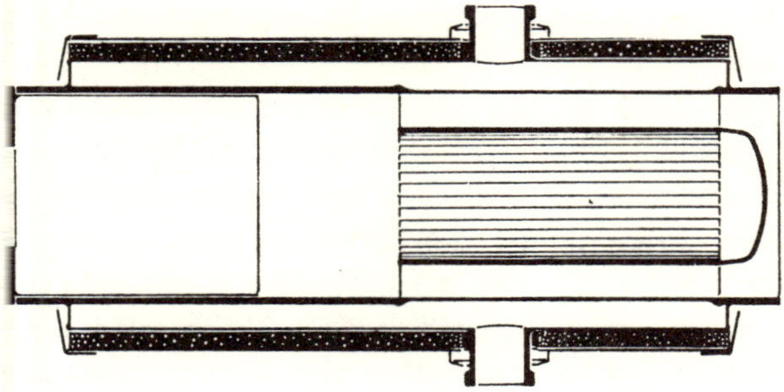

B_1-Kessel im Längsschnitt Maßstab 1 : 10

Wissenswerte Zahlen

So holt ein Innenrippenrohr von 21 cm Durchmesser und 32 cm Länge mit 36 Innenrippen 20000kcal/h aus den heißen Gasen einer entsprechenden Heizölflamme. Auf einem kerzengeraden Weg dieser »Kürze« kühlen sich die Rauchgase von einer Anfangstemperatur um 1500 ° C ab auf knapp 250 ° C. Das Innenrippenrohr gleicht den unterschiedlichen Wärmeübergang zwischen der trockenen und der nassen Seite vollkommen aus. Das Verhältnis der trockenen zur nassen Heizfläche ist für die betreffenden Gas- und Wassertemperaturen genau richtig. Dieses Innenrippenrohr verkörpert das Naturgesetz des Wärmeüberganges dieser Art. Eine noch bessere Lösung der Aufgabe gibt es nicht. Aus diesem Grund kann Summa damit Kessel bauen, die kleiner, leichter, besser sind, als alles, was vorher bekannt war.

Naturgesetzlich richtig: besser geht's nicht

Ein Heizkessel von 20000 kcal/h, ausreichend für ein mittleres Einfamilienhaus, ein kleineres Zweifamilienhaus, hat einschließlich Isolation 32 cm Durchmesser, ist 75 cm lang, wiegt ca. 50 kg.

Kessel hergebrachter Bauart sind dagegen vom Volumen her 4 bis 5mal so groß, 3 bis 5mal so schwer.

Allein den kleinstmöglichen Kessel erfunden zu haben, ist für Günter Fuchs noch nicht alles. Weil hier das Allererste richtig gemacht ist, folgt vieles ganz von selbst. Der Kessel ist korrosionsfest von Natur aus. Er hat weder kalte Ecken noch tote Winkel, in denen irgendetwas aus den Rauchgasen kondensieren könnte. Ohne all den Mischerkult kann dieser Kessel bis herunter zu Wasser-

Nur der kleinste zu sein, wäre zu wenig

Alle namhaften Hersteller fabrizieren heute ihre Kessel in Anlehnung an eines der erloschenen Fuchs-Patente. Sie nennen sie: Niedertemperaturkessel, weil das für Heizkessel so geistreich ist. Der erste Nachahmer behauptet: Bei mir stand die Wiege der Niedertemperatur-Kessel. Günter Fuchs starb 1985

leitungstemperatur ohne Schwitzwasserschäden betrieben werden.

Der Kessel ist ein Hohlzylinder, nach innen und außen druckfest. Sein Prüfdruck ist 20 atü. Bei herkömmlichen Kesseln endet kraft Hersteller-Verbandsrichtlinien, also laut Übereinkunft, der Prüfdruck beim eineinhalbfachen Betriebsdruck, aber höchstens bei 4 atü. Das genügt bei weitem, wird der Verbandsvorstand entgegnen, wohlwissend, daß kaum eine der Verbandskonstruktionen höheren Drücken standhalten würde. Der vorbildliche Summakessel dagegen hält den Druck aus. Mit sage und schreibe 2 bzw. 3 mm Wandstärke. Weil das Erste stimmt!

Gleichviel sitzt Summa auf den Patenten, wartet seit Jahren auf einen Lizenznehmer. Das Werk in Schwarzenbach ist ein Entwicklungsbetrieb, keine Kesselfabrik; will auch keine werden. Einheiten bis 125 000 kcal/h werden in kleinen Serien aufgelegt. Für den Bedarf kleiner Geschäftspartner! Verbindungen zu den großen deutschen Kesselkonzernen wurden vor Jahr und Tag aufgenommen. Die Konzerne haben geprüft und bestätigt, daß Summakessel nur ein Fünftel des Durchschnittskessels wiegen, weniger als ein Viertel durchschnittlicher Herstellungszeiten erfordern. Der TÜV hat alle Leistungsdaten geprüft und für richtig befunden. Marktforscher haben festgestellt, daß der Kessel mit überdurchschnittlichem Gewinn, aber immer noch billiger als alle anderen verkauft werden könnte. Gewiegte Techniker haben prophezeit, daß man für diese Kessel ohne nennenswertes Risiko 10 Jahre und länger »Garantie« leisten könnte.

Das unglaubliche »Aber«!

Wo ist derjenige, der das große Geschäft damit macht? Es gibt ihn nicht. Also hat die Sache doch einen Fehler? – Nicht nur einen!

Die überragenden Vorteile des Kessels gelten alle als Fehler:

Er hat nur ein Fünftel des üblichen Stahlbedarfes nötig. Das ist schon ein Fehler. Dazu meinte ein Konzern: ... ist mit Einbußen zu rechnen, die das Geschäft mit dem Kes-

sel zumindest anfangs nicht aufwiegen kann. Mit Rücksicht auf die konzerneigenen Stahlwerke müssen wir daher Abstand nehmen . . . oder so!
Der Summakessel hat nur ein Viertel der Größe hergebrachter Kessel. Auch das ist ein Fehler. Dazu fürchtet ein Verkaufsmanager: Unsere Kessel werden seit 20 Jahren von Kranwagen durch »Montage-Öffnungen« der Kellermauern gehievt. Diesen neuen Kessel würde ein Mann auf der Schulter über die Kellertreppe »einbringen«. Wie sollten wir gegenüber der Kundschaft unsere 20jährige »Tradition« rechtfertigen? – In der Tat eine schwierige Frage.
Nicht minder problematisch die Entbehrlichkeit der Mischer. Hier geht es um Kontrakte mit Zulieferern, um Sonderanfertigungen, eigene, mit Herzblut verteidigte Entwicklungen. Ein Kessel, der keine Mischer braucht ist unmöglich.

So ist das nun einmal!

Und gar die Haltbarkeit. Das ist ein Witz wie mit Autos, die nicht rosten sollen oder mit Autoreifen, die über 300 000 km das Profil halten! Wer ist an „Lebensdauer" dieser Dinge ernsthaft interessiert? –
Wir alle müssen es sein. Verschleiß um seiner selbst willen ist Verrat an kommenden Generationen. Auch, wenn Kesselschrott, wie Autoschrott, wieder „verhüttet" zu neuem Stahlblech werden kann. Der Prozeß verschlingt vorrätige Energie, läuft nicht ohne Substanzverluste ab und gefährdet die Umwelt. Das wiegt schwerer als unnützer Umsatz oder Profit. Möchte man meinen!
Der Weg zurück jedoch scheint schwer zu sein für eine Industrie, die, aus welchen Gründen auch immer, seit mindestens zwei Jahrzehnten ihre Techniken in der falschen Richtung »weiter entwickelt«.
Genau das haben die Kesselkonstrukteure getan. Um Kesselleistungen zu steigern, um grammweise Kesselblech einzusparen, haben sie alle der Reihe nach die Rauchgasgeschwindigkeiten in Heizkesseln erhöht, die Durchwirbelung verstärkt. Das heißt, der Weg der Rauchgase durch die Kessel wurde immer enger verwinkelt,

mm WS = Maßeinheit des Strömungswiderstandes!

Dreißig zu Nullkommaeins, das ist ein Dreihundertstel!

verschachtelt, forderte naturgemäß immer mehr Energie. Die Rauchgaswiderstände sind von Serie zu Serie gestiegen. Hatte ehedem ein kleiner Kokskessel 0,5 mm WS nötig, so braucht ein moderner »Hochleistungskessel« schon 5–12 mm WS. Der Küchenkessel des größten deutschen Kesselherstellers hielt unter vergleichbaren Baureihen die Spitze mit knapp 30 mm WS. Als Maßstab bietet sich der Summakessel an. Der Rauchgaswiderstand eines Typs gleicher Leistung beträgt 0,1 mm WS.

Das Anwachsen der Kesselwiderstände ist nicht nur ein untrügliches Anzeichen für das Nachlassen des Könnens der jeweiligen Konstrukteure. Im Laufe der Jahre wurde daraus ein Kostenfaktor der Ölbrennerfabrikation, ebenso des Ölbrennerbetriebes und indirekt eine Ursache vermeidbarer Luftverunreinigung.
Das kommt so. Ein kalter Kamin zieht gar nicht, ein warmer Allerweltskamin höchstens mit 1,5 bis 2 mm WS. Den hohen Gaswiderstand dürftiger Kessel muß also der Ölbrenner überwinden. Weil Ölbrenner möglichst für alle Heizkessel geeignet sein sollen und weil die am häufigsten vorkommenden Heizkessel sehr hohe Widerstände haben, mußten Ölbrenner für immer höhere Gaswiderstände konstruiert werden. Bis etwa 1960 drehten Ölbrennermotoren mit 1400 Umdrehungen pro Minute. Heute geht es nicht unter 2800 U/min. Die Brennergebläse sind stärker, lauter geworden, brauchen mehr Energie. Das Mehr ist sonst kaum zu etwas nütze. Im Gegenteil, der hohe Gebläsedruck bringt hinten und vorn Probleme. Besonders große, wenn der Druck im Kessel nicht gebraucht wird. Dann gibt es schlechten Wirkungsgrad, abreißende, instabile, lärmende Flammen oder unerträglichen Ruß. Derart haben sich die Brennerleute auf den Holzweg schicken lassen. Von Kesselkonstrukteuren, die ihr Handwerk schlecht verstehen. Die Bewältigung des »Widerstandsproblemes« hat die Brennerleute durch Jahre so sehr beschäftigt, daß sie für echte Verbesserungen gar keine Zeit hatten. Ansätze hat

Der Aufwand lohnt sich nimmer

es gegeben, jedoch dabei ist es auch geblieben. Ein viel versprechender Brenner mit einer neuartigen Mischkammer, in der effektiv rückstandsfreie Verbrennung möglich war, ist gescheitert: am Anfahrwiderstand des bekanntesten Stahlkessels.

Brenner bei denen das Allererste schon richtig gemacht ist, hätten uns Gesetze erspart, die Kaminkehrer zu Aufpassern machen, hätten uns reine Luft beschert oder erhalten; ganz wie man will.

Es fehlt am Unternehmergeist

Die landläufige Gepflogenheit unserer traditionsbeladenen Heizungsindustrie, die schlechten Auswirkungen des letzten Fehlers durch einen neuen zu mildern, hat uns weit weg geführt vom eigentlichen Ziel, einer auf das Wohl, die Gesundheit des Menschen abgestimmte, seinen tatsächlichen Bedürfnissen dienende Heiztechnik. Noch hätte ein Kesselhersteller mit oder ohne Konzern im Rücken die Chance einer Revolte. Noch könnte er mit Anstand und Abstand erster werden. Doch es bleibt zu fürchten, daß der erforderliche Unternehmungsgeist ausbleibt. Schließlich werden Unternehmer in des Wortes Sinn immer seltener. Jedenfalls solche, die den Mut haben, wenn es Not tut, auch gegen den Strom zu schwimmen.

Durchschnittlicher Manager-Mut reicht dazu nicht aus. Management kämpft um Marktanteile, wo schon welche vorhanden sind. Macht aus einem großen Geschäft ein noch größeres, am liebsten das Größte. Manager taktieren, fusionieren. Wo sie nicht die glücklichere Hand, die besseren Mittel finden, demissionieren sie; managen einzeln oder auch als Team den eigenen Rücktritt.

Manager erscheinen (werden mitunter gerufen) wo Piongeist schwindet. Fakten sind ihr Metier, wie man sie sagen hört, und Zahlen, aber nur solange es um schwarze geht. Allein die Vorstellung roter Zahlen kann panische Angst auslösen. Risiko ist jedem Management von innen heraus zuwider. Eine bewußte, oder schon aus dem Unterbewußtsein quellende Vorliebe für – selbstverständlich nie nachweisbare – Unterlassungen ist der Grund

Mit risikofeindlichem Management ist nichts zu wollen

für passive Lizenzbilanzen in Deutschland, für den beklagenswerten Stand neuerer Technologie. Das schiefgegangene Projekt kostet die Stellung, das abgelehnte verschwindet in der Versenkung, kein Hahn kräht danach. So die Konkurrenz aus einer von tausend zu Fall gebrachten Sachen etwas macht, heißt es treffend »reden wir nicht darüber«. Das kostet niemandes Amt oder Würde. Schließlich bleibt ja noch immer die Möglichkeit »nachzuziehen«.

Guß für Gas, nur blühender Nachbau?

Auch dafür gibt es ein Beispiel. Es heißt Gußkessel für Gasfeuerungen. So man der Firmenchronik trauen darf, wanderte in den 30er Jahren ein Berliner namens Bayer ins Land der unbegrenzten Möglichkeiten aus und fand dort die Konstruktionsidee eines gußeisernen Gliederkessels. Daraufhin, so heißt es, hängte er den Wanderstab an den Nagel und machte aus dem Kessel Geld. Nicht wenig, wie es den Anschein hat. Um 1960 schickte er den Kessel nach Deutschland und hatte damit Erfolg. Erst mühsam, dann immer besser! Heute ist sein Kessel, so heißt es, der meistgekaufte gußeiserne gasbefeuerte Heizkessel. Es gibt inzwischen mindestens zehn Kessel, die ihm äußerlich gleichen, einen der ihm sogar äußerlich und innerlich bis ins letzte Detail gleicht, aber es gibt keinen gußeisernen Gaskessel mehr, an dem nicht in irgendeiner Weise die besondere Form seiner Heizfläche wenigstens andeutungsweise nachgemacht wäre. Die Gußgaskesselhersteller haben nachgezogen.

Darum steht seine Werbung Kopf

Kurioserweise hat der Amerikaner aus Berlin immer noch keine Ahnung, warum sein Kessel so brauchbar ist. Beweis: wüßte er über die Technik Bescheid, brächte er das Wissen unter die Leute. In seinen Prospekten würde er schreiben was los ist, anstatt die Texter darüber faseln zu lassen, daß der Kessel irgendetwas auf den Kopf stelle. Er gibt 25 Jahre Garantie auf den Gußblock und kann sich das leisten. Aber nicht, weil er aus »Spezialgußeisen« fertigt, auch nicht weil die Kesselglieder horizontal liegen. Der aufmerksame Leser wüßte auf Anhieb den tatsächlichen Vorteil dieser technischen Lösung zu nennen, wenn er eines dieser Kesselglieder vor sich hätte: Durch die Form der Kesselglieder wird der Wasserstrom im Kessel in mehrere Teilströme zerlegt. Das Wasser fließt durch gegossene Rohre, so könnte man sagen. Außen, also auf der Gasseite sind diesen Rohren Rippen angegossen. Damit wird der an sich schlechtere Wärmeübergang auf der Gasseite verbessert, dem guten auf der Wasserseite angeglichen. Die »trockene« Heizfläche ist vergrößert, der wirksameren »nassen« dadurch angepaßt. So einfach läßt sich das mystifizierte Prinzip des Vorreiter-Kessels physikalisch erklären.

Wärme aus den Rippen

Weil Gußeisen außerdem noch ein verhältnismäßig schlechter Wärmeleiter ist, »schwitzt« dieser Kessel nicht beim Start mit noch kaltem Kesselwasser und braucht auch keinerlei Mischer, um länger zu »leben«. Die heißen Verbrennungsgase erwärmen zuerst die vorstehenden Rippen. Aus den Rippen wird die Wärme in Richtung Kesselwasser geleitet. Für diese Wärmeleitung aus jeder Rippe steht nur die Querschnittsfläche des Rippenansatzes zur Verfügung. Deshalb werden diese Rippen viel heißer als das wasserführende Gußrohr auf dem sie sitzen. Deswegen kann an diesen heißen Rippen nichts aus den Rauchgasen kondensieren. Die heißeren Gußrippen erklären aber auch, wieso dieser Kessel nachheizt, wenn die Flamme schon abgeschaltet hat. Die in den Gußrippen gespeicherte Wärme drängt solange in Richtung Kesselwasser nach, bis die Temperaturen ausgeglichen sind.

Wärme in den Rippen

Jene unverbesserlichen Mischer-Anhänger, die »ideal berippte« Kessel immer wieder mit Mischern ausrüsten, begreifen aus diesen Zusammenhängen vielleicht, warum solche Kessel keine Mischer »vertragen«. Die aus den Rippen kommende Nachheizwärme muß durch strömendes Kesselwasser abgeleitet werden können. Bei einer Unterbrechung des Wasserstromes im Kessel durch einen schließenden Mischer erhitzt sich das wenige, im Kessel stehende Wasser trotz gleichzeitig abgeschalteter Flamme noch so sehr, daß es kocht, teilweise aus-

Im Heizkessel kann das Wasser kochen

dampft. Das gibt die gefürchteten Schläge kondensierender Dampfblasen, die sich anhören, als schlüge jemand wild mit einem Schlägel auf den Kessel ein. Kesselgießer verstehen andererseits, wieso zaghaft angesetzte Ripplein mit viel zu weiten Abständen zwar besseren Wärmeübergang liefern, aber noch lange keinen schwitzwasserfreien Heizkessel abgeben. Dazu gehört der vollkommene Ausgleich zwischen der trockenen und der nassen Heizfläche. Kunden die danach fragen, zeigen, daß sie wissen worauf es ankommt. Kesselhersteller können durch Angabe dieser »technischen Daten« beweisen, daß der Groschen gefallen ist.

Fehler darf kein Ausschuß auch noch normen!

Wann die Verbände der Gußkessel- und Stahlkesselhersteller den Anschluß finden werden, ist offen. Stets beraten sie über neue DIN-Normen. Abmessungen der Feuerräume, Wandstärken; Ecken und Winkel sollen festgelegt werden. Der Irrtum, der zu umgelenkten Zügen, konischen Rauchgasrohren, Turbulatoren und zu all diesen aufwendigen Umständlichkeiten geführt hat, soll allgemein verbindlich werden. Der verschwenderische Verbrauch von Stahlblech in korrosionsanfälligen Monsterkesseln muß genormt werden. Kessel außerhalb der Norm erhalten keine »Bauartzulassung«. Kessel ohne Bauartzulassung dürfen nicht verkauft werden. So jedenfalls läuft derzeit noch die Einstellung der Funktionäre. Verzicht auf Fortschritt, lt. Verbandsbeschluß, kraft Normenausschuß! DIN heißt: Das ist Norm. Aber so war die Sache von den Erfindern der Norm sicher nicht gedacht.

Was ist Norm?

Sinnvolle Normen verhindern unnötige Vielfalt. Gewinde-Normen machen Schrauben und Muttern sympathisch. Genormte Rohrdurchmesser ermöglichen austauschbare Leitungen. Viele gute Beispiele wären da noch aus dem Bereich elementarer Konstruktionsteile anzuführen.

Je komplizierter ein Gegenstand ist, desto fragwürdiger ist der Wert einer Norm, denn die Norm legt fest. Veränderungen sind damit ausdrücklich unterbunden.

Dies schließt die Möglichkeit aus, technische Lösungen

zu normen, deren Entwicklungs- oder Reife-Prozeß nicht deutlich erkennbar abgeschlossen ist. So gesehen, ist Norm der dokumentierte Verzicht auf jede weitere Änderung

Das »Anpassen« einer Norm an »geänderte Verhältnisse« richtet sich gegen die Idee der Norm. Wo das nötig ist, wurde zu früh oder überhaupt falsch genormt. Leider geschieht das häufiger als schlechthin angenommen wird. Weil Normen nach dem Recht der Wirtschaftspraxis als »anerkannte Regeln der Technik« gelten, die einzuhalten jeder Hersteller oder Verarbeiter verpflichtet ist, können geschickt formulierte Normen zu einer Art Ersatzpatent werden. Nur allzu leicht läßt sich damit unerwünschter Wettbewerb aus dem Weg schaffen. Die Industrie hat anstelle einer natürlichen Scheu vor der eigentlichen Endgültigkeit jeder Norm, eher eine Vorliebe dafür entwickelt. Die angebliche Schutzwirkung für den Verbraucher müßte in vielen Fällen erst noch bewiesen werden.

Ist Norm eine Art »Ersatzpatent«?

Leider Ja! Es wird um Marktanteile gerangelt. Verbraucher-Interessen bleiben auf der Strecke.

Die Problematik aller Norm unterscheidet sich in dieser Hinsicht nicht von der einer »Bauartzulassung«. Welche Fehler dabei unterlaufen können, soll ein Beispiel aus dem Fach »Sicherheit für Gasfeuerungen« zeigen.

Bauartzulassung nur vorgetäuschte Sicherheit?

Zum Schutz des Verbrauchers sind an Zentralheizungskesseln, die mit Feuerungen für flüssige oder gasförmige Brennstoffe betrieben werden – sprich an heizöl- oder gasbefeuerten Heizkesseln –, Sicherheitsthermostate vorgeschrieben, die bei Erreichen der höchstzulässigen Betriebstemperatur selbsttätig die Feuerung abschalten. Neuerdings dürfen diese Thermostaten nicht, wie bisher, nach Absinken der Auslösetemperatur wieder selbsttätig einschalten. Erst nach Lösen einer Entriegelung darf die Stromzufuhr für neuerlichen Start wieder frei sein. Grund: bei »Sicherheitsabschaltungen« nimmt man einen Fehler an. Diesen soll ein Fachmann beseitigen. Erst dann ist ein Betriebsversuch wieder sinnvoll. Natürlich klingt das plausibel. Ähnliche Gedanken haben zur Absicherung elektrischer Leitungen aller Art geführt. Auch hier lautet die Empfehlung für den Fall durchgebrannter Sicherungen: Fachmann holen, Fehler beseitigen lassen, dann erst Sicherung wieder einschrauben. – Hat das schon jemals jemand getan? – Doch darum geht es nicht. Es geht um Gasheizkessel-Sicherheit. Außer den Sicherheitsthermostaten müssen Heizkessel Sicherheitsventile haben. Steigt der Kesselwasserdruck auf 2,5 atü, so öffnen diese Ventile und lassen Wasser ab. Sicherheitsventile gewährleisten, daß Heizungsanlagen nicht infolge Überdruckes bersten können. Aus anderen Gründen verlangt der »Deutsche Verein der Gas- und Wasserfachmänner« (DVGW) baumustergeprüfte Zündsicherungen. Das heißt, bei Heizkesseln darf die Gaszufuhr zum Brenner nur freigegeben werden, wenn gewährleistet ist, daß die Zündflamme brennt. Bei Erlöschen der Gasflamme muß sich die Gaszuleitung selbsttätig absperren.

Kesselthermostat + Sicherheitsthermostat + autom. Verriegelung + Sicherheitsventil = Null!

Baumustergeprüft, versteht sich!

Mit Thermoelementen und Magnetventilen ist das zu bewerkstelligen.

Nach Vorschrift ist also dafür gesorgt, daß die Gaszufuhr endet, wenn die Flamme erlischt, wenn die Zündung gefährdet ist oder auch, wenn der Wärmetransport im Kessel aus irgend welchen Gründen nicht funktioniert. Die Vorschrift ist nur eine Absicht. Das gestellte Ziel erreichen alle Baumusterprüfungen und DVGW-Nummern nur unzureichend.

Ein O-Ring ist an vielem schuld!

Im Gasmagnetventil des größten Herstellers dieser »Sicherheits-Armaturen« ist unter anderem zur Abdichtung der Führung des Ventiltellers ein sog. O-Ring eingebaut. Unter unglücklichen Umständen sind einige dieser O-Ringe klebrig geworden und haben das Ventilteller festgehalten. Unter furchtbar unglücklichen Umständen haben sie das bei geöffneter Ventil-Stellung getan. –

Ein Fachmann kann sich die Folgen möglicherweise ausdenken. Dem Laien sei angedeutet: Der Brenner brennt, und brennt und brennt ...

Über alle Thermostat- und Sicherheitsthermostat-Abschaltungen hinweg wird die Anlage aufgeheizt. Durch Dampfentwicklung wird der höchstzulässige Betriebsdruck erreicht. Das Wasser der Heizungsanlage verläßt nach und nach durch das Sicherheitsventil als Dampf die Heizungsanlage. Ist aller Dampf entwichen, erlischt der Brenner immer noch nicht. Dadurch glüht allmählich der Kesselblock. Isolationen und Elektrokabel verschmoren. Die Kesselverkleidung wird warm, dann wärmer, schließlich glüht sie ...

»Baumuster-geprüft« ist auch kein Patentersatz!

Sofern kein Mensch dazu kommt, der den Gashahn schließt könnte die Gasflamme noch brennen, wenn das Haus bereits in Asche liegt.

In einem von zwei konkreten Fällen kam die Hausbesitzerin während der Phase »Dampf aus dem Sicherheitsventil« vom Stadtbummel zurück. Sie drehte den Gashahn ab. Im anderen Fall waren Schulferien und die Schreibtischarbeit eines Lehrers wurde zur Rettung. Morgens um 9 Uhr war im ganzen Haus derart stark geheizt, daß er sich entschloß, nach der Heizung zu sehen. Er drehte den Gashahn ab. Ohne Ferien wäre er gegen 18 Uhr abends zurückgekommen. Sein Haus wäre heute wohl schon wieder aufgebaut.

Diese Beispiele zeigen den effektiven Wert der einschlägigen Vorschriften. Auch die Problematik der Baumusterprüfungen wird deutlich. Was nützt es, an fabrikneuen Mustern zu »prüfen«, ob die Idee eines Herstellers tatsächlich realisiert ist. Welchen Wert hat es – außer kommerziellem – Geräte vorzuschreiben, die doch immer wieder verhängnisvolle Fehler haben können, weil sie von Menschen produziert werden, die auch kleine Fehler haben?

Wer schützt uns vor diesen Vorschriften?

Vielleicht ist im Falle Gasmagnetventil der gefährliche Punkt auch nur übersehen worden. Eine sehr einfache Lösung wäre dann wohl, die Auswirkungen dieser Nachlässigkeit durch ein federbelastetes Gasabsperrventil mit Schmelzstab-Sicherung zu mildern. Ähnlich wie in Kaufhäusern, wo es im Brandfall aus tausend Düsen zu regnen beginnt, könnte bei Gasheizungen der Gashahn zuschnappen. Unter Umständen könnte man auch den gefährlichen O-Ring vermeiden, wenn der Hersteller-Konzern dafür nicht schon zu groß geraten ist. Einerlei; die Vorschriften werden bestimmt bald geändert, »der technischen Entwicklung angepaßt«.

Wer schützt uns alle davor, daß nicht wieder unzulängliches aufgenommen wird? Kann es nicht auch sein, daß »vorschriftsmäßige« Erzeugnisse nur deshalb nicht mehr besser werden, weil sie ja der Vorschrift genügen? Durch Prüfzeichen besiegelt, Entwicklung abgeschlossen, Geschäft läuft – ist diese Gedankenkette unmöglich? Vorschriften müssen zeigen, daß die Vorschreiber mehr denken als lenken.

Vorschriften mit Vorwort

Eine nützliche Maßnahme wäre es, in alle Arten von Richtlinien und Vorschriften ein Vorwort aufzunehmen, das in schlichten Worten die Absicht der Regelung preisgeben muß, mit zwei, drei Sätzen verbindlich verraten muß, warum die Vorschrift gebraucht wird, was sie künftig sicherstellen soll. Das wäre vorab eine wirksame Selbstkontrolle der »Ausschüsse«. Allein die Schwierigkeit, sich auf dieses Vorwort zu einigen, würde manches Ausschußmitglied lehren, radikal, d. h. von der »Wurzel« ausgehend, zu denken.

Die Verwaltung (Behörden, Ämter) war einst bereit, Entscheidungen »auf der Rechtslinie« zu verantworten. Heute wird »buchstabengetreu« entschieden. Das entbindet von der Verantwortung

Gleichzeitig wäre eine der Wahrheit entsprechende Absichtserklärung ein wertvoller Hinweis zur richtigen Anwendung.

Dafür noch ein Beispiel. In einer Vorschrift über Lufterhitzer steht der Satz: 5.5, Rauchrohre müssen aus mindestens 3 mm dickem Stahlblech bestehen.

Warum wohl? – Etwa, weil sie längere Zeit brauchen um durchzurosten als Rohre aus dünnerem Blech? – Nichtrostender Chromstahl würde mit nur 0,5 mm Dicke zehnmal solange halten; auch verbleites Blech, mit 1 mm Dicke.

Oder soll diese Materialdicke Verpuffungen im Rauchrohr standhalten? – Dann müßte man entgegnen, daß dickes Material infolge der Granatenwirkung nur das Ausmaß etwaiger Schäden erhöht.

Was soll dieser Satz also? – Irgendeinem Aufseher, einem Kaminkehrer, einem Brandversicherungskammer-Inspektor, einem TÜ-Vereinsmitglied die Möglichkeit verschaffen, »einzuschreiten«, seine Herrschsucht auszutoben?

Das würde die »Begründung« gerade vermeiden helfen

Noch ein Beispiel. Jene fehlkonstruierten Kessel mit den hohen Rauchgaswiderständen, auch »Überdruckkessel« genannt, blasen die Rauchgase ganz ordentlich in den Schornstein. Ein üblicherweise stumpf, also im rechten Winkel in den Schornstein mündendes Rauchrohr führt naturgemäß zusätzlich zu erheblichem Strömungswiderstand für die Rauchgase. Zur Milderung dieses Fehlers soll demnächst in einer »überarbeiteten« Richtlinie stehen: »Abgasrohre haben unter einem Winkel von 45° in den Schornstein zu münden«.

Müßte die Absicht dieser Forderung vorher beschrieben werden, ergäbe sich eine Einschränkung auf die falsch gebauten Kessel. Dadurch würde sich allmählich die Einsicht Platz machen, wie sinnvoll es doch wäre, Fehlerketten nicht auch noch durch unsinnige Vorschriften zu verlängern.

Es gibt Fälle, in denen dank neuerer Einsichten alte, fast vergessene technische Lösungen wieder aufgegriffen werden und unglaubliche Erfolge haben. Das geht aber nur, wenn nicht Vorschriften diesen Rückgriff verbieten. Zwischen den Weltkriegen konnte man gußeiserne Gliederkessel für koksbefeuerte Zentralheizungen noch nicht in großen Leistungsbereichen ausführen. Heizzentralen mit Leistungen von 1–3 Gcal/h wurden deshalb nicht mit je einem bis drei riesengroßen Kesseln ausgerüstet, sondern mit zehn bis dreißig kleinen. Die Dinger standen in Reih und Glied. Der Heizer mußte einzeln füllen, schüren, entschlacken, regeln usw. An kalten Tagen herrschte vor den Feuerungstüren ein Betrieb, wie in Chaplins Filmen.

1 Gcal/h = 1 Gigakalorie je Stunde = 1 000 000 kcal/h (reicht für die Heizung von 100—200 Wohnungen)

Nach dem zweiten Weltkrieg hat man Erzählungen alter Heizer über diese durch Großkessel überholten Reihenkesselanlagen nur mehr milde belächelt. Fernheizzentralen mit Riesenkesseln waren in Mode gekommen. Flammrohrkessel, Dreizugkessel, Röhrenkessel, Rückstromkessel, Bensonkessel, alles, was es Jahrzehnte vorher schon einmal mit Wanderrost-, Unterschub-, Drehrost- oder Wurfbeschicker-Feuerungen gegeben hatte, wurde nun ausgelegt mit Rotations-Zerstäuber-, Hochdruck-Zerstäuber-, Dampfzerstäuber- oder Emulsions-Zerstäuber-Brennern für Heizöl, und natürlich auch für Gas.

1965 brandneu: Lösung der 30er Jahre!

Als es längst Empfehlungen gab »für die optimale Aufteilung der Kesselleistungen für Heizzentralen«, kam der Hersteller der schon erwähnten Gußkessel mit den berippten Horizontal-Gliedern mit Reihenkessel-Anlagen wieder auf den Markt.

Von den arivierten Großkesselverfechtern ausgelacht, versteht sich, machte er den Vorschlag, z. B. für eine Kesselzentrale von 2,25 Gcal stündlicher Leistung vierzig kleine gasbefeuerte Kessel aufzustellen. Und, man staune nicht, er machte auch das Rennen um manchen Auftrag dieser Art.

Gleich zu Beginn stand, wie sollte es anders sein, eine alte Vorschrift im Wege. Wieder einmal gab es irgendwo einen Satz ohne Begründung. Demzufolge müßte jeder Zentralheizungskessel seinen eigenen Kamin haben. Daran hätte die Idee scheitern können. Doch es gab großzügige Dispensen.

Die Geschichte wäre nicht erwähnenswert, wenn die vierzig Kessel nur billiger gewesen wären als drei große, wenn sie nur billigere Räumlichkeiten erfordert hätten. Die Heizzentrale aus ein paar Dutzend Heizzellen zusammengestellt lehrt, daß für automatische Gasbrenner eben anderes gilt, als für handbeschickte Koksfeuerungen. Noch wichtiger aber war eine neue Erfahrung.

Das war neu am Alten

Die vielzellige Heizzentrale erwies sich als außergewöhnlich anpassungsfähig. Weil die Kessel einzeln zu- oder abgeschaltet werden konnten, war es möglich, die Leistung in kleinsten Schritten dem jeweiligen, augen-

blicklichen Bedarf anzugleichen. Bei vierzig Kesseln entspricht der kleinste Regelschritt 2,5 Prozent der Gesamtleistung. Bei drei Großkesseln und einer womöglich dreistufigen Anpassungsfähigkeit des einzelnen Kessels, ist der kleinste Schritt 11 Prozent des Ganzen.
Jede der kleinen Heizzellen arbeitet aber mit bestmöglichem Wirkungsgrad, während die Teillaststufen der dreigeteilten Zentrale nur bei Vollast den höchsten Wirkungsgrad erreichen. Auf die Dauer erwiesen sich deshalb die vielgeteilten Reihenkesselanlagen den gasbefeuerten Großkesselanlagen gegenüber als bedeutend wirtschaftlicher.
Zu allerletzt konnten Fachleute an den, in keinem Winter, an keinem noch so kalten Tag gebrauchten letzten zehn der vierzig Kesselchen wieder einmal erkennen, um wieviel Heizungen hierzulande zu groß gebaut werden. Daß diese Erkenntnis nur wenige Fachleute nutzen ist eine andere Sache. Ein paar gewiefte Freunde der kleinen Gasheizkessel bringen ihre Schäfchen dennoch ins Trockene. Sie installieren die Kessel ihrer Heizungen kleiner, als die Summe der Heizkörperleistungen ergäbe. Sie fahren gut damit, können billigere Kessel verkaufen und höhere Wirtschaftlichkeit garantieren.

Immer wieder: viel zu große Heizanlagen

Von dieser Klugheit noch weit entfernt, ja viel zu weit, um jemals noch aufholen zu können, ist eine andere Spezies von Gasheizgeräten. Sie tragen die antike Bezeichnung Thermen, erinnern damit an altrömische Badeanlagen und an das, was sie eigentlich sind: nämlich Badeöfen. Spekulationen auf gute Geschäfte, eine tüchtig trommelnde Werbung haben daraus Heizgeräte gemacht, die sog. Umlaufwasserheizer.
Die Spekulationen der ehemaligen Gasbadeofen-Fabrikanten richteten sich auf den Wärmeneid des Deutschen. Jedem seine eigene Gaszentralheizung, und sei es nur für eine Zweizimmer-Wohnung! Diese Neigung zu nützen, war nicht schwer. Gleichwohl stak darin schon der

Hängt an der Wand und macht . . .

Keim späterer Schwindsucht: Zentralheizungen, die gekauft werden, um sie möglichst oft und lange abzustellen, können nie eine Sache mit Zukunft sein. Eine Fehlspekulation mit Spätwirkung war das Vertrauen auf ein Handwerk, das der Sache nicht gewachsen ist. Aufgepäppelte Badeöfen als Heizkesselersatz waren der Heizungsbranche von Anfang an nicht geheuer. Deshalb sollten die mit Gasbadeöfen seit Jahrzehnten vertrauten Sanitär-Installateure damit ins Heizungsfach eingeführt werden. Das Handwerk ging auf dieses Angebot ein. Mancher Installateurmeister fühlte sich danach sehr eingegangen.

Und deshalb ging's bergab

Die Gas- und Wasser-Installateure sind nette Menschen. Sie leiten Dinge ins Haus ohne die man nicht auskommt, sie lassen andere ablaufen, die man nichts lieber als los hat. Installateure sind Praktiker, verstehen Rechnungen zu schreiben, aber sie sind keine eiskalten Rechner. Ein Lokus braucht ein »Hunderter« Abflußrohr. Das »Hundertfünfziger« Rohr reicht schon für zwanzig Lokusse. Da wird nicht viel gerechnet. Ein Meisterprüfling sollte vor Jahren den Inhalt eines zylindrischen Kohlebadeofens berechnen. Ohne zaudern schrieb er hinter die Aufgabe die richtige Lösung: »Inhalt 100 Liter«. Auf die Frage, wie er das so rasch berechnet habe, antwortete er: »wieso, das steht doch in jedem Katalog!« Fünfzehn Jahre war er Meister. Inzwischen lebt er vom Ertrag seiner Grundstücke.

Bei Heizungen muß gerechnet werden. Wegen der Größe der Heizkörper, der Pumpe, des Heizgerätes, auch wegen der Stärke der Rohre. Damit waren Sanitär-Installateure von Anfang an überfordert. Es hat ihnen nämlich keiner gesagt, daß sie Heizungen wohl kaum zu klein, aber sehr leicht zu groß auslegen können. Und deshalb gings bergab. Nicht gleich, versteht sich, aber von vornherein.

Es hätte den Herstellern klar sein müssen, daß überdimensionierte Gasthermen Probleme bringen. Technische Finessen an den Geräten, ausgeklügelte Einrohr-

Montagen werden zum Mumpitz, wenn die Wärmequelle vor lauter Übergröße mehr steht, als läuft.

Da wird der stärkste Mann schwach!

»Macht das auch warm, was sie mir einrichten?« wird der Installateur zehnmal gefragt, obwohl er schon viel zu große Heizkörper ins Haus schleppt. Kein Wunder, daß er vor dem Ladentisch seines Großhändlers noch rasch umdisponiert und die nächst stärkere Type von Gastherme kauft. Hinterher hängt ein Gerät mit 25000 kcal/h Heizleistung an der Wand, wo rund 10000 kcal/h solide heizen würden. Und diese Übergröße hat vielerlei Folgen. Weil von 200 Heiztagen eines Jahres nur zehn grimmig kalt sind, reichen an den restlichen 190 durchschnittlich 50 Prozent des Spitzenwärmebedarfes. Das sind für obiges Beispiel 5000 kcal stündlich. Die liefert das Gerät schon in 12 Minuten. Theoretisch ist für diese Heizung im Jahresmittel nur ein Fünftel der gesamten »Heizzeit« auch »Betriebszeit«. Vier Fünftel sind Stillstandszeit. Praktisch bedeutet dies Einschaltzeiten von wenigen Sekunden, zwischen Pausen von mehreren Minuten. Diese Betriebsweise bringt Verschleiß, hohen Gasverbrauch und trotzdem kalte Füße.

Die leidige Pumpensteuerung

Viele Thermenheizungen sind außerdem mittels Wasserthermostaten »pumpengesteuert«. Das bedeutet, die Umwälzpumpe läuft nur, wenn ein Thermostat Wärme anfordert. Schaltet der Thermostat ab, steht mit der Pumpe auch der Wasserkreislauf still. Anstatt gleichmäßig mit angemessener Temperatur durch die Heizkörper zu zirkulieren, wird das Heizwasser stoßweise von Heizkörper zu Heizkörper gefördert. Zu lange Verweilzeiten führen zu unvorhergesehen starker Wärmeabgabe in den ersten und viel zu geringer Wärmeabgabe in den letzten Heizkörpern.

Weniger als die Hälfte war gerade recht

In einem Münchener Zweifamilienhaus hatte die Heizanlage eine Doppeltherme von 38000 kcal/h Heizleistung. An einem Wintertag mit 0 Grad Außentemperatur wurden vier Sekunden Laufzeit und jeweils sechzig Sekunden Standzeit gestoppt. Der Vorlauf-Thermostat stand dabei auf 60° C. Ein Teil der Heizkörper des Hau-

ses wurde nur unzureichend warm. Den Gasverbrauch der Anlage bezeichnete der Besitzer als ruinös.
Die Doppeltherme wurde ausgetauscht gegen einen Gaskessel mit 18000 kcal/h Heizleistung. Die Pumpe läuft dauernd. Seither ist das ganze Haus warm. Der Gasverbrauch ist um ein Viertel gesunken.
Eine andere Einrohr-Thermenheizung hatte zwölf Heizkörper zu versorgen. Die ersten vier wurden heiß, die zweiten vier warm. Für die letzten vier reichte es bei keiner Einstellung des Thermostaten. Grund: Wasserumlaufzeit der Anlage reichliche zwei Minuten. Brenndauer der Therme, aufgrund der Übergröße und der Schalt-Differenz des Vorlauf-Thermostaten höchstens 25 Sekunden. Auch hier verhilft ein kleinerer Kessel und eine dauernd laufende Pumpe zu durchgeheizten Räumen und zu niedrigerem Verbrauch.

Rationell fertigen heißt nicht auch rational heizen!

Gasthermen mögen hochentwickelte Geräte sein. Die Fertigungstechnik der großen Hersteller hat einen Stand erreicht, der vielleicht noch mit den Fließband-Raffinessen der Automobilfabriken verglichen werden kann. Nicht umsonst sind die noch vor Jahren bekannten kleineren Hersteller ausnahmslos vom Markt verschwunden. Aber diese Fertigungstechnik ist an der Heiztechnik vorbeigelaufen.
Was ist den Installateuren nicht alles vorgegaukelt worden über die Montage der Geräte. Wie viele Wohnzimmer- und Garderobenschränke wurden schon fotografiert, hinter deren holzfournierten Türen sich Gasthermen befinden und angeblich nicht nur heizen, sondern die vierköpfige Mannequin-Familie auch noch mit »fließend warmem Wasser« versorgen?

Wer baden will muß frieren

Wo Schrank und Flur nicht vorschriftswidrig zu klein sind, ist manche echte Familie schon dahinter gekommen, daß vier volle Badewannen achtzig Minuten Heizungsstillstand bedeuten und das ausgerechnet vor dem Freitags-Krimi im Fernsehen. Wird es noch lange dauern bis diese Thermenkompromisse als Fehler anerkannt werden? Wohl kaum! Zwei Anzeichen sprechen dafür:

Seit 1972 haben die bedeutenden Thermen-Hersteller »Kesselprogramme« aufgelegt. Schließlich wollen sie im Geschäft bleiben. Die Installateure müssen umlernen. Man wird ihnen wieder »steckerfertige« Lösungen anbieten. Ob sie lernen werden Heizkörper richtig zu berechnen, solange es die Dinger noch gibt, ist eine andere Frage.

Keine Frage dagegen ist, ob die Warmwasserbereitung mit Gasdurchlauferhitzern nicht das gleiche Schicksal erleben wird, wie die Thermen derzeit. Gasdurchlauferhitzer brauchen Wartung und Pflege durch Kundendienste. Gasbefeuerte Warmwasserspeicher brauchen das nicht. Deutsche Gasbadeofenhersteller verschaffen Kundendienstbetrieben reichlich Arbeit und Verdienst. Amerikanische Gasspeicher-Fabrikanten schafften durch wartungsfreie Geräte den Kundendienst ab, weil sie erleben mußten, wie deren Verdienst zu Verdruß mit der Kundschaft wird. Je mehr sich herumspricht, was die Wartung der Durchlauferhitzer so kostet, wie man dagegen einen Speicher, durch Öffnen eines Ventiles, eigenhändig »entkalken« kann, um so schneller werden die Durchlauferhitzer verschwinden.

DIN 4756 schreibt Wartung vor, für die es keine Unternehmer gibt

Die gasbeheizten Kombi-Thermen waren Vorzugslösungen für Bauträger, Lieblingskinder der Gaswerke. Die Ersten konnten damit Eigenheim-Siedlungen mit billigsten Anlagen errichten und wegen angeblicher Modernität viel dafür erlösen, die Zweiten hatten dadurch gruppenweise gut zahlende Verbraucher geschnappt, mit deren Anzahl allein anderwärts neue gewonnen werden konnten. Unter dem Strich waren und sind diese Anlagen ebenso verbrauchsfreundlich wie verbraucherfeindlich geraten. Daß es ein paar Hunderttausend davon gibt, macht nichts besser. Auch nicht die Tatsache, daß ein gewisser Prozentsatz zur Zufriedenheit der Besitzer läuft.

Verkaufte Geräte sind noch lange keine »gewünschten«

Ausgeklügelte Fertigungstechnik muß mit dem Hauptzweck eines technischen Produktes nichts zu tun haben. Im Gegenteil, wenn falsche Anwendung und sachunkundiger Einsatz den Zweck verfehlen lassen, wird aus rationeller Fertigung sogar ein bemerkenswerter Nachteil. Scheinbare Preiswürdigkeit hält dann Konstruktionen am Markt, die besser verschwinden sollten.

Rationell und rational ist auch bei Heizölbrennern zweierlei

Rationelle Fertigung auf Kosten von Qualität läßt sich auch auf dem Sektor Heizölbrenner finden. Was hier als Fortschritt gepriesen wird, ist kurios. Schließlich ist das Prinzip heutiger Heizölbrenner mindestens 50 Jahre alt. Was es an Neuerungen auf dem Gebiet der Ölfeuerungen gibt ist von den Fehlern anderer Sparten diktiert oder von vorausgegangenen eigenen.

Als in den 50er Jahren Ölfeuerungen aufkamen, war bei uns nur der Brennstoff Heizöl neu. Brenner kamen aus der Schweiz, aus Schweden und USA. Zölle und Frachten machten Lizenzfertigungen bald rentabel. Und außer hemmungslosem Nachbau gab es nach kurzem auch schon erste Verbesserungen. Um 1960 erreichte die Zahl der Brennerfabrikate auf dem deutschen Markt den Höchststand. Danach dämpften Vorschriften, wie DIN 4755 und 4787 durch Prüfpflicht von Brennerbauteilen und Brennern die Lust manches Kleinfabrikanten noch weiter zu produzieren. Nicht nur wegen der Strenge der Prüfbedingungen, sondern wegen der Kosten und der Wartezeiten für die einzelnen Prüfungen.

Auch groß und gut ist zweierlei

Eine kleinere Anzahl von Brenner-Herstellern war an sich kein Nachteil. Auf die Dauer hätte sie sich eher als Vorteil auswirken können. Allein, geblieben sind, außer einigen hartnäckigen kleinen Fabrikanten, die Großen. Diese sind aber wiederum nicht deshalb schon die Besten.

An dieser Stelle muß gleich mit einer falschen Vorstellung aufgeräumt werden, gegen die Brennerfabrikanten so leicht nichts unternehmen würden. Ein Heizölbrenner ist kein Erzeugnis, das man kauft und dann aufstellt wie einen Kühlschrank, eine Waschmaschine er ist kein Gerät das läuft und läuft, wenn es nur einmal angeschlossen ist. Eine Ölfeuerungsmaschine wird durch die Montage Teil eines Wärme-Erzeugungs-Aggregates. Von der

Heizraumtüre bis zur Kaminmündung, vom Füllstutzen des Öltanks bis zu dessen Entlüftung, vom Fußventil der Heizölsaugleitung bis zum letzten Ende der Rückleitung gibt es ungezählte Dinge, Umstände oder Zusammenhänge, die einzeln oder im zufälligen Zusammenwirken die Betriebsweise des Heizölbrenners mehr oder weniger beeinflussen. Aus diesen Gründen ist ein Heizölbrenner eben nicht so perfekt wie seine Herkunft, wie seine Marke vermuten lassen könnten, sondern so schlecht, so mittelmäßig oder so hervorragend, wie dem Brennermonteur vor dem Heizkessel die Einstellung der Ölfeuerungsmaschine umständehalber gelingen mag.

Es kommt auf die Montage an

Dagegen hilft kein Verbandsprotest, keine DIN-Norm, auch keine Prüfung und schon überhaupt nicht der Hinweis auf zahlenmäßige Verkaufserfolge.
Wie ist das möglich?
Heizölbrenner für Wohnhausheizungen sind heute ausnahmslos sog. Hochdruckzerstäuber. Komplizierte Maschinen, die Öl aus dem Tank saugen, es unter Druck von 10–20 atü in Ölnebel zerstäuben. Ölbrenner saugen auch Luft an und blasen sie in den Ölnebel. Sofern das Mengenverhältnis Luft : Öl stimmt, die Mischung gelungen ist und die Strömungsgeschwindigkeit der Luft nicht zu groß geraten ist, kann ein Hochspannungsfunke die Flamme zünden. Ein Sicherheitsgerät braucht dann »nur noch« darüber zu wachen, die Zündung einzuschalten, wenn die Flamme flackert oder den Brenner abzuschalten, falls sie ganz erlischt.
Im dritten Jahrzehnt des Nachkriegs-Brennerbaues müßte die einschlägige Industrie diese Aufgabe wohl lösen können. Sollte man meinen. Es gibt da aber einige erschwerende technische Umstände, die für Brennerkonstrukteure entlastend wirken.
So kann die Entfernung vom Tank zum Brenner unterschiedlich weit sein. Das verändert die Saugarbeit der Pumpe. Das Heizöl kann kälter oder wärmer zur Pumpe gelangen, dann ist es dickflüssiger oder dünnflüssiger. Dickflüssiges Heizöl zerstäubt sich schwerer.

Das muß man einmal überlegen

Die zerstäubte Heizölmenge bestimmt die Wärmeleistung der Flamme. Die Menge wird festgelegt durch Düsenquerschnitt und Zerstäubungsdruck. Eine größere Düse braucht niedrigen Druck, eine kleinere Düse für gleiche Leistung höheren. Der Monteur hat die Wahl.

Die Verbrennungsluft fördert ein Gebläse in die Flamme. Die Luft kann kälter sein, dann fördert das Gebläse mehr. Umgekehrt bringt das Gebläse weniger Luft zur Flamme, wenn die Luft wärmer ist. Die Luftmenge muß aber auf die Ölmenge bei kleinen Brennerleistungen exakter abgestimmt sein als die natürlichen Lufttemperatur-Unterschiede das zulassen. Erhält die Flamme etwas zu wenig Luft, beginnt sie zu rußen, ist die Luftrate zu hoch, sinkt der Wirkungsgrad, leiden Kessel und Kamin womöglich Schaden.

Auch dies gehört dazu

Die Luftmenge muß leicht und richtig dosierbar sein, auch wenn sie für das Gebläse schwer zu kriegen ist. Um einen Liter Öl zu verbrennen, muß das Gebläse ca. 10 m³ Luft ansaugen, oft durch Türritzen und Schlüssellöcher, manchmal auch durch Luftschächte, die auf der Straße im Lee eines Herbststurmes enden.

Die Luftmenge muß auch stimmen trotz unterschiedlicher Kesselwiderstände. Es gibt Heizkessel mit 0,1 mm WS Gaswiderstand, dabei wirkt sich der Kaminzug bis zur Flamme aus. Andere Kessel bieten fast 30 mm WS. Da muß die genau bemessene Luftrate mindestens gegen diesen Druck in die Flamme gepreßt werden. Der stärkste Zug des besten Kamins kann da kaum noch nützen. Im Gegenteil, der Zug wird stören, weil er oftmals schwankt. An stürmischen Tagen ändert sich die Zugstärke sekündlich.

Der Unterschied beträgt 1:300!

Die bisher geschilderten Schwierigkeiten liegen gewissermaßen in der Natur der Sache, sind kaum beeinflußbar von demjenigen, der irgendwo in einem Konstruktions-Büro für unbekannte Ortsverhältnisse einen Brenner entwirft. Doch nicht genug damit! Verkäufer-Ideen vergrößern die Probleme noch gewaltig. Etwa 80 Prozent aller Zentralheizungskessel finden sich im Leistungsbereich von 18 bis 65000 kcal/h. Ein Brennermodell für diese Leistungsspanne wäre sinnvoll. Es hat aber einer damit angefangen, die obere Grenze auf 100000 bis 120000 kcal/h zu heben. Damit reicht die Type zwar für weitere 7–9 Prozent größerer Kessel, wird aber für die ganz kleinen schon problematisch. Muß der gleiche Brennertyp vor einem Kessel mit 120000 kcal/h rund 160 m³ Verbrennungsluft pro Stunde fördern, so sind für eine Kesselleistung von 18000 kcal/h nur rund 24 m³ erforderlich. Die kleinste Luftrate beträgt also nur 15 Prozent der größten. Motordrehzahl und Größe des Gebläserades sind für beide gleich. Verändert wird die Luftmenge durch verstellen von Schlitzen. Sie können auf der Saugseite oder auf der Druckseite des Gebläses angebracht sein. In jedem Fall ist bei kleinster Luftmenge die Einstellöffnung nur mehr ein kleines Loch, ein feiner Schlitz. Auch behutsamste Verstellungen lassen das Luftquantum nicht selten um 10 Prozent schwanken. Auf ein Prozent genau sollte es eingestellt werden.

Verkäufer: unser Brenner paßt für alle Kessel!

Anstatt die Brennertypen zu staffeln, sich zu bemühen, möglichst gut einstellbare Typen zu entwickeln, wird von vielen Brennerherstellern ein Modell gehalten, das überall gleich schlecht paßt. Wegen der Möglichkeiten auf Prospekten mit enormen Leistungsbereichen zu protzen! Wenige Monate nach der »Vorstellung des neuen, universellen Europa-Brenners« tauchen dann Zubehörteile auf. Sie heißen Mischeinrichtung I (bis 30000 kcal/h), II (bis 65000 kcal/h) usw. Nicht selten bedeutet das jeweils eine andere vordere Brennhälfte. Den einen Brenner für alle Kessel kann es nicht geben.

Statt eines Europa-Brenners lieber einen für Deutschland!

Mischeinrichtungen sind überhaupt nicht weniger bemerkenswert, als alles übrige an Heizölbrennern. Manche sagen, sie seien das wichtigste von allem. Erklärt man die Mischeinrichtungen zum empfindlichsten Bestandteil, so trifft man den Kern des Problems noch besser.

Eine Heizölflamme brennt nämlich noch lange nicht, noch keinesfalls gut, nur weil Verbrennungsluft und Ölmenge

Versuchsobjekte: Stauscheiben!

In den Prospekten ist davon nicht die Rede

15 Fakten müssen zueinander passen

richtig aufeinander abgestimmt sind. Ölnebel und Luft müssen höchst gleichmäßig vermischt sein. Man versucht das mit unterschiedlichem Erfolg durch die Mischeinrichtung. In der Regel stehen propellerähnliche Flügel oder auch nur gefächerte, durchlöcherte Scheiben im Luftstrom der Brennerrohre und zwingen der Luftströmung eine Drehrichtung auf.
Das verhilft der Luft zu einem annähernd kegelförmigen Strömungsverlauf nach der Brennermündung innerhalb der Flamme. Der Sprühkegel der Zerstäubungsdüse sprüht im Idealfall gegenläufig. Die Mischung wird dadurch besonders intensiv, falls nicht kleine Unstimmigkeiten die Absicht zunichte machen. Ein geringfügig verbogener Flügel einer gefächerten Stauscheibe, eine unmittig sitzende Stauscheibe, ein unbeachteter Wirbel, durch Düsenstock, Elektroden und Halterungen verursacht, selbstverständlich auch verschmutzte Stauscheiben ... und die Symmetrie der Flamme ist dahin. Dann können abschnittweise Luft und Ölnebel unbeteiligt am flammenden Geschehen aneinander vorbeistreichen. Eine Seite der Flamme mag daraufhin rußen, die andere läßt unverbranntes Öl dampfförmig in die Rauchgase (was ganz empfindlich riecht). Exzentrische Flammenbilder können auch von mangelhaften Düsen herrühren, von Wirbeln im Feuerraum, von Nebenluft aus Zweitfeuerungen und von vielen anderen, immer unvorhergesehenen Umständen. Im Brenner-Prospekt heißt es. ... mit einer Schraube beherrschen Sie das Flammenbild ... Nur gut, daß das Ölfeuerungsmonteure kaum lesen. Um ihre Geduld vor den Brennern, um ihre Friedfertigkeit wäre es sonst geschehen. Indessen kann der ölbeheizte Teil der Menschheit gerade ohne diese Eigenschaften der Einstellmonteure nicht auskommen. Der prospektable Ruf jedes Brenners beruht einzig darauf. Es gibt nämlich keinen Brenner, an dem nicht all diese, einander mehr oder weniger beeinflussenden Fakten aufeinander abgestimmt sein müßten: Pumpendruck, Düsengröße, Sprühwinkel, Sprühkegelform, Luftmenge,

Strömungsbild, Strömungsgeschwindigkeit, Mittigkeit des Luftstromes, Stellung der Stauscheibe oder etwaiger Wirbelerzeuger zur Düse, zum Flammenkopf, Stellung der Elektroden zum Düsenkopf, zur Stauscheibe, zum Sprühkegel, zueinander, usw.
Nicht einer dieser Punkte ist vorher bestimmbar, etwa in der Brennerfabrik. Der Brennermonteur hat darüber zu entscheiden.

Seine Arbeit wird erschwert durch eine Vielzahl von Kesseln, selbst bei gleichen Kesseln nebeneinander durch unterschiedliche Kaminanschlüsse, durch wechselnden, während der Einstellung womöglich steigenden Kaminzug, durch Windstärke oder Windstille, durch die Lufttemperatur, gelegentlich durch ungewöhnliche Feuchtigkeit der Luft, durch die Eigentümlichkeiten der Ölzuleitung, durch Ungeduld der Kunden und durch ständigen Zeitdruck. Das Auftragsbuch ist immer zu voll und nach einem Achtstunden-Tag und nach 120 km Stadtfahrten sollte eigentlich längst Feierabend sein, aber diese zwei »Entstörungen« und die Neueinstellung müssen eben noch gemacht werden.

Den letzten beißen die Hunde?!

Das ist einmal zu überlegen. Vom Ölbrennerbesitzer ebenso wie vom Kaminkehrer, Ölheizungsgegner, Ölbrenner-Werbetexter, Kundendienstleiter, Brennerkonstrukteur oder vom Umweltminister.
Brenner-Verkäufer haben darauf eine rasche Antwort: »diese Probleme sind den maßgebenden Stellen unseres Hauses bekannt. Und gerade unsere verantwortlichen Abteilungen leisten einen nicht unerheblichen (!) Beitrag zur Beseitigung dieser Schwierigkeiten. An allen wichtigen Kesseln aller namhaften Hersteller werden jährlich auf unseren modernst (!) eingerichteten Prüfständen ungezählte Einstellversuche mit unseren bewährten (!) Brennern gefahren. Die Ergebnisse der Versuche, die richtigen Einstelldaten, werden jeweils umgehend vervielfältigt und jedem Kundendienstleiter für seine Einsatzmonteure zur Kenntnisnahme (!) zugestellt«.

Was hat es nun damit auf sich? – Auch das sollte man wissen.

Einstellversuche!

Brennerverkäufer müssen und wollen wohl auch beweisen, daß ihre Modelle möglichst für jeden Zentralheizungskessel taugen. Wenngleich manche Einschränkung in dieser Hinsicht eher heilsam als schädlich wäre, liegt der Stolz der Branche nun einmal gerade darin. Heizkessel unterschiedlicher Konstruktionen werden von deren Herstellern zu den Brennerfabriken geschickt. In sog. Versuchsabteilungen werden die Kessel aufgestellt und unter Prüfstandsbedingungen versuchsweise betrieben. Die Brenner-Einstellversuche unternehmen die erfahrendsten Mitarbeiter. Wer dabei nicht scheitern will, muß mit allen Wassern gewaschen sein. Jede Brennerprobe ist wichtig oder wird wichtig gemacht, weil ein Bezirksvertreter nur bei günstigem Ausgang jene 5, 50 oder 500 Brenner verkaufen kann. Manchmal läuft die Ölfeuerungsmaschine schon nach 30 Minuten einwandfrei. Ein anderes Mal nach zwei Tagen. Das macht dann auch nichts, sofern der Chef des Chef-Einstellers gute Einstelldaten auf einer vorgedruckten Liste »abzeichnen« kann.

Na also, das wäre doch gelacht!

Auf der Liste stehen alle Typenschilder-Daten des Kessels und des Brenners, sowie eine Reihe von Angaben über die Einstellung und Meßergebnisse.

Ergebnisse! Kein Wort ist auf den Protokollen zu finden über vorausgegangene Schwierigkeiten. Wie oft die Düsen gewechselt, die Stauscheiben gebogen, geschränkt, verstellt worden sind. Kein Wort über die Abgasführung, welche Klappen gedrosselt oder welche Ritzen geöffnet worden sind, auch nicht über den »Anlauf- oder Abstell-Brummer« des Brenners.

Das soll nicht heißen, es ginge nicht mit rechten Dingen zu. In ernstzunehmenden Versuchswerkstätten stecken keine Büroklammern unter Verpuffungsklappen damit die Flamme hält, liegt auch kein Ziegelstein im Rauchgasstutzen. Nur praxisnah sind diese Versuche nicht. Der Mann im Heizkeller hat später weder die Erfahrung,

Einstellversuche sind praktizierte Theorie

noch die Ausrüstung des Chef-Einstellers. Es fehlt ihm der automatisch geregelte Kaminzug, die Auswahl an austauschbaren Versuchs-Konstruktionen der Mischeinrichtung, die Drehbank, die Bohrmaschine, nicht zu reden von der Qualität der Meßgeräte oder gar von Licht und Luft der Testwerkstätte. Fast immer fehlt ihm der Helfer. Hat er dennoch einen, kann dieser nichts, muß erst noch alles lernen.

Gibt es einen Ausweg? – Natürlich gibt es einen. Die Kontrolle der Einstelldaten durch Kaminkehrer ist es nicht. Kontrolle bringt keine neue technische Lösung. Hätte man diese etwa vorschreiben müssen? Nach dem Vorbild der USA, in einem Gesetz erklären, wie man künftig die Verhältnisse wünscht, ohne sich darum zu kümmern auf welche Weise dies erreicht werden kann? – Roßkuren können gründlich daneben gehen.

Roßkur nach amerikanischem Vorbild?

Dann machen es die Brenner-Hersteller doch richtig, wenn sie die Kessel-Hersteller zu sich an einen Tisch bitten um neue Normen für Kessel »und« Brenner zu erarbeiten? Norm heißt: so und nicht anders! Das ist der Abschluß jeder Entwicklung, niemals ein neuer Anfang. Die Brenner-Konstrukteure müssen einen neuen Anfang finden. Die Gedanken müssen zurück an den Ausgangspunkt. Denn es sind neue Ideen nötig. Die finden sich nicht inmitten falscher Lösungen sondern da, wo noch nichts festgelegt ist, außer einer klar formulierten Forderung des Zwecks. Diese könnte lauten: Der Zweck des Heizölbrenners ist Energie-Umsatz. Ein Heizölbrenner soll aus Heizöl und Luft rückstandsfreie Verbrennungsgase erzeugen. Nichts weiter!

Der erste Knopf muß sitzen!

Die Wärme aus den Verbrennungsgasen zu holen ist schon der Zweck eines anderen Gerätes, das wir Kessel nennen. Damit ist beispielsweise von selbst ausgeschlossen, daß schon einer Flamme Wärme entzogen wird. Eine Flamme die sich kalt strahlt, hinterläßt Rückstände im Verbrennungsgas. Es ist ja mit dieser ersten Forderung des Zwecks überhaupt noch nicht von »Flamme« die Rede. Nur so kommt man zu einem echten »Anfang«.

Zuerst müssen alle Wege offen sein. Wer den zweiten Schritt schon in der Zerstäubung des Heizöls sieht, hat nichts verstanden. Zugegeben, Heizöl brennt nicht »vom Faß«, sowenig wie Holz »vom Stock«, aber, muß deshalb auch schon die Art des Aufbereitens vorweg genommen werden?

Und vor dem dritten Knopf, kommt der zweite!

Heizöl läßt sich auf viele Weise zu Tröpfchen verteilen, nicht nur mittels Druck und Düsen. Es klappt auch mit Druckluft, durch Schleudern, durch Schallwellen oder auch durch Wärme. Welcher Fachmann erinnerte sich nicht an »Emmulsionsbrenner«, Druckluftzerstäuber, Rotationszerstäuber oder Verdampferbrenner? – Da haben wir's, hat sich alles nicht bewährt! – Wieso? Konnte es sich denn bewähren, war die Technik richtig genug für dieses Urteil? –

They ever come back — oder alles schon einmal dagewesen?

Vor sechzig oder noch mehr Jahren gab es Schreibmaschinen mit mechanisch verstellbarem Kugelkopf. Mit Pfeil und Hebel konnte man vor jedem einzelnen Anschlag auf einer Skala den erwünschten Buchstaben, groß oder klein, Ziffer oder Zeichen einstellen. Auf diesen »Wunderwerken der Technik« konnte man Briefe schreiben. Das war eine feine Sache. Ein Modell hieß »AEG-Mignon«.

Die Erfindung der 42 Typen-Hebel und der vierreihigen Tastatur machte die Kugelkopfmaschinen zu den langsamsten Schreibmaschinen der Welt. Doch 50 Jahre danach kamen sie nocheinmal. Elektronisch angesteuert waren sie nun jahrelang die schnellsten Schreibwerke. Sie schrieben etwa 15 Zeichen pro Sekunde. Zehnmal soviel schaffen mittlerweile Nadeldrucker. Eine Zeile schreiben sie in weniger als einer Sekunde. Bis zu fünfzig Zeilen in jeder Sekunde schreiben Zeilendrucker.

Was soll dieses Beispiel zeigen? –

Erstens, daß eine totgeglaubte technische Lösung unter neuen Voraussetzungen neue Chancen bietet. Zweitens, daß sie dann sogar besser sein kann, als das bis dahin »einzig mögliche«. Drittens, daß es noch viel besseres geben kann. Viertens, daß das Allerbeste erst möglich wird mit einem völlig neuen System. Bis zum Nadeldrucker wurde bei der Schreibwerks-Entwicklung Zeichen neben Zeichen gesetzt. Nach dem uralten Prinzip aller (Hand-) Schreiberei! Dann kommt das Neue. Zeilendrucker bereiten die Zeichenfolge vor und drucken die ganze Zeile (fast) gleichzeitig. Ein Schreibmaschinen-Mechaniker noch der 50er Jahre hätte gesagt, das sei unmöglich.

Klack — klack!

Was wissen also Brennermonteure der 70er Jahre von Brennern der 80er? – Am besten sie wüßten heute noch gar nichts davon, aber in Kürze schon alles.

Lassen wir uns auf alle Fälle soviel gemerkt sein: neue Lösungen brauchen neue Ideen von Grund auf. Die Chancen dafür stehen gut. Weil der beste Kessel, den es heute gibt, praktisch keinen Strömungswiderstand hat, darf der Brenner-Konstrukteur die heißen Verbrennungsgase »drucklos« liefern. Neueste Kaminbautechnik kann auch die Störeinflüsse der falschen, gemauerten Kamine vermeiden. Beides erleichtert die Luftmengen-Regelung entscheidend. Weil die enormen Druckschwankungen entfallen, lassen sich auch die Temperatur-Schwankungen der Verbrennungsluft leichter beherrschen. Brenner-Konstrukteure, die dabei das Erste richtig machen werden, bekommen vieles vom Nachfolgenden geschenkt. Die Einstellung der heutigen Unternehmen muß sich zuvor allerdings noch ändern. Solange z. B. im Hause eines der größten Brenner-Hersteller Deutschlands noch ein sog. Werberat darüber entscheidet, welche Konstruktion als »die beste angesehen wird«, ist von dort kein Erfolg zu erwarten.

Achtung: Brenner-Konstrukteure!

In technischen Fragen kann nur Kompetenz entscheiden. Sachkunde und Verstand lassen sich nicht durch scheinbar demokratische »Abstimmungen« eines Kreises noch so ausgesuchter Wichtigmacher ersetzen. Der »Marktanteil« vergangener Jahre ist auch für ein großes Haus immer nur ein Wechsel auf die Zukunft, der eines Tages

Bitte, keine Abstimm-stümpereien!

mit Leistung eingelöst werden muß. Auf diese Leistung wartet der Verbraucher. Er wird sie demnächst sogar ohne Umschweife fordern. Lange kann es nicht mehr dauern, bis die Unzulänglichkeiten heutiger Heizölbrenner als Entschuldigung herangezogen werden, für allzu viele und allzu hohe Prüf-, Einstell- und Nachprüfgebühren. Kaminkehrer und Wartungsmonteure werden nicht lange brauchen, um festzustellen, wie sehr der gut eingestellte Brenner auf der Kippe steht, um wieviel größer bei nur mittelmäßiger Einstellungs-Qualität die Wahrscheinlichkeit wird, daß der Brenner auch durchhält bis zum nächsten Mal. Vielleicht wird dies zur guten Seite eines falsch erlassenen Brenner-Kontrollier-Gesetzes, daß es die Fehlentwicklung der Heizölbrennertechnik freilegt. Womöglich gibt es keine andere Beweisführung für die Kurzlebigkeit von Prüfstandsdaten, für deren Unterschied zu dem, was überlastete Monteur-Geschicklichkeit in Zeitnot vor dem unsinnigen Überdruckkessel nicht besser fertig bringt.

Das wäre wenigstens etwas!

Wahrscheinlich müssen die vor aller Öffentlichkeit gesammelten Erfahrungen erst noch zu höherer Einsicht der Brenner-Konstrukteure beitragen. Durch die Tatsache beispielsweise, daß Einstellungen heutiger Brenner keinesfalls so lange vorhalten, wie man gerne noch annimmt. Schon nach vier Wochen ist im Durchschnitt die Einstellung meßbar schlechter. Nach drei bis sechs Monaten ist vielfach die Grenze erreicht, die vom Meß-Kaminkehrer noch gebilligt werden darf. Einstellungen, die während der warmen Jahreszeit geschehen, halten länger vor, kommen leichter über den Winter als während des Winters korrigierte. Diese kommen bei nachfolgend warmer Witterung wahrscheinlich viel schneller in den rußerzeugenden Luftmangelbereich.

»Soviel wie möglich«, nur durch »sogut wie möglich«!

Dies alles wird neue Erkenntnisse reifen lassen, Einsichten, die einen neuen Anfang rechtfertigen. Selbstverständlich unter Ausschluß aller inzwischen erkannten Fehler, selbst der meistverkauften Brenner oder Kessel. Das unternehmerische Streben, soviel wie möglich herzustellen und zu verkaufen, bleibt weiterhin nur lobenswert, wenn es nicht durch Manipulationen, sei es im Vertrieb, sei es in der Werbung, sondern durch ein aufrichtiges »So-gut-wie-möglich« angestrebt wird. Schneller als vermutet, hat sich der Wert-Maßstab für alles Technische geändert. Gegen diesen neuen Strom zu schwimmen, wird ein aussichtsloses Unterfangen werden.

Der »Sechsmonatstank«!

Überhaupt nicht aussichtsreich war es bis vor kurzem, über die erforderliche Größe eines Heizöltanks zu reden. Die Frage ist seit langem an Stammtischen, bei Milchfrauen endgültig entschieden: Der Heizöltank muß mindestens den Jahresverbrauch fassen können. Noch größer ist noch besser!

Hiermit sollte emotionale Angst durch Vernunft entkräftet werden. Geht aber nicht!

Auch die Begründungen dieses »Volksentscheids« sind allgemein bekannt: die Größe sichert den günstigsten Einkauf; außerdem: je größer der Tank, um so größer die Sicherheit, und schließlich hat sich der »Jahrestank« überall bewährt.
Nur schade, daß hier die Behauptung und die Begründungen nicht stimmen.
Da ist zunächst der angeblich günstige Einkauf. Angenommen bei 1000 Liter Heizölabnahme kostet der Liter 15 Pfennig, dann kostet er nach einer üblichen Mengenstaffel bei 2000 Liter Abnahme etwa 14,5 Pfennig, bei 3000 Liter 14 Pfennig, bei 5000 Liter 13 Pfennig und bei 10000 Liter vielleicht 12 Pfennig.

Stolperschwelle: Heizöl-Mengen-Staffelpreis

Der mittlere Heizölverbrauch für ein Einfamilienhaus liegt bei ca. 4000 Liter.
Auf einmal gekauft kosten diese 4000 Liter also z. B. 540,– DM. Auf zweimal gekauft werden daraus rechnerisch 580,– DM. Das sind zwar 40,– DM mehr. Aber der »Jahrestank« kostet je nach Bauart 400,– bis 900,– DM mehr, als der »Sechsmonats-Tank«. Zehn bis zwanzig Jahre dauert es, um den Mehrpreis durch angeblich günstigeren Einkauf hereinzuholen. Wer will da von Wirtschaftlichkeit reden? Eine Änderung des Preis-Niveaus wird die Verhältnisse nicht entscheidend beeinflussen.

Setzen Sie in dieses Beispiel des Jahres 1972 die heutigen Zahlen ein! Sie werden staunen, wie wenig sich geändert hat!

Auch der sog. Sommerpreis hilft nicht weiter. Erstens weil er in den letzten zehn Jahren, außer im Jahre 1970, immer höher war als der Oktober-November-Dezember-Preis und zweitens, weil kein Ölverbraucher verpflichtet ist, den Tank immer wieder ganz füllen zu lassen, wenn er leer ist.

Die Rechnung könnte doch mit einem 2000-l-Tank bei 4000 Liter jährlichem Verbrauch auch so aussehen:

		Einkauf:
Fast leer ist der Tank z. B. am 15. März:	500 l je 17 Pf =	85,– DM
Wieder leer ist der Tank am 15. April:	900 l je 16 Pf =	144,– DM
Zur nächsten Füllung verlockt im Juni der Sommerpreis:	1800 l je 14 Pf =	252,– DM
Eine Nachfüllung im Dezember bringt:	800 l je 14 Pf =	112,– DM
Der Jahresbedarf von 4000 l kostet also		593,– DM
Auf einmal, im Juni gekauft, würden	4000 l kosten	560,– DM

Die Ersparnis beim »Großeinkauf« zahlt sich in der Regel nicht aus. Wiederum auch nicht bei höheren Heizölpreisen.

Der volle Tank ist echter Vorrat, nicht der leere

Das Argument »je größer der Tank, je größer die Sicherheit« hört sich auch nur besser an als es in Wahrheit ist. Nicht der Tankraum bringt im Falle einer »Ölkrise« die Sicherheit, sondern der tatsächliche Vorrat. Ein voller 3000-l-Tank ist im Ernstfall mehr Wert, als ein leerer 6000-l-Tank. Niemand wird daran zweifeln. Die Chance aber, gerade nicht leer zu sein, ist beim kleinen Tank größer als beim großen.

Wer fördert also den »Jahrestank«? Die Tankverkäufer? – Könnte sein, aber auch nur, solange sie falsch rechnen. Fürs erste könnte man sagen, wenn der Jahrestank, alles in einem, 40 Prozent mehr kostet als der »Sechsmonatstank«, dann sind die Umsatzmöglichkeiten ebenfalls um 40 Prozent höher, wenn der Tank für den Jahresverbrauch empfohlen wird. Das wirkt sich aber nicht aus, weil nicht die Gesamtheit aller möglichen Verbraucher auch wirklich einen Tank kauft. Die Zahl derer, die es tun, hängt eher vom Gesamtpreis der Anschaffungskosten einer Heizölfeuerung ab. Je billiger die Einrichtung einer Heizölfeuerung ist, desto mehr Interessenten finden sich.

Außerdem ist am kleineren Tankraum mehr verdient als am größeren.

Wer will große Tanks?

Bleibt die Mineralölindustrie als Förderer des Jahrestanks? In der Tat liegt dieser Verdacht nahe, wenn das Ausfahren des Heizöls pauschal als Dienstleistung angesehen wird. Es vergrößert sich ja die Zahl der Ausfuhren bei abnehmendem Tankvolumen je Kundschaft. Der oben geschilderte ausgeklügelte Einkauf mit dem »Sechsmonatstank« erfordert vier Ausfahrten, gegenüber einer beim »Jahrestank«. Für den Lieferanten sind das aber nicht die vierfachen Kosten, denn ein Zehntausend-Liter-Fahrzeug kann auf einer Tour zwei der Jahrestanks oder, wenn es sein müßte, bis zu zwanzig Sechsmonatstanks nachfüllen. Bei geschickter Einteilung ließe sich der Zeitaufwand für das öftere Auf- und Abwickeln der Schläuche durch gesparte Fahrzeiten und Wegstrecken wettmachen.

Aber das ist noch nicht einmal das wichtigste!

Wenn zu Ende gedacht wird, wäre der kleinere Tank für die Mineralölindustrie längst ein vernünftiger Weg gewesen, dem periodischen Mengendruck der letzten 10 Jahre auszuweichen.

Große Tanks stehen lange leer

Schließlich konnte die Mehrheit der Verbraucher nur deshalb über lange Zeit ohne Einkauf aushalten, weil bisher die Tanks viel zu groß angeschafft wurden. Ein Tank, der nur einmal jährlich gefüllt wird, steht volle neun Monate weniger als zur Hälfte gefüllt herum. Es werden ja in den drei Monaten Dezember bis Februar durchschnittlich 52 Prozent des Jahresbedarfes verfeuert. Dieser leere Tankraum ist volkswirtschaftlich wertlos. Er ist für die Mineralölindustrie nicht verfügbar. Der Verbraucher denkt ja nicht daran unterm Jahr nachzutan-

So kommt das mit dem Sommerpreis

ken. Schon beim Kauf der Heizung wurde ihm ja das Märchen vom Sommerpreis erzählt. Und weil er sich immer aufs Neue daran hält, wird die Mineralölindustrie im Sommer soviel Heizöl los, daß sie es gar nicht nötig hat, die Preise »sommerlich« zu gestalten. Obwohl die großen Heizöltanks der Raffinerien sommers voll sein müßten, weil sich die Produktion von Heizöl technisch kaum vermeiden läßt, wenn das viele Benzin für die Urlaubs-Autofahrer destilliert wird, sind sie in schöner Regelmäßigkeit leer.

Bei nur durchschnittlich gutem Wetter bleiben sie es nicht einmal lange. Die Heizungen stehen und die Autos fahren ja samt und sonders. Kommt noch ein halbwegs schöner Herbst ins Land, fallen mit den Blättern die Heizölpreise. Die Raffinerietanks laufen sonst über. Erst wenn das Thermometer sinkt und die Heizungen wieder in Betrieb sind, könnte ein größeres Geschäft in Gang kommen, das die Preise steigen läßt. Aber ... nun denken ja die Besitzer der Jahrestanks nicht daran, nachzutanken. Auch nicht, wenn der Preis noch so günstig ist. Sie warten alle wieder auf den Sommerpreis.

So geht das mit dem Winterpreis

Die Mineralölindustrie käme also am ehesten aus dem Dilemma, wenn die Verbraucher kleinere Tanks hätten. Tanks, die öfter leer werden und die die Verbraucher darum lieber voll halten würden.

Sofern es sich die Mineralölindustrie gar verkneifen könnte, in Zeiten angeblicher, in Wahrheit meist künstlich herbeigeführter Heizölknappheit, ihre zwangsläufigen Kunden allzu schamlos auszunehmen, wenn die Manager des Heizölgeschäftes einen annehmbaren, d. h. einen real kalkulierten Mittelpreis das ganze Jahr hindurch anböten, würde gerade der Sechsmonatstank für Lieferanten und Verbraucher paradiesische Zustände bringen. Die Heizölverkäufer könnten reihum die Tanks der Kunden füllen, wann immer sie Zeit und Ware genug hätten. Dem Verbraucher wäre es einerlei, ob zweimal jährlich oder auf fünf Mal. Es würde die Computer der Heizölhändler nur wenig Zeit kosten, jeweils die-

So schön wär's mit dem Durchschnittspreis

jenigen der Kundentanks zu melden, die gerade am meisten fassen. Berechnungsmethoden dafür gibt es seit 15 Jahren.

Die krankhafte Anstrengung, dem Heizölverbraucher soviel Geld, als irgend möglich abzunehmen hat sich nie gelohnt. Immer ist einer Zeitspanne mit hohen Preisen eine gleichbedeutende mit niedrigen gefolgt. Als Parade-Beispiel kann die Preisentwicklung 70/72 gelten. An hochkonjunkturelle Preissteigerungen gewöhnt, waren die bundesdeutschen Ölheizer bereit, nach einem schon zu teueren Sommerpreis um die Jahreswende 70/71 für 100 Liter Heizöl EL zwischen 15,– und 18,– DM zu zahlen. Ein früher Frühling vermochte die scheinbar eingefrorenen Höchstpreise kaum zu senken. Aber dann kamen der Sommer des Jahrzehnts und der Herbst des Jahrhunderts. Den Urlaubswellen folgten die Ausflugswogen und zuletzt schwammen die Raffinerien geradezu im ... Heizöl. Der sog. Basispreis, – geheimer Wunsch der Mineralölindustrie – auf den es im Winter davor Zuschläge gab, brach soweit zusammen, daß die Abschläge höher waren als der Rest. Nie vor '71 gab es z. B. ab Ingolstadt einen höheren Januarpreis als 14,– DM und nie einen billigeren Novemberpreis als 6,50 DM für 100 Liter. Die ganz und gar nicht gerechtfertigte Preisforderung vom Winter 70/71 hat sich gerächt. Und die vielen tausend für dumm verkauften Heizölverbraucher, die mit ihrem Jahrestank auf einen »Sommerpreis« hereingefallen sind, könnten sich noch oft rächen. Es könnte der Mineralölindustrie nämlich Kummer bereiten, wenn nur ein Teil der Kunden öfter zögern und lieber auf den nächsten Preissturz warten würde. Auch wenn dem Verbraucher im allgemeinen nicht danach ist, seine Macht auszukosten, könnte der Reiz des Feilschens um den Heizölpreis zusammen mit der Erfahrung der Jahre 70/72 noch manche Preiswelle brechen. Zu allem Überdruß der Ölgewaltigen fand dann auch noch der sehnlichst erwartete Winter 71/72 nicht statt. Keine Verbrauchsspitze, kein Angstkauf! Gleichgülti-

Beispiel 70/72

Diese Seiten hätten durch eine Kurzfassung der OPEC-Geschichte ersetzt werden können. Lohnt aber nicht! Die Abhängigkeit aller Heizer von ihren Energie-Lieferanten bleibt bestehen. Wollten wir sie beseitigen, müßten wir nicht nur anders heizen, sondern anders bauen und: von Grund auf anders leben!

ges Warten auf den frohen Frühling! Mancher Verbraucher wird sich noch lange daran erinnern. Und das ist gut so. Denn nur der Preistiefstand zeigt den tatsächlichen Wert des Heizöls an. Daran muß sich wirtschaftliches Denken orientieren und nicht etwa an dem, was während gelegentlicher, künstlich angelegter Krisen über Öl-Scheichs, über Transport- und Produktionskosten von den Presse-Abteilungen der Mineralölindustrie zu hören ist.

Jedem Heizöl-Verbraucher, der sich nichts vormachen läßt, reicht ein Sechsmonats-Vorrat. Wer immer noch nicht daran glaubt, sollte überlegen, daß aus dem Sechsmonatstank schlimmstenfalls halb soviel Heizöl ins Grundwasser sickern kann, wie aus dem Jahrestank.

Mit der Angst vor Gefahren, die aus dieser Richtung drohen, konnten doch bisher beste Geschäfte gemacht werden. Warum sollte sie nicht einmal dafür herhalten, Zweifelnden zum eigenen Vorteil zu verhelfen?

Maximal: Der Sechsmonatstank aus Kunststoff!

Mit dem Sechsmonatstank ist gleichzeitig dem Kunststoff-Batterie-Tank der Weg geebnet. Jahrelang ist es der Stahlbehälter-Lobby gelungen, die behördliche Genehmigung dieser vernünftigen Lösung hinauszuschieben, dann einzuschränken. Jetzt, da alle »Langzeitversuche« erfolgreich beendet sind, könnten der Wunsch nach dem sinnlosen Jahresvorrat und die damit verbundenen Anschaffungskosten immer noch dazu verführen, einen geschweißten Tank ins Haus zu stellen. Das wäre falsch. Ohne den Zwang, möglichst viel Heizöl unterzubringen, ist es den Herstellern der Kunststofftanks möglich, weiterhin geschickte Tankformen zu gestalten wie sie der allererste »geblasene« Tank hatte. Seine Vorderansicht war wie ein schmalbrüstiges Achteck. Der Inhalt war dadurch etwas geringer als bei späteren, quaderförmigen Behältern. Der Gewinn an Volumen ist dabei ein gewaltiger Verlust an »Handlichkeit« beim Einbringen in fertige Häuser. Hat daran noch niemand gedacht? Der abgeschrägte Tankquerschnitt läßt Türstöcke passieren, die eigentlich viel zu schmal dafür sind, läßt die

Das war »Können in Kunststoff«

Tanks um Mauerecken kommen, die sonst abgetragen werden müßten. Diese Transportierbarkeit setzt auch leicht abnehmbare Bandagen voraus, die ohne Preßwerkzeuge und ohne zwei dutzend Schraubverbindungen wieder angelegt werden können.

Nach dem zu urteilen, was die Erfahrungen mit Polyaethylen-Tanks lehren, ist dies für lange Zeit die sicherste und wirtschaftlichste Lösung der Tankfrage. Jedenfalls für Verbraucher, die jährlich nicht über 15000 Liter Heizöl verfeuern und dementsprechend nicht mehr als 5000 bis 10000 Liter einlagern.

Der Tank fürs Leben

Mit der Zeit wird sich die Qualität der Sicherheit, die diese Behälter tatsächlich bieten, immer deutlicher erweisen. Nach und nach werden sich gegenüber Tanks, die im Erdreich vergraben sind so deutliche Vorteile ergeben, daß niemand mehr ernstlich daran denken wird, kleine und mittlere Erdtanks zu installieren.

So leicht diese Entwicklung vorauszusagen ist, so schwer ist eine andere wieder in den Griff zu bekommen: die zum Zweck besserer Erlöse heraufbeschworene Versorgungskrise auf dem westdeutschen Mineralölmarkt.

Das System Rockefeller funktioniert wieder

Mit den Mitteln freiheitlicher Marktwirtschaft hat die Bundesrepublik das Entstehen von Raffineriekapazitäten gefördert, deren Umfang ehedem unvorstellbar war. Scharfer Wettbewerb und günstige Energie-Preise waren die Folge. Ganz so, wie sie der damalige Bayerische Wirtschaftsminister Otto Schedl prophezeit hatte. Allerdings sieht es ganz danach aus, als müßte die allgemeine Ersparnis wieder zurückbezahlt werden. Feste Entschlossenheit hier und Schlafmützigkeit dort haben Verhältnisse geschaffen, die dem Bundesbürger schon heute gewaltig viel Geld kosten. Weil der wesentliche

Der Bock zum Gärtner gemacht?

Teil bundesdeutscher Raffinerien unter dem Einfluß derer steht, die die Lage verändert haben, wird es noch geraume Zeit dauern, ehe sich die Hebel wieder verstellen lassen. Appelle an die Vernunft werden kaum weiterhelfen, denn:

Die Idee des uneingeschränkten Gewinns, auf der die

Mineralöl-Industrie nordamerikanischen Ursprungs heute noch basiert, ist nicht wandlungsfähig. Weder wirtschaftlicher noch politischer Druck vermochten in der Vergangenheit jemals die geradezu ausbeuterische Grundeinstellung zu verändern. Im Gegenteil! Abschnitte mageren Gewinns aktivieren geradezu die Ellenbogen-Praktiken der Rockefellerschen Gründerjahre. Weil dem Wachstum des Gewinns über weltweite Steigerung des Raffinerie-Ausstoßes Grenzen gesetzt waren, wurde in umgekehrter Richtung manipuliert, nämlich mit vorgezogener künstlicher Verknappung.

Die Not offenbart das Wesen

Die Preisentwicklung auf dem westdeutschen Mineralölmarkt, die seit Frühjahr 1973 planmäßig vorangetrieben wurde, hat nicht im entferntesten Gründe, die einer »Weltlage« entsprechen. Die herausragenden Vorbereitungen waren freiwillige Raffinerie-Stillegungen in der Bundesrepublik und der Aufkauf der Export-Produktion der italienischen Raffinerien durch die USA. So standen in der Bundesrepublik im Frühjahr '73 Raffinerien über Gebühr lange still; angeblich wegen Überholungsarbeiten, tatsächlich, um den »Mengendruck« vergangener Jahre zu vermeiden. Zu Hohn und Spott der gleichzeitigen Markenwerbung, versorgten die jeweils tätigen Raffinerien die Verkaufswege der sog. Konkurrenz. Im März/April standen in Ingolstadt zeitweise sämtliche Raffinerien. Esso, Shell, BP kauften gemeinsam den Ausstoß der Marathon in Burghausen, die zu diesem Zeitpunkt »mangels Rendite« eigene Vertriebswege schon weitgehend veräußert hatte. Die dadurch eingeleitete Verknappung leerte die Vorratstanks der Aufkäufer-Giganten gründlich. Das wiederum brachte den ersehnten Preisauftrieb und außerdem Platz für die Einlagerung von Vergaserkraftstoff. Ohne diese »Rücklage-Möglichkeit« wäre es technisch nicht durchführbar gewesen, die Freien Tankstellen »auszutrocknen«. Genau so, wie die Bundesregierung die Mineralölsteuer-Erhöhung auf den Tag des großen Sommer-Reisebeginns festlegte, hat auch die Mineralölindustrie ihre Taktik zeitlich geplant.

Hier trügt der Schein

Der Tiger blieb auf der Strecke

Planung ist alles!

Der Umsatz-Anstieg hat das Überlaufen der Rücklage-Tanks verhindert, hat auch die finanzschwächeren Mitläufer dieser Aktionen davor bewahrt, unter dem Druck der Kostenlast womöglich angemieteten Tankraums vorzeitig aufgeben zu müssen. Das aber wäre in diesem Spiel die einzige »Chance« des Verbrauchers gewesen. In noch größerem Umfang wurde er ausgespielt, durch den Verkauf der italienischen Mineralöl-Export-Produktion nach den USA. Die staatlichen italienischen Raffinerien produzieren jährlich 170 Millionen Tonnen Mineralöl-Erzeugnisse. Der Eigenverbrauch Italiens beträgt nur 100 Mill. t/Jahr. 70 Mill. Tonnen wurden alljährlich exportiert. Während bis 1972 davon »jede Menge« nach Westdeutschland ging – vorwiegend als Fertig-Produkt via Transalpin-Pipeline – war 1973 für den nördlichen EWG-Partner buchstäblich kein Tropfen frei: die 70 Mill. Tonnen gingen nach den USA.

Dies ist Geschichte, die viele vergessen haben, oder vergessen wollen. Dennoch läßt sich daraus lernen

Der Hahn war zu

Dazu »verlautbarte« die Bundesregierung lapidar: Die Versorgung der Bundesrepublik mit Mineralöl-Produkten ist sichergestellt.

Nach dem Preis wird nicht gefragt. Jedenfalls nicht offiziell. Die Preiserhöhung insbesondere des Heizöls paßte ins Bild allgemeiner Teuerung. Dabei hatten die vorausgegangenen D-Mark-Aufwertungen weltweite Preisanstiege des Rohöls zumindest für die Bundesrepublik größtenteils ausgeglichen.

Welches Ausmaß die gänzlich ungerechtfertigten Preisforderungen der Mineralöl-Industrie hierzulande 1973 erreichten, konnten die Konzern-Bilanzen im Laufe des Jahres 1974 zeigen. Weil seit einiger Zeit seitens der Mineralöl-Giganten nicht mehr nennenswert investiert wird, fallen Abschreibungsmöglichkeiten weitgehend aus. Die Gewinne konnten alles bisher bekannte übersteigen. Den bundesrepublikanischen Verbraucher kann es nicht trösten, daß sein Staat gut die Hälfte davon als Steuern kassiert. Schließlich ist heizen eines der Grundbedürfnisse, die der Bürger nicht gern und schon überhaupt nicht unnötig besteuert wissen will.

Das war noch »Vorausschau«

Weil der maßlosen Rockefeller-Idee weder das Wohl des Bürgers, noch das der allgemeinen Wirtschaft ein sonderliches Anliegen ist, wird es einige Anstrengung kosten, die bereits zugeschnappte Mengen-Preis-Klammer zu lockern. Eines der Mittel wird die langfristige Einschränkung auf minimalen Verbrauch sein. Keine Sechsliter-Limousinen, keine Heizungen, die dreimal soviel verfeuern, wie eigentlich nötig. Weg vom Überfluß-Denken angesichts des begrenzten Vorrats. Ein anderes Mittel wird sich die Bundesregierung auswählen, um mit staatlichen Gesellschaften in die Geschehnisse auf dem Mineralöl-Markt einzugreifen. Erfreulicherweise gibt es Ansätze dazu. Bedauerlicherweise werden Wirkungen noch auf sich warten lassen.
Nur bodenloser Optimismus könnte auf die Gesetze der Marktwirtschaft vertrauen, könnte hoffen, der überdurchschnittliche Gewinn in der Bundesrepublik würde in Kürze wieder das Angebot vermehren, die Preise wieder auf das alte Niveau, gar der Jahre 72/73 sinken lassen.

Dies wurde Wirklichkeit

Die letzten drei Seiten wurden im Herbst 1973 über das Wochenende vor dem ersten Schuß auf den Golan-Höhen geschrieben. Die ersten Maßnahmen gegen die Auswirkungen des Liefer-Boykotts der ölexportierenden Länder haben die aufgezeichnete Entwicklung der bis dahin „geplanten" Versorgung nicht nur der Bundesrepublik überlagert. Zeitweise ist der Blick auf die ursprünglichen Zusammenhänge durch katastrophal düster gemachte Bilder des künftigen Energie-Marktes versperrt gewesen. Es gab Händler-Einstandspreise um 50,– DM für 100 Liter Heizöl und selbst zu diesem Preis nicht jede gewünschte Menge. Daß die Verbraucher nur 35,– bis 40,– DM zu zahlen hatten lag an der Zurückhaltung der Mineralölindustrie. Sie konnte sich Entsagung leisten, denn während der ersten drei Monate des Jahres 1973 hatte sie ja ihr Schäfchen bereits ins Trokkene gebracht. Die künstlich herbeigeführte Heizöl-Verknappung vor der Nahost-Krise hat die Rekord-Bilanzen begründet. Während der Versorgungskrise im 4. Quartal 1973 ist der Milliarden-Gewinn nicht mehr gewachsen. Dennoch wäre es müßig, nachträglich zu dokumentieren wer wann recht gehabt, gar recht behalten habe; nicht aus Ängstlichkeit um den Verlust einiger Leser aus den Reihen der Heizölverkäufer unterer Gehaltsgruppen, sondern weil es Wichtigeres und Interessanteres gibt. Zu den wichtigen Zusammenhängen gehört die Feststellung, daß die Verbraucher insgesamt wieder gelassen reagieren. Ein abermals ausgebliebener Winter hat diese Gelassenheit verstärkt. Januar-Februar-Preise von unter 20,– DM für 100 Liter Heizöl wären für 1975 noch im Sommer 1974 nicht vorstellbar gewesen. Am 1. März 1975 sind in der Bundesrepublik in den Lagern der Raffinerien und Händler ca. 12 Mio t Heizöl eingelagert, in den Tanks der Verbraucher ebenfalls 10–12 Mio t. Der Jahresverbrauch '75 wird 44 Mio t nicht übersteigen. Weniger als die Hälfte der bundesdeutschen Raffineriekapazität reicht aus, um die fehlenden 20 Mio t für 1975 zu produzieren. Und dies ohne tiefgreifende Sparmaßnahmen. Nirgends ist Energiesparen mit Opfern verbunden. Gespart wird, allenfalls wenn und wo es leicht geht, das heißt der Heizölverbrauch konnte spürbar gesenkt werden, ohne daß gefroren werden mußte.

Auch das ist gekommen

Die erfreuliche Auswirkung auf den Heizölpreis sollte dabei jenen zu denken geben, die den damaligen Spitzenpreis der Krisenzeit als Rechtfertigung benützen für Ausgaben auf dem Sektor anderer Energien. Es ist zweifelsfrei notwendig, daß die Abhängigkeit der Energie-Versorgung von der akuten Politik gemildert wird. Grundlegend falsch wäre es dennoch, dies um jeden Preis zu wollen. Nur wenn eine Ersatz-Energie wesentlich unter den heutigen Ölpreisen der Arabischen Länder produziert werden kann, und zwar einschließlich der Anlagekosten, rechtfertigt sich eine Aufnahme in langfristige Versorgungspläne. Zu gleichen, oder nur geringfügig höheren Preisen ist keine noch so hochgelobte Technologie erwägenswert. Gleiche oder höhere Energiepreise sind für die zivilisierte Welt unerschwinglich. Als politisches Druckmittel sind sie für eine absehbare Zeitspanne durchzuhalten. Wie sich der Sparsame zwischendurch eine größere Ausgabe leisten kann, vermögen Volkswirtschaften vorübergehend mehr zu zahlen, als ihnen lieb ist. Auf die Dauer jedoch kann der Energiepreis nicht den Gewinn übersteigen, den die Wirtschaftskraft eines Volkes mit dieser Energie zu erarbeiten in der Lage ist. Völlig gleichgültig ist dabei, ob an die Araber oder an einen nationalen Lieferanten bezahlt wird. Im Gegenteil! Gerade weil der scheichtümliche Wucher über Nacht enden kann, darf keine Ersatzlösung insbesondere auf bundesdeutscher Basis das heutige Ölpreis-Niveau zur Grundlage der Wirtschaftlichkeit haben. Das Ergebnis wäre eine zweite Krise, hervorgerufen durch irreparable Wettbewerbsunfähigkeit auf dem Weltmarkt.

Soweit darf es nicht kommen

Das rasch greifende Mittel zur Senkung des Energie-Preises ist größtmögliche Sparsamkeit auf allen Gebieten.

Doch auch dabei ist Vorsicht geboten. Unsinnig ist jede Sparmaßnahme, die mehr kostet, als sie bringt. Sehr häufig wirkt sich der Isolationsaufwand nicht spürbar aus, weil die meisten Wärmeverluste nicht durch die Wände, sondern durch undichte Fenster- und Türritzen entstehen.

Das Energie-Einsparungsgesetz hat uns zu Sparmaßnahmen gezwungen, die vielfach mehr gekostet als gespart haben. Noch ist die Zeit nicht reif, das Ausmaß der dadurch entstandenen Schäden festzustellen

Deren Abdichtung ist dann wichtiger.

Harmlos, weil weitgehend unwirksam sind die meisten Sparmittel, die von der sog. Neuheiten-Industrie angeboten werden.

Zu diesen Artikeln gehört die Aluminiumfolie hinter den Heizkörpern. Selbstverständlich wirft sie Wärmestrahlung in den Raum, aber kaum mehr, als das die erwärmte Wand ohnehin tut. Das schwächere Mauerwerk in den Heizkörpernischen ist fast ausnahmslos bereits beim Bau der Häuser isoliert worden. Die zusätzliche

Folie spielt den Kaufpreis nicht in Jahren ein. Wer's nicht glaubt rechne mit: ein Einfamilienhaus braucht für die Heizung ca. 3500 Liter Heizöl im Jahr zum Preis von ca. 800,– DM. 10 Folien für ebensoviele Heizkörpernischen kosten ca. 160,– DM. Erst wenn 700 l Heizöl gespart sind, ist der Preis der Folien wieder eingebracht.

Keine Chancen

Je Heizkörper wird die Folie jedoch höchstens 5 l jährlich einsparen lassen.

Energie sparen, koste es was es wolle! – Diesen Schildastreich können wir uns nicht leisten.

In die gleiche Kategorie gehören so kautzige Einfälle wie der Luftpropeller vor dem Heizkörper. Ein „Professor" soll ihn erfunden haben. Für einen Hochschullehrer wäre es schicklich, dieses Unding von Staubaufwirbler nicht als Mittel zur Sparsamkeit, sondern bestenfalls als Aufpäppelungszusatz für einen zu klein geratenen Heizkörper zu bezeichnen. Freilich wäre damit nur der Wahrheit gedient, oder der eigenen Ehre, nicht aber irgendeinem Geschäft.

Aber, aber, Herr Professor!

Doch ums Geschäft geht es. Da muß man dabei sein. Ideen müssen produziert und veröffentlicht werden. Selbst wenn die Utopie einem Jules Vernes zu läppisch gewesen wäre. Was macht's? Einige Prozentangaben dazu und schon geht der Einfall durch die Presse. Zum Beispiel mit Sonnenenergie im Sommer künstliche Seen aufheizen! In mehreren Temperaturkammern! Mit Isolationsmaterial abdecken, bepflanzen! Im Winter die nahegelegene Siedlung dann aus dem See mit Wärme versorgen. Energie-Ersparniswert 100%, denn die Sonne scheint gratis. –

Ist Publicity wirklich alles?

Hinter diesem Vorschlag steckt allerhand. Als erstes ein Forschungsauftrag für Methode und Technologie des Einfangens der Sonnenstrahlen. Preis: für Grundlagen-Ermittlungen, also für Theorien rund 10 Millionen DM. Für serienreife Entwicklung einige 100 Millionen. Ankauf eines riesigen „Versuchsgeländes", Planung und Anlegen der Seen und der Sonnenplantagen: 500 Millionen (s. Olympiade 1972 in München). Forschungsaufträge für die Ermittlung technischer Möglichkeiten zur kammerähnlichen Abteilung der künstlichen Gewässer zum Zwecke der Speicherung verschiedenwertiger Energie (zu deutsch wärmeren und kälteren Wassers). Zweiter Forschungsauftrag zur Erarbeitung geeigneter technischer Lösungen zur Abdichtung und zur Wärmeisolation künstlicher Speicherseen gegen das Mutterland. Dritter Forschungsauftrag zur Entwicklung geeigneter Verfahren zur schwimmenden Abdeckung künstlicher Speicherseen unter besonderer Berücksichtigung der Veränderlichkeit des Wasserspiegels, der Begehbarkeit, der Bepflanzbarkeit insbesondere mit tropischen Nutzpflanzen, die in den Breiten des Versuchsgeländes nicht adaptionsfähig wären ...

Mag die Ideen verfolgen, Preise und Kosten schätzen wer will!

Fest steht, daß wir uns derlei Spielereien nicht leisten können. Für den Bruchteil des ersten Kostenbündels heizen wir die fragliche Siedlung hundert Jahre lang mit herkömmlichen Mitteln.

Keinen Deut anders wird die Zeit über das Projekt „Fernheizwerk Deutschland" urteilen. Schließlich ist das Heiz-Kraft-Werk keine neue Erfindung. Seit Jahrzehnten gibt es Elektrizitätswerke, die „Abwärme" für Heizzwecke verkaufen. Neu ist mittlerweile nur die Vorstellung der Träger dieser Ideen, daß gestiegene Preise für Primär-Energien, Löhne, Herstellungsleistungen für Hochbau, Tiefbau und Maschinenbau die Rendite dieser Fernheizwerke verbessern sollen. Bisher lag die „wirtschaftliche Reichweite" des Wärme-Kraft-Verbundes bei 1 km höchstens bei 2 km Entfernung zwischen Heizwerk und Verbraucher. Nun sollen sich „Schienen" Hamburg – Duisburg – München lohnen. Bauzeit 50 Jahre, Kosten 200 Milliarden!

Vom Schachtmeister des nächstgelegenen Fernheizwerkes kann man erfahren, daß die Haltbarkeit der Rohrnetze 20 Jahre beträgt, nur selten 30 Jahre erreicht. Es hätte keinen Sinn, den Schachtmeister zum Forschungsminister zu machen. Aber der Forschungsminister sollte mit dem Schachtmeister reden, ehe er die Milliarden verplant.

Nicht den Bock zum Gärtner machen!

Solange wir Geld haben sollen wir forschen, suchen, finden, belegen und beweisen was nur irgendmöglich ist. Sträflich ist es jedoch, die Ergebnisse vorweg zu nehmen, die Wünsche als Begründung zu tarnen, gar den Bau der utopischen Zukunft in Auftrag zu geben.

Anmerkung 1987:
Die hier angedeutete Skepsis habe ich in einem weiteren Buch DER HERZRATGEBER, Resch Verlag, Gräfelfing, ausführlich begründet.

Warmes Wasser aus dem Zapfhahn

Nach Sinn und Zweck üblicher Lösungen wird man auch fragen müssen in Sachen Warmwasser. Der Hinweis »Fließend warmes Wasser« auf dem Gaststättenschild ist inzwischen eher Warnung als Werbung geworden. Man fragt sich, was dem Wirt sonst noch alles bemerkenswert vorkommen könnte, das anderwärts zu den Selbstverständlichkeiten des Alltags gehört.

Allerdings sollte niemand außer acht lassen, wie wenig lebensnotwendig warmes Wasser aus dem Zapfhahn ist. Es würde auch nicht in einem Buch über Heiztechnik erwähnt werden, wenn es übereifrige Verkaufs-Künstler nicht mit Heizungsanlagen gekoppelt hätten. Was sich Haus- und Gartenbesitzersgattinnen nicht mehr ohne das andere vorstellen können, gehört nie und nimmer in ein Gerät konstruiert. Heizen und Warmwasserbereiten sind heute zweierlei.

Kokskessel und Boiler ergänzten einander

Früher war das nicht so. Zu Zeiten, als Großmütter noch junge Köchinnen und Großväter noch stramme Gärtner waren, lagen die Dinge anders. Da hing im finsteren Heizungskeller ein dicker, bauchiger Boiler unter der Decke. Während der kalten Jahreszeit spendete er reichlich warmes Wasser; nicht ganz so warm wie das Wasser der Heizung, aber immerhin. Gelegentlich konnte es auch sehr heiß werden. Wenn der Gärtner wegen der Köchin die Luftklappen am Heizkessel vergessen hatte und der Koks folglich zur Weißglut kam. Dann wurde vom kochenden Heizungswasser der Boiler heiß. Alle Wärme die er speicherte, wäre ohne ihn durch den Kamin abgezogen. So gesehen war die Verbindung von Warmwasserbereiter und Heizungskreislauf ein Gewinn.

Automatische Heizungen und Boiler stören sich gegenseitig

Aber nur so gesehen! Handgeschürte Kokskessel sind mittlerweile so rar geworden wie Köchinnen und Gärtner. Und bei automatisch geregelten, gas- oder ölbefeuerten Heizkesseln sind gekoppelte Warmwasserbereiter in aller Regel ein Verlust. Keine Tasse Warmwasser gibt es aus diesen Geräten mehr, für die nicht das entsprechende Quantum Öl oder Gas vorher verbrannt wäre. Bei Heizungs-Boiler-Kombinationen kostet eine

Badewanne voll warmes Wasser soviel Wärme, wie die Wohnzimmerheizung für einen Winternachmittag oder für drei kühle Juni-Abende. Einmal duschen am Morgen und zweimal Händewaschen am Abend kostet im Dezember halb soviel wie eine volle Wanne, im Mai das Gleiche und im August das Doppelte. Diesen Preisunterschied bewirken die Stillstandsverluste.

Stillstandsverluste steigen bis zum Zehnfachen des Nutzens

Im August ist der Heizkessel mit dem eingebauten Boiler nur wegen des Warmwassers in Betrieb. Aufgeheizt ist er das erste Mal nach etwa zehn Minuten. Wenn der Brenner abgeschaltet wird, zieht der Kamin kalte Kellerluft durch sein Inneres. Das kühlt erst den Kessel, dann zwangsläufig auch den Boiler aus. Ist der Temperaturabfall groß genug, schaltet ein Thermostat den Brenner erneut ein.

Dieses Auf und Ab spielt sich während des ganzen Jahres ab. Nur die Laufzeit der Heizung wird dafür zur »Unterbrechung«. 8670 Stunden hat das Jahr. Etwa 1800 Stunden pro Jahr läuft der Heizbetrieb. Rund 70 Betriebsstunden erfordert eine reichliche Badewasser-Erwärmung. Bleiben rund 6800 Stunden nutzloser Auskühlzeit. Dabei zieht die Wärme nicht nur durch den Kamin ab. Kessel und Boiler haben Ventile, Flanschen und Rohrstummel, Feuerungstüren und allerlei warme Stellen, die an der Isolation vorbei Wärme an die Luft des Heizraumes leiten. Das vermag den effektiven Verlust etwa zu verdoppeln. Zweimal verloren geht aber auch die Wärme des Wassers, das nach dem Zapfen warm in den Rohren bleibt; erstmals wenn es auskühlt, und nocheinmal wenn wieder gezapft wird. Dann läuft erst wieder warmes Wasser aus dem Hahn, wenn vom nachströmenden die Rohre wieder aufgeheizt sind. Das erhöht den durchschnittlichen Verlust-Faktor auf 3.

Verlust-Faktor 2!

Unvorstellbare Größenordnungen erreicht der Wärmeabtransport, wenn übereifrige Installateure in Einfamilienhäusern sog. Zirkulationsleitungen verlegt haben. Dann läuft zwar aus jedem Warmwasserhahn des Hauses augenblicklich warmes Wasser, aber dieser Vorteil wird erkauft durch einen Verlustkreislauf, der jährlich 8700 Stunden lang Wärme aus dem Boiler leitet.

Daraus können zwei weitere Punkte für einen gedachten Verlustfaktor werden. Er steigt damit auf 5. Das soll heißen, es wird fünfmal soviel Wärme für die Bereitstellung des Wassers gebraucht, als das gezapfte eigentlich enthält. Oder der Wirkungsgrad dieser Boiler-Kessel-Kombinationen liegt im Jahresdurchschnitt bei 20 Prozent.

Weit über dem Durchschnitt: 1/5 Nutzen

Und dieser Wert ist noch wohlwollend hoch angesetzt. Wo sparsam geheizt und Wasser auch noch gespart wird, kann er unversehens auf 5 bis 10 Prozent absinken. Wenn die automatische Heizung das warme Wasser bereitet, kommt dasjenige Wasser am teuersten, das man nicht aus dem Hahn läßt. Die Leute wissen das nur nicht.

Sie wollen es auch nicht wissen. Wer davon spricht, macht sich verdächtig. Warmes Wasser hat doch heute »jeder«, der eine Heizung hat!

Muß eine Sache richtig sein, nur weil sie Mode ist? – Es hat ja auch »jeder« eine Vorliebe für ein eiskaltes Schlafzimmer. Weil er damit vielleicht heiztäglich einen Liter Heizöl sparen kann. Fünf Liter tagtäglich für einen nicht aufgedrehten Warmwasserhahn auszugeben, stört dagegen niemanden.

Viele sparen am falschen Platz

Damit sei nicht dem »fließenden« Warmwasser das Wort geredet, sondern einer gescheiteren Bereitungsart. Warmwasserbereiten und Heizen ist zweierlei. Warmes Zapfwasser sollte möglichst das ganze Jahr über die gleiche Temperatur haben. Etwa 50° C wären dafür richtig. Eine sinnvoll geregelte Heizung hat keine gleichbleibende Temperatur. Je nach Witterung bewegt sie sich zwischen 35° C und 90° C. Sehr häufig steht die Heizungstemperatur niedriger oder höher als die wünschenswerte Zapfwassertemperatur. Die Unterschiede müssen durch Regler oder Mischer ausgeglichen werden. Diese Geräte kosten eine Menge Geld. Der im Kessel eingebaute Boiler ist auch nicht gerade billig. Alles zusammen kostet, je nach Qualität und sog. Komfort, zwischen 1500,– und 3000,– DM.

Nur wer viel verbraucht, zahlt wenig

Die Ausgaben und der teuere Dauerbetrieb dieser Kombinationsanlagen werden erträglich, wenn der tägliche Warmwasserverbrauch 200 Liter übersteigt. Wo diese Wassermenge nur gelegentlich gezapft wird sollte die Warmwasserbereitung von der Heizung getrennt installiert werden.

Der preiswerte Nachtstrom-Boiler

Das ist sehr vorteilhaft zu lösen mit Nachtstrom-Boilern. Diese Geräte sind besonders gut isoliert. Die Stillstandsverluste fallen gegenüber Kombinationsanlagen verschwindend gering aus. Ein Jahreswirkungsgrad von 65 bis 70 Prozent ist bei durchschnittlichem Verbrauch untere Grenze. Wird täglich geduscht, gespült oder sonst ausgiebig gezapft, steigt der Wirkungsgrad als Folge besserer Ausnutzung auf über 80 Prozent.

Kein teuerer »Tagstrom«!

Daß Wasser aus Nachtstromboilern nicht ausreicht, und deswegen mit teuerem »Tagstrom« nachgeheizt werden muß, ist eine Anti-Parole. Menschen die sie verbreiten wissen nicht oder wollen nicht wahrhaben, daß es Standspeicher gibt. Das sind Geräte mit 200 bis 1000 Liter Inhalt. Erst ab 600 Liter Inhalt ist Drehstrom unerläßlich. Darunter reicht Wechselstrom für den Anschluß. Ein 200-Liter Standspeicher kostet weniger als ein weißlakkiertes 80-Liter Gerät. Für den Preis eines weißen 120-Liter-Boilers ist bereits ein 400-Liter-Standspeicher zu bekommen. Wahrscheinlich wissen das zu wenige Interessenten, weil es Ihnen keiner sagt. Standspeicher stehen im Einfamilienhaus, auch im Zweifamilienhaus im Keller, unter dem Bad, wenn es sein muß im Speicher darüber. Auch in der Kammer läßt sich Platz finden. Bad und Küche werden mit dünnen Kupferleitungen angeschlossen. Deren Durchmesser hat 12, höchstens 15 mm. Bei zehn Metern Leitungslänge kommen nur 0,7 bis 1,3 Liter »kalt« aus dem Zapfhahn. Bei günstiger Aufstellung werden weniger als 5 m Leitung nötig sein. Wegen des besseren Jahreswirkungsgrades ist Warmwasser mit

Billige Standspeicher!

Preise mittlerweile erhöht: Doch die Relation ist geblieben

Nachtstrom bereitet billiger, keinesfalls teuerer, als »öl-geheiztes«.

Keine Winter-Sommer-Regler

Die Trennung der Anlagen läßt zu, daß die Heizung steht, wenn nicht geheizt werden soll. Das allein bedeutet viel. Denn es sind ja die kleinen Teillasten, die kurzen Brennerlaufzeiten für zweimal Händewaschen, die Kessel und Schornstein so sehr beanspruchen, die unterkühlte Rauchgase vom Schornstein direkt in Nachbars Garten sinken lassen. Bisweilen auch in den eigenen! Dies und viel Ärger mit Reparaturen läßt sich ersparen durch getrennte Systeme.

Gleiches gilt für gasbefeuerte Warmwasserspeicher. Weil es keinen Nachttarif für Gas gibt, kommt der kluge Verbraucher mit kleineren Geräten als bei Stromeinsatz zurecht. Speicher mit 100–140 Liter Inhalt versorgen Haushalte jeder Größe, mitunter auch deren zwei. Einziger Nachteil: Gas muß im Haus, ein Schornstein-Anschluß muß möglich sein.

Zentrale Warmwasserbereitung ist im vielstöckigen Wohnungsbau wirtschaftlich. Zehn oder mehr Wohnungen müssen eine entsprechende Zapfleistung sichern. Doch auch dann wird vom Planer der Anlage Erfahrung verlangt, damit der Spitzenbedarf zwar gedeckt, aber nicht zu groß angesetzt wird. Andernfalls sinkt mit dem Ausnutzungsgrad wieder die Wirtschaftlichkeit.

Selbst bei Großanlagen ziehen die Bereitstellungskosten Probleme nach sich. Weil schon für die Möglichkeit, Warmwasser zapfen zu können, bezahlt werden muß, stellt sich ein Verbrauchszwang ein. Eine dreiköpfige Familie, die monatlich 1–2 cbm Warmwasser zahlen muß, ob sie die Menge gezapft hat oder nicht, wird den Hahn aufdrehen. Was bezahlt ist, soll auch verbraucht sein. Wo liegt da ein Problem? – Es heißt »Wasserverbrauch pro Kopf«. Zapfwasser ist warmes oder kaltes Trinkwasser. Trinkwasser wird manchmal knapp. Künstlicher Anreiz zum Baden läßt es noch knapper werden. Keine Verbrauchsart hebt den Pro-Kopf-Ver-

Fragwürdiges »Wenn schon, denn schon«!

brauch mehr wie Badewasser. Eine normale Wanne für eine normale Person normal gefüllt, faßt 170 Liter. Kalt vermag diese Menge auf einmal ein Kleingärtner zu verbrauchen, der an einem Sommerabend seinen Gemüsegarten sprengt, aber sonst kein Mensch. Als warmes Badewasser dagegen rinnt dieses Quantum schnell durchs Abflußloch. Die Fragwürdigkeit liegt in der Psychologie der Bereitstellungskosten in Form einer Grundgebühr.

Mag der Zwang zum Verbrauch noch so sehr die Basis der Wirtschaftlichkeit dieser Anlagen sein, der hohe Wasserverbrauch zieht Lasten nach sich, die von der Allgemeinheit getragen werden müssen. Mit Nachtstrom versorgte Einzelgeräte haben diesen Nachteil nicht. Es lohnt sich, darüber nachzudenken.

Der unmögliche Badeofen

Der Begriff Einzelgeräte könnte zu Mißverständnissen führen. Deshalb sei angemerkt, was keinesfalls damit gemeint ist: der Badeofen.

Diese Dinger sind ungefähr so unsozial, so ungesund und so unwirtschaftlich wie alle Einzelöfen. Außer von ihren Fabrikanten und Verkäufern werden sie nur von Leuten geliebt, die sie selbst nicht haben müssen. Verschrobener Erfindergeist hat sie geschaffen zu einer Zeit, als das Bad in der bürgerlichen Herrschaftswohnung Mode geworden war. Kein Wunder, daß sie alsdann das Volk haben wollte. Eine breite Basis fanden Badeöfen im »genossenschaftlich-gemeinnützigen Wohnungsbau«.

»Zimmer-Küche-Kammer-Bad« hieß die kleinbürgerliche Wohnungsformel. Wandmodelle der Badeöfen, über die Wanne gehängt, ließen Baderäume auf Wannenkürze zusammenschrumpfen.

Wohlentwickelter Geschäftsinn ersann den öl- oder gasbefeuerten Untersatz. Um Asche und Kohlenstaub aus dem »saubersten Raum« der Wohnung endlich weg zu kriegen, kauften ihn Hunderttausende von »Sozialmietern« gezwungenermaßen, wie es den Anschein hat, zur Freude des Vermieters und auf eigene Rechnung.

Die Stromlieferanten mußten dabei untätig zusehen. Sie hätten mit Nachtstrom-Boilern die bessere Lösung bieten können, doch die Badekammern waren nicht heizbar. Elektrische Quarz-Strahler, 30 cm vor dem Kopf montiert, konnten die Aufgabe nicht annähernd lösen. Ein Speicheröfchen kleinster Bauart hätte geholfen. Auf dauernde Wärmestrahlung ausgelegt, wäre es zur idealen Badezimmer-Heizung geworden. Es hätte den Familien-Badetag erübrigt und die »Nachtstrom-Täler« zu einer Zeit gefüllt, in der sie noch verhältnismäßig »tief« waren. Abnehmer gäbe es heute noch. Ob es auch Unternehmer gibt, die darangehen? Die Bäder-Sanierung wäre eine soziale Tat.

In der Tat, sozial!

Indes scheint es, der Unternehmergeist würde sich lieber auf Spektakuläres konzentrieren. Vom Wohnbad ist viel die Rede und Prospekte sind voll davon. Die meisten der fotografierten Objekte sind in Studios aufgebaut, werden für die Dauer der Aufnahme von Mannequin-Familien betrieben. Und wir brauchen nicht einmal abzuwarten ,wie es echten Familien darin ergehen wird. – Das Kapitel über Luftfeuchte zeigt uns den Ausgang der Geschichte. Ohne eine perfekte künstliche Lufttrocknung wird in diesen Schaubädern keiner »wohnen«. Perfekte Lufttrocknung erfordert einen technischen Aufwand, der kaum zufriedenstellend ausführbar ist.

Baden und raus, wie (fast) überall!

Dennoch werden immer wieder welche dem biologischen Reiz erliegen und diese Angeberei einrichten. Warum sollte ein Kult, der Bäder zu Ausstattungsräumen gemacht hat, ausgerechnet vor dieser Torheit zurückschrecken? – Niemals!

Die sterben wohl kaum aus!

Jene Sorte Mensch stirbt nicht aus, die zur eigenen Bestätigung goldenen Delphinen vor jedem Duschbad die Schwänze verdreht, damit das Wasser läuft. Lassen wir denen das Wohnbad, wenn sie es uns erlassen, sie zu beneiden.

Beneidenswert erscheinen eher jene Zeitgenossen, die im eigenen Schwimmbad plantschen können. Sie müssen geradezu beneidet werden, sonst gäbe es die gewaltigen Zuwachsraten nicht. Schwimmbäder und Saunas werden jährlich in einer Anzahl angeschafft, die von der Industrie kaum bewältigt werden kann.

Doch auch für dieses Gebiet drängen sich Fragen auf. Warum sagt man den Interessenten nicht klipp und klar, was die Verwirklichung ihrer Träume tatsächlich kostet? In großartig aufgemachten, der durchschnittlichen Verdienstspanne ausgesprochen angepaßten Prospekten, sind märchenhafte Klein-Badeanstalten zu bewundern. 3022,– DM kostet die Filteranlage nur, die für glasklares Wasser sorgt. Weiter hinten im Prospekt findet der Interessent ein etwas größeres Aggregat mit diesem und jenem Zubehör; auch mit Automatik. Mit Wasser-Enthärter und Heizgerät steigt der Preis schon auf rund 10000,– DM. Ein anderer Vierfarbendruck zeigt ein himmelblaues Riesenbecken mit 10 m Seitenlänge vor einem überwältigenden Gebirgspanorama, umrahmt von Rhododendren. Am Beckenrand steht eine Konstruktion auf Rädern. Halb Bohrmaschine, halb Schubkarren! Sie soll 780,– DM plus Mehrwertsteuer kosten und sorgt angeblich für ungetrübte Badefreuden. Daß sie nur die Wässerchen eines unbenützten Kinder-Plantschbeckens säubern kann, muß der Interessent selber ausprobieren, herausfinden, wenn es längst zu spät ist. Das eigene Bad kommt teuerer als man denkt. In der Anschaffung kostet es das Doppelte üblicher Anfangsvorstellungen und im Betrieb das Dreifache.

Was kostet das eigene Schwimmbad?

Laßt ihn mal, er wird es schon merken!

Luxus fängt an, wo man mit dem Rechnen aufhören kann. Wenn man aber schon rechnen muß, sollte man es vorher und gründlich tun.

Die Badegrube im Garten ist das billigste, die Schwimmhalle unter dem Haus das teuerste, was man sich anschaffen kann. Ganzjährig geheiztes Badewasser im Freien kostet wesentlich weniger als die betriebsbereite Halle im Haus. Wenn Halle und Haus frei von Schimmel bleiben sollen, muß luftgetrocknet werden. Das kostet Strom für die Lüfter und Regler, Energie für die Erwärmung winterkalter Luft, die gleich anschließend wieder »über Dach« muß. Ehrliche Fachleute können die Anschaffungskosten und die Betriebskosten vorausberechnen. Wo das Ergebnis »von ... bis ...« lautet, darf man getrost die obere Grenze erwarten. Wem die Zahlen zu hoch liegen, der wähle nicht billigeres in gleicher Größe, sondern kleineres in gleicher Güte. Schwimmbad-Eigenbau ist keine billigere Lösung, sondern nur eine langwierigere. Mitunter kann man das Lehrgeld in Raten zahlen. Kurzum: Schwimmen im eigenen Bad ist gesund aber teuer. Man kann es auch billiger haben, aber dann ist es weniger gesund.

Menschen, die vor der Energiekrise Schwimmhallen gebaut haben, auch noch mit Frischluftbetrieb können die hohen Betriebskosten leider nicht durch Verstellen von Drehknöpfen senken. Weder ein halbgeleertes Becken noch höhere Hygrostat-Einstellungen bringen die erhoffte Ersparnis. Deutliche Anzeichen für Bedienungsfehler dieser Art sind angelaufene Scheiben und Fensterrahmen oder Schwitzwassertropfen an Decken und Wänden. In Kürze werden daraus ärgerliche Bauschäden. Besser als für deren Reparatur ist das Geld für eine Änderung des Lüftungssystemes angelegt. Neuere Wärmetauscher entwärmen regenerativ die feuchte Raumluft ehe sie ins Freie entlassen wird. Der Wärmegewinn geht an die gleichzeitig einströmende trockene Frischluft über. Bisweilen macht sich nachträglicher Einbau sehr rasch bezahlt. Besonders sparsam erweisen sich Abdekkungen des Wasserspiegels in den Schwimmhallen. Bemerkenswert witzig und erfreulich preiswert ist dafür eine schwimmende Luftkissenfolie mit Aufrollmechanismus, die ursprünglich als Verpackungsmaterial gedacht war.

Die von den Verhältnissen auf dem Energie-Markt erzwungene Sparsamkeit schwächt manche Ausgabenwut auf erfreuliche Weise ab. Es muß nicht mehr alles und jedes noch größer, stärker, perfekter ausgelegt werden, als ehedem. Das ist gut. Nicht wenige der Luxus-Einrich-

tungen verursachten in jüngster Vergangenheit nicht nur Kosten, sondern gesundheitliche Gefahren.
Dazu gehören die Wasserenthärtungsanlagen so mancher „Komfort-Villen". Eine verführerische Werbung hat die Sage vom bösen Kalk im Waser verbreitet und stolz die Halbwahrheit vom pflegenden, schonenden und selbstverständlich jung erhaltenden weichen Wasser in Umlauf gebracht.
Natürlich hinterläßt chemisch entkalktes Wasser keine Kalkränder, aber es ist qualitativ weit entfernt von natürlich weichem Wasser. In privaten Schwimmbecken kann enthärtetes Wasser den kleinsten Schaden anrichten, sofern ein behandelter Teilstrom wieder ausgiebig mit hartem Frischwasser „verschnitten" wird. Höchst bedenklich erscheint es indessen, künstlich und allenfalls dilettantisch enthärtetes Wasser in die Versorgungsleitungen des Hauses einzuleiten, gar, wenn diese Leitungen ansonsten mit vernünftigem Trinkwasser gespeist würden.
Kurios wirkt, daß dies Menschen machen, die es am wenigstens nötig hätten. –

Strom oder Gas? — Oder Heizöl?

Die Frage nach der Energie der Zukunft wüßten Kommunal-Beamten gern durch Vorschriften, noch lieber kraft Gesetzes geregelt. Das wird aber hoffentlich noch durch viele Inspektoren-Generationen Wunschtraum bleiben.

Zur Beantwortung der Energien-Frage brauchen wir außer technischer Kenntnisse noch einen klaren Kopf. Deshalb ist Energie-Politik vom Biertisch aus zwar möglich, aber immer falsch.

Weil hier von Energien für Heizzwecke die Rede sein soll, müssen die Kenntnisse als Voraussetzung klarer Entscheidungen heiztechnischer und energietechnischer Art sein. Vorrang hat dabei die Heiztechnik. Sie muß zuallererst gesundes, staubfreies Strahlungsklima sichern. Wo das als Folge falscher Heizgeräte falsch entschieden ist, kann Energietechnisches nichts mehr retten. Beispiel: gasbefeuerte Einzelöfen mit Kaminanschluß oder noch schlimmer, als Außenwandgeräte. Raumklimatisch bieten diese Öfen ausnahmslos Luftheizungsklima der schlechtesten Sorte. Dadurch allein ist über die Zukunft dieser Heizungsart schon bestimmt. Eine Förderung dieser Geräte ist unrentabel. Gas wird »damit« keine Energie der Zukunft. Der Luftreinhaltungs-Effekt allein sichert sie nämlich keineswegs. Schon gar nicht, wenn er, wie im Falle der Außenwandöfen, höchst zweifelhaft ist.

Schon entschieden!

Gas hat eine Zukunft, wenn es der hergebrachten Heizungsindustrie gelingt, moderne Heiztechnik zu entwickeln. Wenn sie es in absehbarer Zeit schafft, Umlaufsysteme mit hochtemperierten Heizflächen zu konstruieren. In den Zentralen dieser neuen Heizanlagen hat Gas seine Zukunft. Um so mehr, je größer diese Zentralen sind.

So, oder so, wir brauchen beides!

Die gleiche Chance hätte dort auch Heizöl. Mit guten Brennern rückstandsfrei verfeuert, in neueren Kesseln verwertet, stünde die Wärmeenergie aus Heizöl der aus Gas in nichts nach. Völlig nebensächlich ist dabei, wessen Chancen größer sind. Wir brauchen in Zukunft nicht

Gas oder Heizöl, sondern unbedingt beides. Der Energiebedarf kann sonst nicht gedeckt werden.
Bei der Entscheidung »Gas oder Heizöl« muß Vernunft walten. Gefühlsmäßige Vorliebe reicht nicht aus, um das richtige zu wählen. Mit einem »Sechsmonatstank« sinkt die Summe der Einrichtungskosten für ein Heizöllager gegenüber der bisherigen Gepflogenheit ganz beträchtlich. Für das Einfamilienhaus kostet dieser Tank nicht mehr als 5 m Gaszuleitung durch den Vorgarten. Bei Leitungskosten, einschl. der Nebenkosten, von derzeit 300– DM für jeden Meter, muß die Vernunft zum ersten Mal im Gaswerk walten, wenn die »Anträge« für Gasanschlüsse eingehen. Weit verstreute Eigenheime – und dazu gehören schon freistehende Häuser – mit kilometerlangen Leitungen zu versorgen, zeugt von Unvernunft. Die Leitungskosten verteuern die Betriebskosten unverhältnismäßig. In den folgenden Jahren heben die Belastungen dieser Ausgaben die Tarife.

Das müßten Gaswerks-Direktoren wissen!

Vernunft ist auch vonnöten, wenn alte Gasleitungen im Erdreich mehr und mehr undicht werden. 50 Prozent Leitungsverluste kleinstädtischer Gasversorgungsanlagen sollten von den Betreibern eingestanden werden. Solche Leitungen sind stillzulegen. Der Gasverlust und die damit verbundene Gefahr wiegen schwerer als der Prestige-Verlust des Werks-Referenten.

Die wirtschaftliche Zeilenheizung

Angesichts steigender Baupreise können die gewerbsmäßigen Errichter von Eigenheimen, besonders derjenigen von Reihenhäusern, »Gemeinschaftsanlagen« fördern. Gemeint sind damit keine Fernheizwerke, sondern ganz kleine Zentralen, die in erster Linie geschlossene Häuserzeilen heizen. Anstatt in zehn Häusern zehn Heizungen mit je zehn Kesseln, Brennern, Pumpen, Reglern, Tanks einzurichten, wird eine Heizung für alle gebaut. Der Kamin ist am ersten der Häuser an- oder eingebaut. Die »Zentrale« kommt unter die erste Garage, der Tankraum unter die zweite. Ersparnis pro Haus: fünf- bis zehntausend DM, dazu Platz, Bauzeit und vieles andere.

Bleibt infolge falsch verstandener Individualität wohl Utopie!

Solche Vorschrift wäre ein Segen

Für die Käufer ist das kein Nachteil. Wenn es zunächst Hemmungen psychologischer Art gibt, können Kreisbaumeister helfen, indem sie »Zeilenheizung« bei Reihenhausobjekten vorschreiben. Kluge Heizungsingenieure planen dann kleine, gut regelbare Heizungen und verlegen die Warmwasserbereitung mit Nachtstromboilern in die einzelnen Häuser. Umweltbewußter geht's nicht. Daß die Heizungsanlage Gemeinschaftseigentum ist, braucht für Fachleute nicht erwähnt zu werden. Laien kennen den Begriff vielfach aus dem Bereich der Eigentums-Wohnungen.

Heiztechnik vor Energietechnik!

Bei den ca. fünf Millionen ofenbeheizter Altwohnungen der Bundesrepublik, die nachträglich noch eine Zentralheizung bekommen werden, ist die Energie-Frage zweitrangig, wenn mit Vernunft und Sachverstand entschieden wird. Sammelheizungen haben den großen Vorzug, daß fast zwangsläufig alle Räume der einzelnen Wohnungen angeschlossen werden. Den Mietern, auch wenn sie es zunächst noch nicht begreifen, soll ja nicht nur das Versorgen ihrer Öfen mit Brennstoffen abgenommen werden. Es geht um gesünderes Raumklima. Dabei schneiden Radiatoren oder Konvektoren erwiesenermaßen ungünstig ab. Heizleisten bieten von allen derzeit verfügbaren Heizflächen das beste Raumklima. Die Strahlungswärme bringt außer den gesundheitlichen Vorteilen sparsame Betriebsweise. Damit läßt sich am ehesten der berüchtigte Wärmeneid unserer Bundesbürger ausschalten. Die einfache Installationsweise der Heizleisten-Systeme ist ein weiterer Vorteil. Außer der eigentlichen Heizungsmontage gibt es kaum Nebenarbeiten, keinerlei »Folgelasten« für die Hausbesitzer. In den Mieträumen sind keine Umbauten nötig, die der Vermieter durch Maurer oder Maler auf seine Kosten ausführen lassen müßte.

Um so einfacher ist danach die Energie-Frage zu lösen. Ein Zirkulationssystem, eine Zentralheizung läßt sich mit Gas oder Heizöl feuern. Zwischen beiden entscheidet man sich anhand der Einrichtungskosten, der Betriebskosten und einiger weiterer Faktoren.

Fehler durch allzugroße Eile

Bisweilen fehlt dem Vermieter das Kapital, um geschlossene Lösungen zu verwirklichen, oder es sträuben sich einige Mieter, aus Angst vor dem Schmutz während des Umbaues oder vor den späteren Kosten. Vielleicht haben die Mieter auch mehr Geld und sind mit dem Einbau einer eigenen „Heizung" schneller als der Hausherr. In diesen Fällen werden die meisten Fehler gemacht. Falsch ist nämlich alles, was nicht auf die Beheizung des ganzen Hauses ausgerichtet ist. Wenn schon nicht eine Anlage installiert werden kann, die alle Wohnungen versorgt, könnte sie wenigstens geplant und abschnittweise verwirklicht werden.

Viele Hausbesitzer glauben das getan zu haben mit Steigleitungen für Nachtstromspeicher- oder für Gasöfen, vielleicht sogar für Gas-Etagenheizungen. Die Ausgaben für die Ofenheizungen waren dann schlecht angelegt. Die Etagenheizungen sind nur vorteilhafter, wenn tüchtige Projektanten an den späteren Zusammenschluß gedacht haben.

Einigkeit macht Gasheizung manchmal halb so teuer

Aber warum soll nicht jede Mietpartei für sich heizen, und das bezahlen, was sie an Wärme verbraucht? – Nach dem Kapitel über den Wärmeneid dürfte diese Frage nicht mehr gestellt werden. Trotzdem sei abermals darauf eingegangen. Abgedrehte Zentralheizung kommt teuer. Sie kostet Geld, selbst wenn sie nicht warm macht. Ihren Ruf, teuer zu sein, kann alle Zentralheizung am ehesten verlieren mit Systemen, die heizen dürfen. Zehn Gas-Etagenheizungen in einem Wohnhaus bergen nicht nur die Gefahr des (für den Nachbarn) teueren Teilbetriebes, sie kosten nach allgemeinen Tarifen monatlich rund 200,– DM zuviel. Das ist die Summe von neun überflüssigen Grundgebühren. Selbstverständlich kassiert das Gaswerk zurecht für zehn Gaszähler-Anschlüsse zehnmal den Grundpreis von 20,– DM plus Mehrwertsteuer. Der Installateur hätte eben rechtzeitig sagen müssen, daß ein Kessel und ein Zähler fürs ganze Haus genügt hätten. Seinen Vorschlag hätte der Meister belegen müssen mit einer Rechnung, die ausweist, daß dieser eine Kessel 20000,– (zwanzigtausend) DM billiger gekommen wäre, als zehn Etagen-Kesselchen mit Zubehör.

Die Zinsen dieser Anschaffungskosten und die Grundgebühren ergeben zusammen mehr als die halben Heizkosten jeder Partei. Fürs halbe Geld voll heizen, wäre das kein besserer Vorschlag gewesen?

Und ob! —

Aus diesem Beispiel ist zu erkennen: am Anfang steht nicht die Frage »Öl oder Gas oder Strom?«, sondern zuerst gilt es, die heiztechnischen Probleme zu lösen. Dann ergibt sich der zweckmäßigste Energie-Einsatz von selbst.

Die Beratungsstellen der Elektrizitäts- und Gaswerke sind nicht allzu selten in derart unglückliche Teilplanungen verstrickt. Viele Heizungsinteressenten holen sich dort kostenlosen Rat. Der Ratschlag ist von der Tradition bestimmt. Es werden Öfen empfohlen; mindestens in der und der Größe. Ganz genau, so sagt man dazu, berechnet das der Fachmann. Hinterher hat dieser bestenfalls die Chance einen noch größeren zu »errechnen«. Natürlich sind die Ratschläge gut gemeint. Nur sind sie leider nicht so gut wie sie ankommen. Noch kennt keine Beratungsstelle die gesundheitlichen Nachteile des Luftheizungsklimas, kümmert sich kein Berater um den Ausnutzungsgrad seiner Öfen. In Sachen Heizkosten werden Zahlen genannt, die Tarif-Computer schwarz auf weiß ausdrucken. Es sind die mittleren Verbrauchswerte für „zwei- bis fünfköpfige Haushalte" oder so. Schade nur, daß diese Zahlen nicht ausdrücken, was die betreffenden Verbraucher zahlen müßten, wenn sie es in ihren Wohnungen schön warm hätten, sondern wie viel sie tatsächlich zahlen, obwohl sie dauernd frieren. Durchschnittliche Abrechnungskosten von Gas- oder Nachtstromöfen erfassen nicht die wirklich erreichte Betriebszeit. Der Tarif-Computer registriert nicht, wie sel-

Zahlen, so falsch wie gedruckt?

ten der Wohnzimmerofen eingeschaltet war. Er verrechnet die Kosten der überheizten Küche, aus der über den Flur das Schlafzimmer »temperiert« wurde.
Heizungsfachleute kommen gegen derlei Vorab-Beratung nur schwer auf. Dabei wären sie am ehesten bereit, eine Heizkosten-Vorausberechnung schriftlich festzuhalten, und innerhalb annehmbarer Grenzen dafür zu garantieren, daß sie auch eingehalten werden kann. Mit dauernd warmen, gut durchgeheizten Wohnungen! Wie lange wird es noch währen, bis Verbraucher dahinter kommen, was manche Verbraucher-Beratung wirklich wert ist?
Die Direktoren der Gas- und Elektrizitätswerke haben ihre Büros vom vierten Stock aufwärts. Der Kontakt zu den Beratungsstellen im Parterre ist offenbar nicht immer sehr stark, denn die dort betriebene Ofenwerbung paßt nicht in das Programm einer vorausschauenden Energie-Politik.

Wirklich ausreichend, nicht, daß Sie glauben, Frau Huber . . .!

Energie-Politik auf höherer Ebene sollte so schnell wie möglich die Vorteile des Strahlungsklimas überdenken. Vollstrahlungsklima mit nur einem Drittel des Energie-Verbrauches heutiger Heizungen, d. h. mit etwa einem Fünftel dessen, was Öfen verschlingen, ist realisierbar. Damit wäre schneller ein größerer Erfolg erreichbar als mit manchem spekulativen Atomenergie-Kraftwerks-Projekt. Während das Strahlungsklima ein beachtenswerter Schritt in Richtung Zukunft wäre, ist die hypermoderne Atomenergieverwertung nur Dampfkesselpraxis der frühen 20er Jahre. Unglücklicherweise wird sie das auch noch geraume Zeit bleiben. Wieso ist leicht erklärt. Die Kernspaltung in den Atomreaktoren verläuft stark gebremst. Es muß ja zuverläßig vermieden werden, daß der Reaktor zu rasch arbeitet. Sonst würde er zu hohe Temperaturen erreichen, am Ende »durchgehen«, wie die Experten sagen. Die Radioaktivität, d. h. die lebensgefährliche Abstrahlung könnte dann nicht mehr kontrolliert werden. Die Temperaturen, die ge-

Vernünftige Energie-Politik tut not!

Atomstrom-Erzeugung ist Dampfmaschinen-Praxis von 1925

bremste Reaktoren erreichen dürfen, bringen keine sehr günstigen Dampfzustände. Die Umwandlung der Wärmeenergie des Reaktors über Dampf zu Bewegungsenergie in der Turbine und zu Stromenergie im Generator verläuft deshalb in einem sehr unwirtschaftlichen Bereich. Fachleute nennen ihn den »Sattdampf-Bereich«. Er läßt maximal Wirkungsgrade von etwas über 30 Prozent zu.

Nur ein Drittel der freigemachten Atom-Wärmeenergie wird demzufolge in Atomkraftwerken als Stromenergie verfügbar. Die restlichen zwei Drittel gehen als »Kühlwärme« leider nicht verloren. Nur im Hinblick auf den Strom sind sie Verlust, aber als Wärme ist die Energie nicht wegzukriegen. Sie heizt ganze Flußläufe auf oder wird durch das »Kühlturm-System« zur Gefahr für das Wetter, gar für das Klima ganzer Landstriche.

Dampfkraftwerkstechnik, die Wärme fossiler Brennstoffe wie Kohle, Heizöl oder Gas, in Stromenergie umsetzt, erreicht fünf bis zehn Punkte mehr an Wirkungsgrad. Dem Dampfzustand setzt dabei nicht die Betriebstemperatur des Wärmeerzeugers, sondern der Turbine eine Grenze. Der Dampf darf überhitzt sein, d. h. so heiß, daß die ersten Schaufelreihen auf der Eintrittsseite der Turbine dunkelrot glühen. Nach dem ersten Drittel der Turbinenlänge kann ein Teil des Dampfes wieder im Kessel überhitzt und abermals durch die Turbine geschickt werden. Die Zwischenüberhitzung bringt gegenüber dem Sattdampf-Betrieb die begehrte Erhöhung der Wirtschaftlichkeit, hebt den für die Stromerzeugung nutzbaren Teil der Brennstoffwärme auf wenig über 40 Prozent. Die restlichen 60 Prozent müssen weggekühlt werden. Weil die Elektrizitätstechniker das haargenau wissen, lassen sie das Märchen vom Strom, als der saubersten, schlechthin der besten Energie lieber ihren Anhängern erzählen. Je klüger sie sind, um so mehr halten sie sich aus falschen Verkündigungen heraus. Noch klüger wäre es allerdings, freiweg die Wahrheit zu sagen, anstatt vorwiegend zu schweigen. Warum sollen unwis-

Offenheit ist wichtiger, als Klugheit

sende Gemeinderäte, die über ein Heizölverbot nachsinnen, nicht erfahren, daß für die ungesunde Luftheizungswärme, die ein Nachtstromspeicherofen abgibt, die zweieinhalb- bis dreifache Menge an Ölwärme eingesetzt werden muß? Sollen sie doch hören, was sie ihren Kollegen derjenigen Gemeinde zuschanzen, die das Kraftwerk in der »Gemarkung« hat!

Fernheizwerke mit Kraft-Wärme-Koppelung!

Einen bescheidenen Gewinn an Wirtschaftlichkeit ermöglicht die Koppelung von Stromerzeugung und Fernwärmeversorgung. Wird beim Stromanteil auf ein paar Punkte verzichtet, so ist es möglich, die »Abwärme« in ein Fernheizwerk zu leiten. Die Stromausbeute der Turbinen sinkt zwar etwas, aber der Wärmeverkauf gleicht das aus. Allerdings sind auch hier wieder die Grenzen der Wirtschaftlichkeit sehr eng gesetzt. Die Fernleitungsnetze dürfen weder sehr lang, noch sehr verästelt sein, sonst verschlingen die Bau- und Unterhaltskosten den anfänglich kalkulierbaren Nutzen. Elektrizitätswerke mit Kraft-Wärme-Kopplung brauchen die unmittelbare Nähe einer Siedlung, müssen in größeren Städten auf das Stadtgebiet verteilt werden. Und damit ist der Teufelskreis erkennbar! Fernheizwerke innerhalb der Städte bringen Abgasmengen in die Ballungsräume, die das Luftvolumen zusätzlich belasten. Wenn der Strom am Ende auch nur wieder heizen soll, wird die Luft des Ballungsraumes um ein Vielfaches stärker verschmutzt als durch unmittelbare Heizung der betreffenden Objekte.

Ist das schwer zu begreifen

Strom wird wohl noch lange die raffinierteste Energie sein, die teuerste Energie bleiben, die Menschen je nutzen können. Strom wird noch die größten Umweltprobleme überhaupt mit sich bringen. Deshalb ist Strom zu gut, um nur verheizt zu werden. Wenn daran mehr Menschen denken würden, gäbe es bald kein Gerede mehr von der ach so sauberen Energie.
Gewissenhafte Atomphysiker beteiligen sich daran ohnehin nicht. Weil aus heiztechnischen Gründen das »Wärmepumpe-Verfahren« zur Kühlwärme-Rückgewinnung

aus Flußläufen nicht realisierbar ist, werden sie über die Standortfragen nuklearer Großkraftwerke noch weiter nachdenken müssen. Vielleicht stellen sie eines Tages die nuklearen Kraftwerke an den Ärmelkanal und leiten die Kühlwärme in den Nordsee-Schwanz des Golfstromes. Vielleicht!

Die letzte Frist?

Unmittelbaren Nutzen aus der Unzahl dieser ungelösten Probleme kann die althergebrachte Heizungsindustrie ziehen. Sie hat auf diese Weise eine Nachfrist erhalten, während derer sie sich auf wirklich Neues einstellen kann. Wäre Atomenergie ohne größere Schwierigkeiten in Strom zu verwandeln, hätten Heizungsleute wenig Chancen, kräftig im Geschäft zu bleiben. Die Spitzen der Elektrizitätswirtschaft sind ein kleiner Personenkreis, der sich rasch auf einen gemeinsamen Weg einigen könnte. In der Heizungsindustrie ist dies anders. Ein ausgeprägtes Konkurrenzdenken hindert die vielen hundert Chefs, sich auf einem Weg zu treffen. Die Zuliefer-Industrie tut ein übriges, die Einigung zu verhindern und abseits von alledem spielt sich über die Planung die eigentliche Entscheidung gegen Neues für Altes ab.

Gewaltenteilung ist mitunter problematisch

Die Mehrheit der Heizungsunternehmer hat die Planung aufgegeben. Sie sparen dadurch »teuere« Ingenieure ein. Die Ingenieure sitzen in Planungsbüros oder haben sich selbständig gemacht. Für Architekten, Bauherrn, Siedlungsgesellschaften entwerfen sie Heizungsprojekte, die »ausgeschrieben« werden. Ein technischer Beschrieb, eine Art Preisliste wird zu möglichst vielen Heizungsfirmen geschickt. Jede setzt ihre Preise ein und errechnet die Gesamtsumme. Danach entscheidet der Auftraggeber, welcher Unternehmer die Heizung nach den Plänen des Ingenieurs montieren wird.
Welche Heizkörper, welche Kessel, Brenner, Ventile, Tanks, Boiler, Ausdehnungsgefäße verwendet werden steht in der Ausschreibung. Der planende Ingenieur hat das von vornherein festgelegt. Die Heizungsfirma hat nichts mehr mitzureden. Gelegentlich, wenn

ein Unternehmer besonders »stark« ist, wenn er mit der Macht seiner Betriebsgröße, seines Ansehens im Landkreis, in der Stadt auftrumpfen kann, ist es ihm möglich ein »vorgeschriebenes« Fabrikat gegen ein »gleichwertiges« zu wechseln, statt »Buderus« eben »Strebel« einzubauen. Aber das ist auch schon alles, und selten ist es obendrein. Die Planungshoheit liegt in den Händen weniger Ingenieure. Daraus ergibt sich eine ganz eigenartige Situation für alle Beteiligten.

Ein unumschränkter Herrscher!

Das auffälligste daran ist die nahezu absolute Entscheidungsfreiheit des planenden Ingenieurs. Das macht ihn zum Ziel einer starken Werbung. Auf Grund seiner Treuhänderschaft gegenüber den Bauherren hat er diesem Umworbensein zu widerstehen. Zugunsten aller sei angenommen, daß alle tapfer widerstehen. Nur, fachlich darf keiner widerstehen. Die technischen Informationen muß jeder verarbeiten. Schon im Interesse der Kundschaft. Doch wann macht er das?

Die Konkurrenz ist groß und die finanzielle Ausbeute ist mager. Das heißt, die GOI (Gebührenordnung für Ingenieure) ließe jeden fleißigen Planer gut leben, wenn nicht Abschläge üblich wären; eben aus Konkurrenzgründen. Was bleibt ernährt seinen Mann nur, wenn er noch fleißiger ist. Deshalb läßt er sich auf neues nicht ein, bleibt bei dem was er kann. Was schon hundertmal gelaufen ist, wird nocheinmal laufen. Die Texte sind schon vorausgeschrieben, vorausgedruckt, die Rechengänge längst zu todsicherer Routine geworden. Nichts gegen »Bewährtes«, aber alles gegen Erstarrtes! Von »Ingenius«, von geistvoller Ingenieur-Kunst kann da keine Rede mehr sein. Auch aus rechtlicher Sicht ist manches bedenklich. Sieht die GOI in ihren Vertragsbestimmungen noch eine Gewährleistungspflicht des Ingenieurs für seine Arbeit vor, so schließt sie die Ausschreibungs-Praxis längst aus. In den »Vorbemerkungen« der sog. Leistungsverzeichnisse übertragen Ingenieure die Haftung für Kunstfehler dem ausführenden Montage-Betrieb, dem Unternehmer. Er erhält, so heißt es für ge-

Haben wir deshalb immer noch Kessel á la Josef Strebel?

Die kriminelle »Vorbemerkung«!

wöhnlich, auf Verlangen alle Unterlagen zur Überprüfung. Einwände sind vor Auftragserteilung schriftlich anzumelden. Unterlassung schließt alle Haftung ein und jeden Anspruch aus. Auch wenn Richter im Streitfall darüber anders denken, bleibt dem Unternehmer die Beweislast gegen den Sachverständigen, dessen sich das Gericht zweifelsohne bedient.

Was hat der Bauherr von dieser Art Ingenieur-Arbeit? Leichter gesagt was er nicht hat: Gewähr für eine bestmögliche Lösung in fachlicher oder auch in qualitativer Hinsicht. Wie läßt sich das ändern? – Durch den Verzicht auf Ingenieurbüros, die ihre Haftung an ausführende Firmen zu übertragen versuchen.

Ein Wundermittel fürwahr!

Die Haftung für die eigene Arbeit gehört nicht nur zu selbstverständlichem beruflichem Anstand, sie ist auch in der Ingenieur-Gebühr berücksichtigt. Wo der Kunde auf Haftung besteht, kann der Ingenieur nichts nachlassen. Vielleicht trennt dies mit der Zeit die Spreu vom Weizen.

Der Heizungsmann ist kaltgestellt

Mancher Zulieferer der Heizungsbauer kann sich mittlerweile selbst erklären, wieso seine umfangreiche Werbung bei Heizungsfirmen aller Größenordnung bisher nicht den rechten Erfolg gebracht hat, wieso Fachvorträge beim Großhandel trotz eines »kalten Büffets« ohne die erhoffte Wirkung auf späteren Umsatz bleiben. Die Entscheidungsbefugnis für die Wahl der Erzeugnisse liegt für den größten Teil aller Heizungsprojekte nicht mehr beim Heizungsbauer. Kein noch so einmaliges Angebot kann daran etwas ändern. Am Anfang dieser Entwicklung hat dies bereits das damalige Management der Krupp-Kessel erkannt und entschieden danach gehandelt. Ende der 60er Jahre hatten diese Kessel einen Anteil von 65 Prozent am Stahlkessel-Markt der Bundesrepublik. Krupp hatte von Anfang an Architekten und Planer umworben, die Kessel Siedlungsgesellschaften und Verbrauchern angeboten. Der Heizungsbauer durfte den Kessel einbauen, das Geschäft abwickeln, den Preis des Kessels oder auch nur den Rabatt kassieren. Im Vergleich mit anderen Fabrikanten waren es nicht selten die höchsten Preise und die niedrigsten Rabatte. Möglich war das gegen den eigentlichen Willen des Heizungsmannes, weil der Kessel längst »verkauft« war, wenn der Installateur ins Gespräch kam. Damit die Unternehmer nicht allzu böse auf diese Verbraucher-Werbung wurden, durften die meisten von ihnen einmal im Jahr auf Kosten des »Hauses Krupp« nach Berlin fliegen, auf blendend organisierten Veranstaltungen auch einmal ein Wort riskieren, sich vielleicht auch amüsieren.

Der »mündige« Verbraucher wird gesucht!

Gleichviel sollte sich die Geschäftemacherei mit dem unwissenden Verbraucher in dieser oder ähnlicher Form nicht wiederholen. Der Verbraucher selbst kann das verhindern, wenn er nach den Gründen jeder technischen Lösung fragt, die ihm für seine Heizung angeboten wird. Läßt er sich allerdings von Chromglanz- und Metallic-Lack beeindrucken, so darf er sich hinterher über nichts wundern. Fachleute die nicht Rede und Antwort stehen, sind keine guten. Solche, die auf klare Fragen nur »fachausländisch« antworten, die sich hinter Vorschriften ausweichend verschanzen oder beteuern, daß dies alles gar nicht wichtig sei, sind nicht besser.

Weil sie in der Branche so zahlreich vertreten sind, tragen sie einen erheblichen Teil der Schuld daran, wie wenig sich ihre Sparte technisch entwickelt hat. Zugute halten kann man ihnen allenfalls, daß sie nicht viel besser sein konnten in der Vergangenheit als die Kundschaft. Was sollte ein Heizungsmeister schon ausrichten bei einer Kundschaft, die nur nach dem Preis fragt, die Heizungen nur zum Abstellen kauft, nicht um gesünder und länger zu leben.

Eine klügere Heizungsindustrie braucht klügere Kunden. Eines bedingt das andere und fördert es zugleich. Auf längere Sicht besteht kein Grund zu Hoffnungslosigkeit, wenngleich der vor uns liegende Wust von Unsinnigkeiten mutlos machen könnte. Wieviele Ansatzpunkte es für denkfreudige Mitmenschen im Heizungsfach gibt, zeigt die folgende Reihe von Anregungen.

Warum riecht man Heizöl-Feuerungen?

Heizöl kann eine noch so saubere Energie sein, man riecht die Feuerungen dennoch! Dieses Argument liegt in der Luft. Man wird es ebenso sicher immer wieder hören, wie man die Abgase – zu gewissen Zeiten – sicher immer wieder riechen wird.

Einfältige Heizölverkäufer werden darauf entgegnen, Heizölabgase sind das gleiche wie Dieselabgase, und als solche erwiesenermaßen (fast) nicht giftig. Aber damit ist die Tatsache nicht abgetan, daß Heizölabgase – wie Dieselabgase – mitunter sehr abscheulich riechen.

Der Grund ist dem Leser inzwischen bekannt. Ölfeuerungen und Heizkessel sind häufig viel zu groß bemessen. Die meisten sind für sibirische Winter mit –50° C ausgelegt. Weil über die längste Zeit unserer Heizperioden nur Außentemperaturen zwischen +10° C und –5° C herrschen, wird nur ein Bruchteil der installierten Heizleistungen gebraucht. Die Heizölbrenner laufen nicht stundenlang, sondern nur für Sekunden. In dieser kurzen Zeit können die (wenigen) Abgase der Feuerungen unsere massiv gemauerten Kamine nicht durchwärmen. Die Abgase kühlen stattdessen in den Kaminen völlig aus. Abgase sind bei gleicher Temperatur schwerer als Luft. Dem Kamin gerade noch entwichen, sinken sie in die Straßen, ehe sie sich mit der Luft soweit vermischen, daß sie für Menschennasen nicht mehr wahrnehmbar sind.

Falsche Größe,

falsche Kamine,

Die Riechbarkeit wird auch durch die Schaltuhren der Ölheizungen gefördert. Genauer gesagt, sind die automatischen, von Uhren gesteuerten Heizungsregler nur mittelbar schuld. Ursächlich liegt es an unser aller Arbeitsbeginn.

Schaltuhren

Weil wir täglich um 8 Uhr irgendwo anfangen zu arbeiten, zu schreiben oder auch nur zu lesen, müssen wir um sieben aufstehen. Wenn wir aufstehen, soll es in der Wohnung warm sein. Deshalb muß die Schaltuhr um 6 Uhr früh die Ölheizung in Gang setzen. Des nachts ist die Heizung gestanden, weil ja alle Leute glauben, ein kaltes Schlafzimmer sei gesund.

Auch wenn einer nicht um 8 Uhr zu arbeiten beginnt, schaltet seine automatische Ölheizung Punkt 6 Uhr ein. Dieser Zeitpunkt steht in allen Prospekten, wird in Lehrbüchern empfohlen. Ab 6 Uhr sind Ölfeuerungen auf unseren Straßen zu riechen.

Kein Wunder!

Wäre etwas gedient, wenn wir die Uhren anders einstellen würden? Darüber nachzudenken ist müßig. Es genügt, die Folgen der vielen Schaltuhren zu kennen. Würde es gelingen, eine bessere Verteilung der Heizungsabgase durch gestaffelte Einschaltzeiten der Feuerungen nachzuweisen, wäre eine amtliche Uhrenverordnung zu befürchten, am Ende gar noch überwacht durch Kaminkehrer, unsere kraft Gesetzes zu Experten erhobenen, neuen Feuerungsüberprüfer. Kein Wort gegen die Kaminkehrer, nur ein paar Worte zu diesem Gesetz! Man könnte es weise nennen, daß Kaminkehrer künftig einmal im Jahr jede Ölfeuerung überprüfen. Nicht mit einem Taschenspiegel, wie sie das seit Jahrzehnten halbjährlich bei Gasgeräten tun, sondern mit richtigen Meßgeräten! Schließlich waren sie in den 50er Jahren die ersten Heizölgegner. Die damalige Meistergeneration glaubte noch, sie würde vom Ruß der Kohlenfeuerungen leben. Gleichviel, der ehemalige Gegner als Kontrolleur gewährleistet Gründlichkeit.

Weihrauch für ein neues Ministerium

Und dennoch muß ein Aber kommen. Nicht wegen des Umstandes, daß auch die gewissenhaften Besitzer tadellos gepflegter Anlagen prüfen lassen und zahlen müssen. Auch nicht, weil die Kontrolleure nur Geld in Empfang, doch keinerlei Verantwortung über ... nehmen. Grundfalsch ist dieses Gesetz, weil es die Überwachung grundfalscher Heizungsanlagen vorschreibt. Wiedereinmal werden die Auswirkungen der letzten Fehler durch einen neuen gemildert. Nichts weiter! Das Gesetz ist Sache der Länder-Innenministerien. Das Nordrhein-Westfälische hat damit angefangen, Niedersachsen und Bayern haben bereits nachgezogen. Die restlichen werden aufholen. Es sieht nicht danach aus, als würde einem der Herren Innenminister etwas Klügeres einfallen.

Ein Innenminister ist Politiker. Als solcher kann und braucht er von Technik nichts zu verstehen. Sagen wir bis heute nicht.

Nachdenken, nicht nachmachen!

Künftige Minister, die sich nicht vor die Bürokratie ihrer eigenen Ministerien spannen lassen wollen, werden sich etwas eingehender um Ursachen etwaiger Mißstände kümmern müssen. Wäre das für den Komplex »Heizung und reine Luft« geschehen, hätten wir an Stelle eines Kaminkehrer-Beschäftigungsgesetzes eine neue Kaminbau-Regel, ein vernünftiges Ölbrenner-Prüfverfahren, eine bessere Berechnungsmethode für Heizungsanlagen, eine geänderte Gewerbeordnung, die mittelalterliche Zünftekonkurrenz auf dem Heizungssektor beseitigt und die den Kaminkehrern den Weg zu aktiverem Handeln auf ihrem ureigensten Fachgebiet freimacht. Darüber nachzudenken lohnt sich gleichermaßen für Minister, wie für Lobbyisten.

Ob ein Kaminkehrer vor einem Ölbrenner seiner sprichwörtlichen Glücksbringer-Rolle gerecht werden wird, bleibt abzuwarten. Sicher ist dagegen schon, daß er Geschäfte bringen wird. Und zwar den Kundendienstlern, die jene Mängel innerhalb von 6 Wochen beseitigen müssen, die der Kaminkehrer alljährlich gebührenpflichtig rügen darf.

Perfektion im Detail!

Das Gesetz denkt an alles, sogar daran, daß der Kaminkehrer nicht an allen Abgasrohren für seine Messungen das erforderliche 7 mm-Loch vorfindet. In diesen Fällen muß er es bohren. Weil in seinem bisherigen Berufsbild »Löcher in rostige Rohre bohren« nicht vorkam, darf er es lernen. Der Anlagenbesitzer darf dies bezahlen. Mit 4,– DM je Loch! Der Preis muß so hoch sein, weil dem Kaminkehrer gerade anfangs eine Menge Bohrer dabei abbrechen. Man muß dafür Verständnis haben. Außerdem kann der Kaminkehrer das Loch öfter verwenden. Falls er nicht, zur Beseitigung eines anderen Mangels, ein neues, noch nicht durchlöchertes Ofenrohr verordnet.

Bleibt zu fürchten, daß nicht ein Ministerium, sondern doch nur die Lobby soweit gedacht hat!

Selbst mit geballtem Wohlwollen, ist in diesem Gesetz nur ganz mittelbar eine Wirkung für reine Luft zu erkennen.

Was bringt so ein Gesetz?

Dem in jeder großen menschlichen Gesellschaft vorhandenen Anteil von Schlampern wird es erschwert die Nachbarschaft zu verrußen. Aber auch nur theoretisch oder für kurze Zeit. Fachleute wissen, wie schnell sich Einstellungen von Ölbrennern verändern können, wie groß die Toleranzen sein können; nicht zu reden von Meßfehlern, wenn die »Meßgeräte für die Praxis« nicht mit überdurchschnittlicher Sorgfalt gepflegt und sauber gehalten werden. Natürlich kann das ein Kaminkehrer alles beherrschen, wenn er will. Zweifel an dieser neuen Kompetenz drängen sich nur deshalb auf, weil von der alten kein Gebrauch gemacht wurde. Wo und wann haben die Ruß-Experten gegen die Zentralheizungskessel mit zwei Feuerungen protestiert? Wem haben sie gesagt, daß eine heute vorbildliche Einstellung des Ölbrenners daran witzlos ist, wenn der Besitzer morgen in der Feststoff-Feuerung wieder alte Stiefel verheizt und Versandhauskartons? Welche Innung, welcher Landesverband hat protestiert gegen falsche, veraltete Kaminbauregeln?

Offene Fragen!

Mit der Chemie des 19. Jahrhunderts und der Mathematik von Adam Riese (16. Jahrhundert) lassen sich die Abgasmengen moderner Öl- und Gasfeuerungen exakt berechnen. Dazu braucht man keine Hochschul-Semester. Von Kaminkehrermeistern kann man diese Rechenkunst verlangen. Verlangen kann man auch die Beurteilung von Rauchgasgeschwindigkeiten in Kaminen verschiedener Querschnitte, verschiedener Bauart. Auf Verlangen hätte die Industrie längst erforderliches Zahlenmaterial geliefert.

Aber diese Kompetenz blieb ungenutzt. Warum auch, Kehrordnung, Kehrzwang, Gebührenordnung sind bessere Grundlagen des Einkommens.

Es ginge auch anders!

Dabei wäre alles so einfach für Kaminkehrer, wie für Innenminister. Der zweite hätte dem ersten handwerksordentliche Freiheit zu geben. Dann könnte der erste nach wirklich neuen Erkenntnissen moderne Kamine für moderne Feuerungen bestimmen und einrichten. Nach neuen Regeln! Nicht für alle Eventualitäten der nächsten 100 Jahre, sondern für diejenige Feuerung, die jetzt und heute am Kamin hängt.

Das wäre ein Segen für uns alle. Das gäbe reine Luft. Was die Behörden den Kaminkehrern bis jetzt beschert haben, wird eher dicke Luft geben.

Wie dick die Luft werden kann, demonstrieren wieder ein paar Zahlen. Ehe sich die Mineralölindustrie des Brenner-Kundendienstes angenommen hatte, also vor 1965, waren etwa 15 Prozent aller Ölfeuerungen von Zentralheizungen mit Wartungsverträgen bedient. Im wesentlichem waren das die »Neuzugänge«, denen der Vertrag gewohnheitsmäßig mit dem Brenner »verkauft« worden ist.

100 Prozent mehr Verträge, aber . . .

Nur wenige dieser Wartungsverträge wurden verlängert. Weil der Preis zu hoch, die Pannen zu selten und der Service im allgemeinen zu schlecht waren! Die Initiative der Heizölverkäufer hat den Anteil der Verträge vergrößert. Etwa 25 Prozent der Heizölbrenner stehen heute »unter Vertrag«. Der Service hat allgemein an Zuverlässigkeit gewonnen, weil über diese Verträge schließlich eine längerfristige Bindung der üblicherweise treulosen Heizölkundschaft angestrebt wird. Dennoch: ein ganz beträchtlicher Teil der im Voraus bezahlten, vertraglich zugesicherten Kesselreinigungs- und Brennerpflege-Arbeiten wird, wie ehedem, mit monatelanger Verspätung, nach mehrmaliger Mahnung oder gar nicht geleistet. Warum wohl? – Weil Ölbrennermonteure und Kesselreiniger fehlen. Die Verträge haben sich leicht verkaufen lassen. Die Monteure, die die Verträge letztlich erfüllen sollen, gibt es nicht in der erforderlichen Anzahl.

. . . nicht genügend Monteure

Was werden also die Kaminkehrer tun, wenn nach 6 Wo-

chen kein Kundendienst etwaige Verstöße gegen die »Verordnung zur Verhütung von Luftverunreinigungen durch Feuerungsanlagen (VVLF)« beseitigt hat? Weitere 2 Wochen danach werden sie »der zuständigen Behörde« eine Durchschrift der Bescheinigung über das Ergebnis der ersten Messung und der Wiederholungsmessung zuleiten. Und dann? – Kommt es dann zu den Geldbußen von »bis zu 10 000,– DM für vorsätzliche« oder »bis zu 5000,– DM für fahrlässige Zuwiderhandlung«? Oder genügt eine Bescheinigung über den pflichtgemäß erteilten Auftrag an eine Wartungsfirma, oder drückt irgendwer irgend ein Auge zu, oder ...?
Nocheinmal zur Erinnerung: für 25 Prozent, nachweislich vertragswilliger Ölheizungsbesitzer reichen die vorhandenen Monteure hinten und vorne nicht aus. Pflichtgemäß und »mit Recht« interessiert, scheuchen unsere Kaminkehrer die restlichen 75 Prozent zusätzlich auf.

Wäre es nicht auch für Minister besser, das Allererste richtig zu machen?

Das Allererste richtig machen heißt, beim Brenner anfangen, beim Kessel weitermachen, und bis zur Kaminmündung nicht nachgeben. Die Verstrickungen der alten Fehler müssen beseitigt werden.
Aber das ist natürlich eine schwierige Aufgabe, bedeutet gegen die Interessen starker Interessenverbände arbeiten. Kein Wunder, daß ein frischgebackenes Ministerium für Landesentwicklung und Umweltfragen lieber einen nichts weiter als publikumswirksamen »Paragraphen 6a« in eine altbackene VVLF einfügt. Schade! –

Aufwachen!

Die Behörden müssen wacher werden. Ministerielle Erlasse, Richtlinien oder Vorschriften technischer Art dürfen nur der Sicherheit aller, nicht dem Wohl einzelner Staatsbürger dienen. Eine Vorschrift, die z. B. nur die Herstellungs- und Unterhaltungskosten eines Heizöllagers erhöht, um damit indirekt den Kohleabsatz zu fördern, war vor Jahren schon Unsinn und ist es heute noch. Jedes Länderministerium, das für Kellertanks sog. Auffangwannen mit einem Fassungsvermögen von 100

Prozent des Tankinhalts vorgeschrieben hat und gleichzeitig zugestanden hat, daß Auffangwannen aus nur 10 cm dicken Steinen gemauert sein können, macht sich damit lächerlich.

Entweder — oder!

10 cm dicke Mauern geben auch mit 100maligen »ölfestem Anstrich« – 3facher ist Vorschrift – keine Flüssigkeitsbehälter. Bei einem Ölstand von mehr als 30 cm Höhe fallen diese Wände naturgesetzlich ein. Was hat man sich gedacht, daß dann geschieht? – Hier kann doch nur entweder – oder gelten. Entweder: die Tanks sind wirklich so unsicher, dann muß die Wanne nicht nur sein, sondern im Notfall stehen bleiben und dicht halten. Oder: Die Auslaufgefahr ist nicht so groß, weil die Tanks nur porenfein durchrosten, aber nicht ohne Grund bersten, dann sind Wannen mit meterhohen Staumäuerchen überflüssig. Im bundesdeutschen Einfamilienhaus wäre der zugängliche, weil nur mit einer Rinnsalsperre versehene Tankraum wertvoller als der lukenbestückte, für Hausbesitzer über vierzig geradezu unzugängliche Kartenhaus-Bunker. Ein zugänglicher Raum wird gelegentlich betreten. Dabei tappt man ins Lecköl, oder man riecht es. Hier würde sich der ölfeste Anstrich am Boden und an den Wänden in Schwellenhöhe lohnen.
Im stickigen Heizölbunker ist der meterhohe Anstrich verschwendet. Dort läßt er den Putz von der Wand faulen. Die vorgeschriebenen Fenster werden nämlich nicht zum Lüften geöffnet, weil man zum Schließen nocheinmal die lästige Staumauer überklettern müßte.
Der Unterschied zwischen praktischer und vorgetäuschter Sicherheit macht die vorschriftsfreudigen Behörden unglaubwürdig.

Heizöltank: Füllen mit oder ohne Druck?

Ein anderes Beispiel: In der zweifellos nicht ganz jungen Vorschrift DIN 4755 ist über Batterietanks unter Punkt 5.322 bestimmt, daß sie nur drucklos befüllt werden dürfen. In der Fußnote einer jüngeren Ausgabe steht: ab 01.12.67 dürfen Batteriebehälter mit festem Anschluß befüllt werden, wenn eine Überfüllsicherung eingebaut ist. In einer allerjüngsten Vorschrift, der TRbF 406, heißt es einschränkend – oder drohend, wer kennt den Unterschied – daß beim Füllen unter Druck, also mit festem Anschluß, der Prüfdruck des Tanks nicht überschritten werden darf. Der Prüfdruck der fraglichen Tanks ist volkstümlich ausgedrückt ca. 0,3 atü.

Anno 1972: vorgeschriebenes Geschäft!

Diesen Vorschriftenwirrwarr vergrößert ein Minister des Landes Niedersachsen mit der Verordnung, die für das Füll-Leitungssystem eines ganz bestimmten Herstellers eine Sicherungsschelle vorschreibt, die einen Fülldruck von 15 atü zuläßt. Hier muß es offensichtlich um das Wohl des Herstellers, um den millionenfachen Verkauf der Schelle zum Stückpreis von 4,37 DM (plus Mehrwertsteuer) gehen. Wäre es anders, hätte besagter Hersteller protestiert. Das hat er aber nicht. Stattdessen sind aus seinen Prospekten jene Tabellen verschwunden, die angegeben hatten, daß die Leitung ohne Schelle, also ungesichert, schon 4 atü Druck aushält. Außerdem wurde in auflagenstarken Sonderdrucken die Branche auf die »behördlich vorgeschriebene Schelle 806 X« hingewiesen und auch der nachträgliche Einbau in bestehende Anlagen empfohlen. Das zu erwartende Geschäft rechtfertigte sogar eine »kostenlose Beifügung der Loro-X-Sicherungsschelle während der Einführungszeit«. In der ministeriellen Begründung der Verordnung ist von möglichen Druckschlägen in den Fülleitungen die Rede, denen es mit der Schelle entgegenzuwirken gilt. Diese Druckschläge gibt es, und zwar wenn gedankenlose Tankwagenfahrer unsachgemäß die Füllventile aufreißen. Anstatt diese Ursachen zu behandeln, wird der Tankbesitzer zur Kasse getrieben. Wenn sich Minister für solche Verordnungen hergeben, ist es nicht verwunderlich, daß sich der Verdacht nährt, am Ende hätten alle Vorschriften, nicht nur einzelne, das Wohl einzelner und nicht aller zum Ziele.

Grenzwertgeber: Grenze des Zumutbaren?

Wie war das doch mit dem Grenzwertgeber? Um das Überfüllen jeglicher Heizölbehälter zu vermeiden, wurden 1966 sog. »Grenzwertgeber« vorgeschrieben. Eine

Tauchsonde im Tank sollte einen elektrischen Impuls geben, wenn sie der im Tank beim Füllen steigende Heizölspiegel erreicht.
Der Impuls sollte den Zulauf vom Tankfahrzeug her unterbrechen. Nett ausgetüftelt, als Paradebeispiel eines vorgeschriebenen Geschäfts geeignet!
Zu einem Stichtag mußten alle vorhandenen Heizöltanks mit der Sonde, dem Grenzwertgeber ausgerüstet sein. Die Heizölbranche arbeitete fieberhaft. Das Fieber machte sich bezahlt. Der Einbau der Sonde kostete nicht wenig, dafür überall so ziemlich das gleiche. – Dann kam der Tag. Und die Frist wurde verlängert. Grund: Es gab noch keine geeigneten Geräte für die Tankfahrzeuge, die auf die Impulse der Sonden reagiert hätten.

Nur der Einbau ist Vorschrift, nicht die Benutzung

Inzwischen gibt es diese Geräte längst, und es dürfte demzufolge zu keinen Tanküberfüllungen mehr kommen. Das Gegenteil ist der Fall. Tanks werden eher häufiger überfüllt als vorher. – Wieso?
Zunächst läßt eine scheinbare Sicherheit die allgemeine Sorgfalt nicht größer werden. Mancher Öl-Ausfahrer schließt aber auch den Grenzwertgeber nicht an, weil die Steckdose an einer unbequemen Stelle montiert ist oder nicht zugänglich, oder er schließt das Gerät am Fahrzeug kurz, oder das Gerät ist gerade kaputt oder...
Auch wenn es noch so unglaublich erscheint, es gibt keinerlei Kontrolle der Öl-Ausfuhr-Unternehmen. Mögen noch so gute Absichten hinter der Grenzwertgeber-Aktion gesteckt haben, heute bleibt zu vermerken: Die Industrie hat ca. 2 Millionen Sonden und Zubehör verkauft.

Ist der praktische Wert Nebensache?

Die Tankbesitzer mußten sich das mindestens 200 Millionen DM kosten lassen. Die Öl-Ausfahrer durften für die Umrüstung ihrer Tankfahrzeuge ca. 15 Millionen DM ausgeben. Das Geschäft war vorgeschrieben.

Ein anderer Zusammenhang macht vielleicht klar, wieso dem Erlaß keinerlei Kontrolle zur Herstellung einer echten Sicherheit folgte. Vorgeschrieben ist nämlich auch die Art der »Wiedergutmachung« nach einem sog. Ölunfall. Nach dem Willen »des Gesetzgebers« bestimmen die Kreisverwaltungen und die Wasserwirtschaftsämter nach freiem Ermessen was zu tun ist, wenn Öl ausgelaufen ist.

Ratespiel: wer zahlt den Schaden?

Da sind z. B. einige Kubikmeter Heizöl im Garten eines Altenheims versickert. Die Behörden ordnen an, daß 200 Kubikmeter Erdreich – das ist der Rauminhalt des Kellergeschosses in einem Eigenheim – ausgebaggert, in eine 130 km entfernte Müllverbrennungsanlage gefahren und dort über die Verbrennungsroste gejagt werden. Neues Erdreich muß an Stelle des alten angefahren werden. Neuer Rasen wird gepflanzt, ausgerupfte Bäume werden durch möglichst gleichaltrige, d. h. möglichst teuere ersetzt. Kosten der ganzen Aktion 100000– DM!

Hätten Sie's gewußt?

Im Sinne einer Umweltschutz-Hysterie eine richtige Maßnahme. Eine, bei der wirklich Nägel mit Köpfen gemacht werden. – Wirklich? Da blieb zuerst einmal die Frage, wer das wohl alles bezahle. Antwort: der Verursacher! – Der Ölausfahrer also? – Geht nicht, dieser Mann ist Arbeitnehmer und verdient den Betrag nicht in 5 Jahren. Dann zahlt sein Chef. Ja, aber nur proforma. Der Chef ist versichert. Die Versicherung zahlt. Recht so! Aber welche Versicherung ist das? Eine Öl-Auslauf-Versicherung? Gibt es nicht! – Es ist: die Kraftfahrzeug-Haftpflichtversicherung. Jene Versicherung also, die die Prämien erhöht, wenn die Schadensfälle zu teuer werden. Diese Art von Sachschaden hat nichts mit der KFZ-Haftpflicht zu tun. Ölschäden durch Überfüllung von Tankanlagen entstehen nicht, weil der Ausfahrer am Straßenverkehr teilnimmt, wie das etwa bei einer Karambolage der Fall wäre.

Es ist doch einfach unmöglich, 19 Millionen bundesdeutscher Kraftfahrzeughalter für die branchenbedingten Fehler einiger tausend Tankwagenbesitzer mitzahlen zu lassen. Da hilft es auch nicht zu sagen, eine Grundwasser-Gefährdung bedrohe alle. Die Kraftfahrzeugbesit-

Welcher Schaden entsteht überhaupt

zer sind beileibe nicht alle und hätten so nur noch weniger mit der Bezahlung zu tun. Außerdem wissen wir nicht einmal endgültig welcher Schaden durch auslaufendes Heizöl angerichtet wird. Alle Welt spricht von Schäden z. B. durch Grundwasserverseuchung, aber keiner weiß was das wirklich ist.

Da geistert das Zahlenverhältnis von 1:1 000 000 durch alle Zeitungen. Ein Teil Heizöl könne, so sagt man, eine Million (gleicher) Teile Wasser verseuchen. Mancher technisch weniger versierte Journalist hat aus dem einen Teil des Schadstoffes einen Tropfen gemacht, und aus der Million gar Kubikmeter. Danach würden 40 Tropfen Öl reichen um den Bodensee zu vergiften. Daß dieser See täglich ein Vielfaches verarbeiten muß ist klar. Jener Hygieniker, der in den 50er Jahren erstmals das Verhältnis nannte, wollte die schmeckbare, oder riechbare Konzentration angeben. Er wollte sagen, von da ab schmeckt Wasser nach Öl, es noch zu trinken ist Geschmacksache. Biologisch gesehen ist der mit dem Ölgeschmack verbundene Ekel das natürliche Warnsignal: Nicht trinken!

Was macht Heizöl im Boden?

Schädlich, gar gesundheitsschädlich ist diese Konzentration noch lange nicht. Damit sei öligem Wasser nicht das Wort geredet. Nur, was mit Heizöl geschieht, wenn es in den Boden sickert, das wissen wir nicht ausreichend genau. Bleibt es an der Stelle, an der es versickert ist? – Kaum, sonst würden es die amtlichen Ausschaufler finden. Das tun sie aber nicht. Weder mit Schaufeln noch mit Brunnen! – Schwimmt das Öl mit dem Grundwasserstrom? – kaum, sonst käme an behördlich verordneten Notbrunnen Öl statt Wasser. Es kommt aber regelmäßig nur Wasser.

Da wäre es doch an der Zeit eine Untersuchung anzuordnen. Mit einem Forschungsauftrag festzustellen, welche Konzentration verschüttetes Heizöl im Boden erreicht. Welche Wurzeln, welcher Pflanzen daran Schaden nehmen. Wie Regenwürmer, Mäuse, Maulwürfe oder Engerlinge auf diese natürliche Konzentration rea-

gieren. Was aus dem Öl in verschiedenen Böden wird, nach 8 Tagen, 4 Wochen, 12 Monaten.
Danach kann man den jeweiligen Schaden ermessen. Ist der Schaden beachtlich, dann kann seine Beseitigung nicht Ermessensfrage einiger Beamter sein. Ist er bescheidenen Ausmaßes, können wir Kraft und Geld auf wichtigere Stellen konzentrieren.
Bewußter Umweltschutz hat das Ziel, aus biologischer Sicht Lebensraum und Lebensmöglichkeiten zu erhalten. In Sachen Heizöl muß Umweltschutz frei werden von allen Relikten aus der Zeit der Steinkohlen-Subventionen. Was die Heizölsteuer nicht schaffte, nämlich den Vormarsch des Heizöl-Einsatzes zu Gunsten der Steinkohle zu bremsen, das könnten Wannen und Auflagen, so dachte man damals. Heute muß der Sinn einer Auflage erkennbar sein, wenn man ernstlich hofft, daß sie eingehalten werde.

Keine vordergründigen Vorschriften!

Alles andere ist vordergründig. Sehr vordergründig, wie z. B. der Sinn der Feuerlöscher-Vorschrift.
Häusliche Heizöllager müssen danach mit Feuerlöschern ausgerüstet sein. Eine ganz einfache Überlegung zeigt den Widersinn: Als Flüssigkeit brennt Heizöl nicht. Nur sein Dampf ist entflammbar. Der Vorrat im Kellertank kann nur Feuer fangen, wenn ein ganz gehöriger Brand auf den Lagerraum übergreift. Dann würde das Heizöl aber derart brennen, daß es sträflicher Leichtsinn wäre, sich mit einem der vorgeschriebenen Trockenlöscher als Feuerwehrmann zu versuchen. Der Einwand, ein Feuerlöscher sei im Haus ganz allgemein nützlich, zieht nicht, solange nur Ölheizungsbesitzer dazu verpflichtet sind. Außerdem sind die vorgeschriebenen Löscher sog. Trokkenlöscher. Mit nichtbrennbarem Druckgas wird daraus doppelkohlensaures Natron zerstäubt. Die Löschwirkung ist bei Treibstoff-Bränden außergewöhnlich gut. Nur ist die Staubentwicklung in Wohnräumen schlechthin unzumutbar. Ob die häusliche Einrichtung ein Opfer

Besser laufen, als löschen!

der Flammen oder des Löschpulvers wird, ist am Ende fast einerlei.

Nicht schlecht: 100 Mill. DM sicher!

Der Feuerlöscher-Lobby ist es jedenfalls mit dieser Feuerlöscher-Vorschrift gelungen, ein Geschäft von bisher rund 100 Millionen DM zu sichern. Übrigens nicht nur ein einmaliges Geschäft! – Zumindest theoretisch ist es eines von Dauer. Feuerlöscher, und das hat mit Ölfeuerung nichts zu tun, müssen gewartet werden. Zweijährlich ist der Fülldruck zu prüfen, andernfalls ...

Was folgt ist nicht wichtig, denn der Feuerlöscher-Industrie fehlt dazu das Personal. Würden alle Ölheizungsbesitzer die Löscher vorschriftsmäßig prüfen lassen, käme das Gewerbe in große Schwierigkeiten. Deshalb ist dieser Teil des vorgeschriebenen Geschäfts (noch) Theorie.

Der Feuerwehr fehlt übrigens auch das Personal. Und zwar jenes, das sie bräuchte, um im Brandfalle die Schilder lesen zu lassen, deren Form und Aufschrift dem Ölheizungsbesitzer vorgeschrieben sind. Zum Beispiel »Notschalter für Ölheizung« oder »Heizöllagerraum, betreten mit Feuer und offenem Licht ... «

Natürlich können Feuerwehrleute lesen. Nur eben nicht während sie löschen. Dann ist alles voller Rauch, und außerdem ist die Zeit recht knapp.

Ein Pappenstiel!

Dennoch, allein das Notschalter-Schild brachte bisher mindestens 2 Millionen DM Umsatz.

Mit derart kleinen Beträgen sollte man sich nicht aufhalten? – Gut, dann nehmen wir einen größeren. Im Erdreich eingegrabene Behälter sind etwa seit 1965 doppelwandig und haben ein Leckanzeigegerät oder sie sind einwandig und haben ein Vacuum-Leckanzeigegerät, haben dazu noch eine Innenblase, Kathoden-Schutz und vieles mehr, laut Vorschrift! Kostenpunkt je Außentank 2000,– bis 10000,– DM. Die Schutzgeräte werden im Turnus von Sachverständigen gegen Gebühr überprüft.

Sicher ist bei alledem nur das Geschäft. Behälter können trotz dieser »Sicherheitsvorkehrungen« leck werden. Es

leuchtet dann allerdings ein Licht und es tönt ein Ton. Der »Betreiber« der Anlage ist verpflichtet, die Kreisverwaltung zu verständigen. Die ordnet die bereits bekannten Baggerspiele an. Zuletzt werden allerdings nur selten neue Bäume gepflanzt, denn diesen Schaden zahlt nicht die KFZ-Haftpflicht-Versicherung, sondern der »Betreiber« selbst.
Leckanzeige ist keine Sicherheit vor Lecks. Wenn auslaufendes Heizöl Gefahr für die Umwelt bedeutet, kann es nur lecksichere Erdtanks geben oder gar keine. Vorgeschriebene Kontrollgänge sog. Sachverständiger sind lächerlich. Relikte aus der Steinkohlen-Subventionszeit!

Behörden, die die Zeichen der Zeit nicht erkennen, werden es bald sehr schwer haben. Anders als in den vergangenen Jahren interessiert sich die Öffentlichkeit allmählich für das Tun aller Amtspersonen. Das Amt wird nicht mehr lange Schutz für die Person sein.

Darum: das Erste richtig machen!

Alle, die sich gewerbsmäßig und nicht nur angeblich am Wohl der Menschheit versuchen, müssen sich endlich darauf besinnen, das Erste richtig zu machen. Alles weitere ergibt sich danach wie von selbst.
Irgendwo kann dabei ein Öltröpfchen wichtig sein, irgendwann kommt es auf eine Rußflocke an. Aber weder das eine noch das andere ist der Anfang.
Ganz gewiß ist es auch kein Anfang, wenn ein Gemeinderat das Verbot von Ölheizungen beschließt, oder ein Kreisbaumeister eine Baugenehmigung vom Einbau minderwertiger Elektroöfen abhängig macht. Mit Energiepolitik übernimmt sich jeder Gemeinderat, und jeder Kreisbaumeister sollte bedenken, daß der Strom immer nur aus dem Gebiet eines Kollegen kommen kann, und daß ein Elektroofen dort mehr schmutzige Luft verursacht als zehn gleichstarke Ölöfen. Gemeinderäte und Kreisbaumeister können für ihr Aufgabengebiet einen Anfang machen, mit gemeinsamen Überlegungen.

Wo ist der Anfang?

Zum Beispiel, ob der letzte Meter Waldweg wirklich noch geteert werden muß, ob nicht doch ein Hektar

Moorfläche vor der Trockenlegung bewahrt werden soll, ob Straßen und Wege weiterhin so entwässert werden, daß auch der letzte Löffel Kuhmist zehn Minuten nach jedem Regen in den nahegelegenen Bach, in den Badesee gespült ist, ob Geldmittel des Bundes, des Landes oder des Kreises für solchen Irrwitz nicht doch zu schade sind, ob alte Bauernhäuser grundsätzlich in modische Möchtegern-Schuppen umgebaut werden müssen, ob neue Bauernhäuser immer wieder mitten in die flurbereinigten Reviere gebaut werden und wie zu groß geratene Wellblechgaragen aussehen dürfen, ob Werkstätten und angesiedelte Industriehallen ausschließlich betonierte Baracken sein müssen. Damit läßt sich die Zeit nützen, die mit Beschlüssen über Energiefragen ganz gewiß vertan ist.

Was das Heizen anlangt, ist die Art der Energie ohnehin keine Frage, sondern eine Antwort. Sie ergibt sich aus richtiger Heiztechnik, die wiederum Art, Größe und Lage des jeweiligen Objektes mit einschließt. Völlig einerlei, ob als Objekt ein Haus, ein Dorf, eine Stadt oder ein ganzes Land gilt.

Der Mensch ist der Maßstab

Für richtige Heiztechnik ist aller Maßstab der Mensch. Um leben zu können muß er atmen. Zum Atmen braucht er Luft von ganz bestimmten Zustand. Die Luft muß rein, trocken und relativ kühl sein. Auf natürliche Weise stellt sich dieser Luftzustand sehr häufig ein. Von der Reinheit einmal abgesehen, ist die Luft nur an wenigen Sommertagen zu warm oder zu feucht. Sie kann für die Atmung hierzulande überhaupt nie zu kalt oder zu trocken werden.

Zu kalt sind, infolge des rauhen Klimas, fast das ganze Jahr die Behausungen, in denen sich der Mensch vorwiegend in spärlicher, zumindest bequemer Kleidung aufhält. Deshalb muß geheizt werden.

Strahlungsklima, ist der Anfang aller Heiztechnik

Die Kunst, oder die (wortverwandte) Technik richtigen Heizens besteht darin, die Bauwerke künstlich zu erwärmen, ohne deren Luftinhalt übermäßig zu temperieren.

Weil jedes Aufheizen der Luft und noch mehr jede künstliche Befeuchtung die menschliche Atmung unnötig behindert, ist beides zu vermeiden. Horizontale Wärmestrahlung, von vertikalen Heizflächen abgestrahlt, vermag diese Aufgabe zu erfüllen. Strahlungsklima mit trockener, kühler und staubfreier Luft, das ist der Anfang für moderne Heiztechnik. Ohne die technischen Möglichkeiten, die dafür existieren auszuplaudern, ohne eine Energie nach Art oder Form festzulegen, ohne Details zu erörtern, kann gefolgert werden, was sich aus diesem richtigen Anfang alles von selbst ergibt.

Das Zweite ergibt sich von selbst

Zu groß bedeutet bei Strahlungsheizungen schlechthin unerträglich, zu klein wirkungslos. Deshalb müssen Strahlungsheizsysteme exakt berechnet sein. Da hilft keine alte DIN-Regel, die Näherungswerte für normale Fälle bindend vorschreibt. Physiologische Korrektur-Faktoren bringen auch nichts ein. Strahlungsheizungen lassen die vielen Fehler orthodoxer Heizsysteme von selbst verschwinden. Die viel zu großen Heizungen, das viele, umsonst ausgegebene Geld, geringer Ausnutzungsgrad, zu hoher Verschleiß, schlechte Wirtschaftlichkeit kann es dabei in der bisherigen Form nicht mehr geben.
Strahlungsheizungen reduzieren nicht nur die Anlagekosten auf das wirklich notwendige Maß, sie senken auch den Verbrauch. Selbst, wenn im ersten Anlauf die denkbaren Idealwerte noch nicht erreicht werden, können Häuser und Wohnungen eine angenehmere Heizwärme mit dem halben Aufwand an Energie bekommen. Das heißt, fast um die Hälfte billiger. Heizwärme zum halben Preis läßt jene an einem gesünderen Leben teilhaben, für die bis jetzt eine Zentralheizung nicht erschwinglich war. Das sind nicht wenige.

Zahlenangaben sind von 1975!

Es werden noch ziemlich genau 13 Millionen bundesdeutscher Wohnungen mit Öfen aller Art geheizt, weil für sie Zentralheizungen zu teuer waren. Den Öfen dieser 13 Millionen Wohnungen fällt heute ein Anteil von 92 Prozent an der Luftverschmutzung durch Hausbrand zu. Sie zu beseitigen, wäre der größte Beitrag zur Luftreinhaltung auf dem Heizungssektor. Durch die Umstellung der Einzelöfen auf zentrale Strahlungsheizsysteme ließe sich die Gesamt-Emission durch Hausbrand auf 20 Prozent des heutigen Betrages reduzieren. Ein Ersatz aller vorhandenen zentralen Luftheizungssysteme durch Strahlungsheizungen würde dieses verbleibende Fünftel nocheinmal halbieren. Für viele Gebiete Deutschlands wären das Luftverhältnisse wie vor 100 Jahren.

Wenn das Allererste stimmt!

Gesunde Heizungen, in der richtigen Größe, bringen – wie von selbst – einen weiteren Reinhaltungs-Effekt. Gegenüber der heutigen Praxis können unglaubliche Mengen an Gußeisen und Stahl beim Heizungsbau eingespart werden. Wärmeerzeuger können um 80 Prozent leichter, Heizflächen um 75 Prozent kleiner und Rohrleitungen um 60 Prozent schlanker werden. Damit lassen sich jährlich rund 0,5 Millionen Tonnen Stahl und Eisen einsparen. Der Materialwert dieser Ersparnis macht jährlich 2,5 Milliarden D-Mark aus. Für den Einbau dieses unnützen Materials wird jährlich gewiß nocheinmal der gleiche Betrag ausgegeben; zusammen also 5 Milliarden DM/a. Für diesen Betrag und mit der durch seine Einsparung freigesetzten Arbeitskraft vieler Heizungsbetriebe könnten in vorhandene Wohnungen moderne Zentralheizungen eingebaut werden. Das Geld würde immerhin jährlich für 1,5 Millionen Wohnungen reichen. Der sanierungswürdige Bestand noch ofenbeheizter Wohnungen wäre in rund 5 Jahren versorgt.

5 Milliarden DM jährlich frei!

Weder die Vollbeschäftigung, noch die Sicherheit des Arbeitsplatzes würde dieser sinnvolle Einsatz von Material und Arbeitskräften irgendwie gefährden.

Rundum Vorteile!

Nicht einmal die Jato-Direktoren hätten etwas zu befürchten. Das sind die Leiter der Stahlwerke, die ihre Betriebsergebnisse allzugern nach dem jährlichen Ausstoß in Jahrestonnen (Jato) beurteilen lassen. Ein kleiner Teil ihrer Jahresarbeit, nur etwas mehr als 1 Prozent, würde produziert, nicht um wieder zu verrotten, sondern um richtig zu heizen.

Es ist nicht viel, dieses eine Prozent, aber bedeutend. In jedem Fall zeigt es Möglichkeiten an, über die es sich lohnt nachzudenken. Die Frage lautet, was besser ist, viel zu produzieren, oder vernünftig.
Das Jato-Denken läßt die richtige Antwort nicht zu. Noch ist jeder verpönt, der auch nur auf eine Tonne vergeudeten Stahls hinweist. Bald wird man aber einsehen, daß nichtproduzierter Stahl die Luft noch sauberer hält, als bestgemeinte Vorschriften, die Emissionen begrenzen (sollen). Vielleicht wird die Jato-Rechnung einmal auf die Reduzierbarkeit der Emissionen der Stahlwerke angewandt werden. Die Menschheit hätte viel davon.

Anmerkung 1987:
Die Menschheit wird noch warten müssen. Noch kümmert sich die Heizungsindustrie am allerwenigsten um Materialersparnis. Von mir entwickelte Heizleistensysteme erfordern nur 10 Prozent des Metallverbrauchs herkömmlicher Heizungen. Der Konstruktions-Chef einer namhaften Kessel- und Heizkörperfabrik bezeichnete kürzlich meinen Hinweis darauf als Philosophie, auf die er sich nur schwer einstellen könne. Schließlich bedeutet »Stahlkrise« doch schlicht, daß es davon zuviel gibt und Kupfer, Zinn, Aluminium seien in den letzten zehn Jahren erheblich billiger geworden. Wozu also sparen? — — —

DIN heißt: Das ist Norm

Wie groß die Heizung eines Hauses sein muß, weiß auch der Fachmann nicht von vornherein. Er erfährt es in aller Regel von seinem Lehrling. Das kommt so: Der erste, umfangreichste Teil ist beim Projektieren einer Heizung die »Berechnung des Wärmebedarfs«. Nach der Norm DIN 4701 werden dabei in einer langwierigen und langweiligen Kettenrechnung mit übertriebener Genauigkeit Zahlenspiele betrieben, die selbst einem begeisterten Neuling des Heizungsfaches rasch jedes Interesse verleiden. Wer es in einem Planungsbüro zu etwas bringen will, muß sich deshalb beizeiten davor drücken. Weil Lehrlinge dies vielleicht als einziges noch nicht können, sind sie es, die jahrgangweise die Größe der meisten Heizungen bestimmen.

Eine Norm gilt! Auch wenn sie falsch ist

Das ist kein Vorteil. Jeder aufrichtige Fachmann gibt das zu. Manch einer ärgert sich darüber, weil er fühlt, oder sogar weiß, daß er selbst es sein müßte, der die Schlüsselwerte seiner Heizungsprojekte bestimmt. Trotzdem wird er die nerventötende Rechnung weiterhin dem letzten seiner Betriebs-Hierarchie überlassen und nichts unternehmen, keine vereinfachte, ebenso gute Rechnung an die Stelle der DIN 4701 setzen. Nie und nirgends wird sich einer aufraffen, gegen diesen Mißstand seiner Branche aktiv zu werden.

Der Gründe sind viele. Da gibt es immer wieder Streit mit Kunden. Zur Schlichtung werden Gutachten von Sachverständigen gebraucht.

Norm ist Norm!

Sachverständige prüfen die Wärmebedarfsrechnung. Finden sie dabei Falsches, ist die Sache schon faul, auch wenn der tatsächliche Fehler ganz wo anders liegen mag. So zweifelhaft das Rechenverfahren auch ist, es läßt sich nachprüfen. Ohne Meßinstrumente oder aufwendige Untersuchungen; sogar ohne bedeutende Sachkenntnis. Das macht Heizungsleuten Angst. Deshalb bringen Sie den Mut nicht auf, sich kraft besseren Wissens über die umständliche DIN 4701 hinwegzusetzen. Heizungsleute haben aber auch Angst vor behördlichen Auftraggebern. Kommunale und staatliche Bauämter betrachten die »DIN 4701 Regeln für die Berechnung des Wärmebedarfes von Gebäuden, aufgestellt vom Fachnormenausschuß Heizung und Lüftung im Deutschen Normenausschuß (DNA)« als eine Art elftes Gebot. Nicht nur, weil Behördenvertreter die Mehrheit in den beschließenden Ausschüssen stellen, sondern weil diese nachprüfbare Grundlage einer Heizungsberechnung angeblich die Wettbewerbsgleichheit gewährleistet.

Norm ist Macht!

Aber das klingt nur edel. Tatsächlich ist es das Gegenteil. Die Verbindlichkeit der DIN 4701, als sog. anerkannte Regel der Technik schließt jeden Wettbewerb eines Heizungsfachmannes aus; auch, wenn er aus reichlicher Erfahrung, z. B. bei der Wiederholung eines Bauobjektes offensichtliche Fehler der ersten Ausführung korrigieren könnte, wird er es füglich lassen. Es ist zu riskant. Ein anderer Fehler beliebiger Art könnte auftreten. Im Streitfall ginge es mit Sicherheit hauptsächlich um die Änderungen gegenüber der DIN 4701. Sie gilt als bindende Regel für »normale Fälle«.

Worin liegen nun die Probleme dieser Berechnungsregel? Da ist zunächst einmal die übertriebene Genauigkeit. Alle Teilflächen eines Hauses, d. h. jedes Fenster, jede Wand, jede Türe, jede Decke sollen auf zwei Dezimalstellen, also auf den Quadratzentimeter genau, berechnet werden. Mit Rechenmaschinen ist das vielleicht kein Problem, wohl aber für den Rechenschieber des Lehrlings. Das genaue Einstellen und Ablesen ist zeitraubend und zehrt an den Nerven. Um so mehr, als der Rechner am Ende der Berechnung für einen jeden Raum Zuschläge zwischen 7 und 35% draufgeben darf. Was also zuerst mit zwei Stellen nach dem Komma ermittelt ist, wird anschließend vor dem Komma pauschal aufgerundet. Das macht die anfangs geforderte Genauigkeit sogar in der Betrachtungsweise des Lehrlings fragwürdig. Hinzu kommt, daß die meisten Wärmebedarfsrechnungen nach Plänen im Maßstab 1:100 gemacht werden müssen. In dieser Verkleinerung bedeutet 1 cm

Genauigkeit nur zum Schein!

1983 trat eine neue DIN 4701 in Kraft. Deutsche Perfektionisten haben ganze Arbeit geleistet. Lehrlinge sind die Fronarbeit los: jetzt schwitzen Ingenieure vor Computern. Alles andere blieb beim alten!

Ist das nicht Unsinn?

auf dem Papier einen Meter auf dem Bau. Grotesker noch die Umkehrung : 1 cm auf dem Bau – und so genau möchten die DIN-Väter den Heizungstechniker arbeiten sehen – bedeutet ein Zehntelmillimeter auf dem Zeichenpapier. So fein sind zwar bei erstklassigen Zeichnungen die dünnsten Striche, aber die Zeichner denken nicht im Traum daran, diese Haarlinien so exakt zu placieren, daß der Heizungsmann die tatsächlichen Baumaße daraus entnehmen könnte. Hundertstelpläne sind Eingabepläne. Und diese müssen optisch wirken. Auf die Bauherren wegen des Auftrages, auf die Nachbarn wegen der Unterschriften und auf die Kreisbaumeister wegen der Baugenehmigung! Da spielen Millimeter keine Rolle.

Dem Lehrling, der den Wärmebedarf berechnen muß, sagt das keiner. Er wird mit viel zu ungenauen Plänen und einer viel zu genauen Berechnungsregel alleingelassen.

Wie er es auch macht, ist es danach falsch. Reagiert er pedantisch, dann braucht er zu lange, wird deswegen gerügt. Neigt er zu Großzügigkeit, ist ihm die Rüge genauso sicher. Ein Oberer wird ihm seine Fehler zeigen! Alles zusammen, die sicheren Rügen, die langweilige Rechnerei und schließlich ein mehr oder weniger starker Schimmer besserer Erkenntnis lassen die Berechnungen nach DIN 4701 als eine Art Sklaven-Arbeit des Heizungsfaches erscheinen.

Mit Computer kommt man nur schneller zum falschen Ergebnis

Zweifellos läßt sich dagegen etwas tun. Eine leistungsfähige Rechenmaschine, vom Computer gar nicht zu reden, bringt spürbare Erleichterung. Schon kleine Geräte arbeiten ja auf vier Kommastellen. Aber der Kern des Problems liegt tiefer.

Ein Heizungsmann findet es blamabel, wenn bei einer seiner Heizungen etwa ein Raum nicht recht warm werden sollte. Obwohl es dafür dutzende anderer Gründe geben kann, will er einen mit Sicherheit ausschließen, nämlich, daß er zu »knapp« gerechnet hätte. Das erreicht der Heizungsmann, indem er zwar nach DIN 4701, aber mit aufgerundeten Zahlen rechnet, d. h. rechnen läßt. Ein Fenster, lt. Werkplan 1,12 m breit, 1,65 m hoch (= 1,8 m²), kommt in die Tabelle mit 1,2 x 1,7 (= 2,1 m²). Der Unterschied sieht nicht bedeutend aus, trotzdem ist das zweite Produkt um 16,7% größer. Und das bei der ersten von einigen hundert oder tausend Multiplikationen. Was dabei am Ende aller Rechnungen an Zuschlägen zusammenkommt macht für gewöhnlich 40 bis 100% aus.

DIN 4701 ist das Geschäft des Jahrhunderts

Um genausoviel sind die Heizkörper, die Rohrleitungen, die Kessel, Pumpen, Brenner, Ventile, fast aller Heizungen zu groß!

Jeder Heizungsbesitzer kann sich davon überzeugen. Wenn nämlich die rechnerisch tiefste Außentemperatur seiner Klimazone erreicht ist, sollte das Kesselthermometer bei fast allen Warmwasserheizungen auf 90° C stehen. Darauf sind die Berechnungen ausgelegt.

Tiefste Außentemperaturen für die
ZONE I — 12° C (Rheinbecken)
ZONE II — 15° C (Nord-, West-, Südwest-Deutschland)
ZONE III — 18° C (östliches Süddeutschland)

Im allgemeinen wird der Heizungsbesitzer aber feststellen, daß trotz tiefster Außentemperatur 50 bis 60, höchstens 75° C am Kessel-Vorlauf genügen, um Raumtemperaturen über 20° C zu halten.

Und das ist ein großer Nachteil. Die Heizungen sind fast im gleichen Verhältnis zu teuer, in dem sie zu groß ausgelegt sind. Das Geld dafür ist umsonst ausgegeben. Es gibt wirklich keinen Vorteil, der daraus entstehen könnte.

Der Hauptzweck einer Wärmebedarfsrechnung wäre, für das betreffende Heizungssystem ausreichend genaue Relationswerte zu bringen. Das Verhältnis des rechnerischen Wärmebedarfes von Wohnzimmer zu Schlafzimmer zu Bad, das Verhältnis von einer Wohnung zur anderen, von einer Etage zur anderen, muß innerhalb eines zusammenhängenden Systems für die Praxis ausreichend genau stimmen. Das erreicht die DIN 4701 nur theoretisch. Praktisch verderben die vielen leichtfertigen Aufrundungen unterschiedlichen Ausmaßes die Relation der Einzelwerte.

Nur das Verhältnis muß stimmen!

»Für die Praxis genau« soll heißen, auf 100 Kilokalorien genau. Das ist die stündliche Wärmeabgabe eines erwachsenen Menschen. In normalen Wohnräumen wird die Änderung der Raumtemperatur infolge des Betretens oder Verlassens eines Raumes durch einen Menschen wohl kaum wahrgenommen. Und genauer, als für diese »Störgröße«, braucht keine Heizung berechnet zu sein.

Richtig: Auf »einen Menschen« genau!

Die DIN 4701 nimmt darauf wenig Rücksicht. Auf Seite 10 ihrer Original-Ausgabe ist in zwei Berechnungsbeispielen der »Wärmeverlust« von Innentüren berechnet, die von Räumen mit 20° C in einen Flur mit 15° C führen. Gegenüber den Innenwänden in denen die Türen sitzen, bringt das Beispiel 9,62 bzw. 5,40 kcal/h zusätzlichen Wärmebedarfes. Das ist im ersten Fall etwas weniger als die Hälfte, im zweiten Fall genau die Hälfte derjenigen Wärmemenge, die mit einer einzigen Tasse heißen Kaffees in den betreffenden Raum kommt. Lächerlich! Zehnmal soviel bringt stündlich eine Tischlampe.

DIN 4701: Auf »eine Tasse Kaffee« genau!

Innenwände, die zu Gängen oder Dielen ohne größere Außenwände führen, können überhaupt unberücksichtigt bleiben. Nach kurzer Betriebszeit der Heizung haben diese nichtbeheizten Innenräume die gleichen Temperaturen wie die beheizten Außenräume.

Entscheidend wichtig wäre es dagegen, daß die »Kühlwirkung« von Rippen an Außenflächen von Gebäuden beachtet wird. Was da an »modernen« Gebäuden so vorsteht, angefangen bei den Vorsprüngen betonierter Flachdächer, über Längs- und Querrippen der Fassaden, bis zu Balkonplatten, Eingangsdächern und gemauerten Sichtblenden, ist eine Oberflächenvergrößerung, deren zusätzliche Wärmeabgabe nicht unterschätzt werden darf. Eine Balkonplatte aus Stahlbeton von Zimmerbreite und 1 m Tiefe vergrößert die äußere Kühlfläche des dazugehörigen Raumes um 40 Prozent. Eine fast zu jedem neueren Wohnhaus gehörende Sichtblende, links und rechts auf Balkontiefe frei gemauert, bringt weitere

DIN 4701 kennt keine Kühlrippen

40 Prozent. Zusammen sind das 80 Prozent mehr, als die DIN 4701 »für normale Fälle bindend« vorschreibt. Das verschiebt die Relation dieses Musterraumes zu den übrigen der Wohnung, des Hauses. Umlaufende Balkone in jedem Stockwerk und ein dazu passender Vorsprung des Flachdaches, erhöhen den Wärmebedarf eines Hauses um ein volles Drittel.

Weiß das ein Architekt?

Wie leicht kann ein Heizungsmann darüber »stolpern«. Dann werden diese Räume mit Sonderkühlung bei normalem Betrieb nachhängen. Daraufhin wird die nächste Heizung nicht richtig gebaut, sondern noch größer.

Der Kunde zahlt das ja

Die allererste Ausgabe dieser Regel für die Berechnung des Wärmebedarfes war vielleicht gut als Rezept für Leute, die die Zusammenhänge nicht sehen können oder nicht sehen wollen. Das ist vierzig oder fünfzig Jahre her. Inzwischen wurde die DIN 4701 zwar mehrmals im Detail überarbeitet, weiter auf das Kleinlichste verästelt, aber die falsche Grundidee, daß der Wärmebedarf eines Raumes eine reine Gebäude-Eigenschaft sei, die mit dem geplanten Heizungssystem nichts zu tun habe, ist durchgängig erhalten geblieben.

Gute Absichten entschuldigen hier nichts

Solange die maßgebenden Herren, die jeweils an der allerneuesten Ausgabe der DIN 4701 herumflicken nicht erkennen, wie sehr diese Rechenregel auf die praktischen Erfahrungen mit Luftheizsystemen zugeschnitten ist, solange sie die gravierenden Fehler mit einem »wärmephysiologischen Zuschlagsverfahren« nur immer wieder korrigieren, anstatt sie von Grund auf auszumerzen, ist ein Fortschritt für die Branche unmöglich.

Kein vernünftiger Mensch würde bestreiten, daß der Wärmebedarf eines Hauses davon abhängt, wie es gebaut ist. Gut isolierte Wände helfen Wärme sparen. Im kalten Schweden hat man darüber einiges erfahren. Schon vor 20 Jahren sind »wärmedichte« Häuser gebaut worden, deren Wände so gut isoliert waren, daß der rechnerische Wärmebedarf weniger als ein Drittel der

Beispiel Schweden!

bis dahin üblichen Werte betragen hatte. Der Erfolg war zweifelhaft, doch der Fehler wurde gefunden.
Bei Häusern und Heizungen, wie wir sie seit 100 Jahren kennen, gehen rund drei Viertel der Heizwärme durch die Wände. Im Luv, das ist auf der vom Wind angeblasenen Seite der Häuser, drückt kalte Luft durch Tür- und Fensterritzen. Im Lee, auf der dem Wind abgewandten Seite, streicht die gleiche Luftmenge mit dem restlichen Viertel der Heizwärme ins Freie. Das Verhältnis der durch Mauern abgeleiteten zu der von der Luft entführten Wärme ist demnach etwa 3:1.

Der Wind wurde vergessen

Bei den ersten gut isolierten Schwedenhäusern waren nur die Mauern wärmedichter. Fenster und Türen waren zunächst von üblicher Bauart. Dadurch änderte sich dieses Verhältnis auf 1:1. Windanfall hatte auf das Raumklima nunmehr doppelt soviel Einfluß wie ehedem.
Bei plötzlichem Wind wurde es in den Räumen auf der Luvseite ebenso plötzlich kühl. Im Nu war die warme Luft im Lee verschwunden. Die Heizungen stimmten nicht mehr. Sie waren nach der hergebrachten Wärmebedarfsrechnung konstruiert und konnten nicht schnell genug auf die plötzlichen Änderungen des Wärmeverbrauches reagieren. In der Folge wurden weniger die Heizungen geändert, man hat sich in Schweden zu den wärmedichten Mauern winddichte Fenster und Türen ausgedacht. Fenster mit dreifacher Verglasung, in Rahmen mit besonderen Dichtungen, in denen sich der Wind fangen konnte, die um so dichter wurden, je stärker der Wind drückte.

(Manche) Schwedenhäuser sind heute wind- und wärmedicht

Damit war die Sache wieder ausgewogen. Wärmeverlust durch Mauern und Wärmeverlust durch Wind waren erstaunlich klein und hatten das alte Verhältnis zueinander. Der Wind konnte den Heizbetrieb nicht mehr wesentlich beeinflussen. Das Ziel der Bemühung, geringere Heizkosten, ließ sich realisieren.
Dieses Beispiel und einiges aus den folgenden Kapiteln werden beweisen, wie wenig der Wärmebedarf als gleichbleibende Gebäudeeigenschaft betrachtet werden

darf. Naturgemäße Heizungen vermögen den rechnerischen Wärmebedarf und den praktischen Wärmeverbrauch entscheidend zu senken. Wohlgemerkt ohne daß an der Bauweise etwas geändert wäre.

Luftheizungssysteme heizen die Raumluft und wälzen sie um. Die warme Luft temperiert die kalten Wände. Die mittlere Lufttemperatur dieser Systeme ist daher immer höher, als bei Strahlungsheizsystemen. Mit jener Luft aber, die der Wind durch ein Haus drückt, geht bei Luftheizungssystemen wesentlich mehr Wärme verloren, als bei Strahlungsheizsystemen. Davon ist in der offiziellen Wärmebedarfsrechnung keine Rede.

Scheuklappen?

Ein schweizerischer Physiker referierte über diesen Zusammenhang ausführlich auf einem deutschen Heizungs- und Lüftungskongreß. Er wurde ausgelacht. Die Vertreter der deutschen Heizungs- und Lüftungsindustrie wollten nämlich nicht glauben, daß der Schweizer mit einer Vollstrahlungsheizung in einem Versuchsraum nur 30 Prozent des Wärmebedarfs nach DIN 4701 aufzuwenden brauchte um »volle Behaglichkeit« zu erzielen. Doch das ist richtig.

Zwar ist die »Vollstrahlungsheizung« an Voraussetzungen gebunden, die einen allgemeinen Einsatz noch nicht zulassen, aber das ist nur eine Frage der technischen Entwicklung. Der Trend ist erkennbar: Strahlungsklima senkt den Energieverbrauch für Heizungen ganz erheblich. Mit den Scheuklappen der DIN 4701 kann das keiner erkennen. Dabei wäre das so wichtig. Wenn ein Heizungstechniker einmal weiß, daß der Wärmebedarf mehr vom Heizungssystem als von der Bauweise bestimmt sein kann, vermag er anders zu denken. Er stuft nicht nur seine Anlagen richtiger ein, es dämmert ihm auch der Zusammenhang zwischen gesundem Klima drinnen und draußen.

Wer das nicht weiß, . . .

Strahlungsklima läßt sich mit wesentlich geringerem Energieverbrauch erzielen, als Luftheizungsklima. Das heißt auch, mit wesentlich weniger Abgasen! Strahlungsheizung läßt das Klima drinnen so gesund wie draußen werden.

Wie weit wir von einer Anwendung dieser Erkenntnis noch weg sind, zeigt die sog. technische Entwicklung der Elektroheizung. Mit einem Werbeaufwand sondergleichen wird dem Verbraucher vorgegaukelt, daß Nachtstrom-Speicherheizung billig sei. Wo auch immer die tatsächlichen Betriebskosten erschwinglich sind, wurden die betreffenden Bauten mit überdurchschnittlichen Isolierungen ausgestattet. Hätte die Elektro-Industrie nicht hirnlos die Luftheizungs-Speicheröfen gefördert, sondern Strahlungssysteme, wäre sie ohne den fragwürdigen Isolieraufwand zu besseren Ergebnissen gekommen.

... gerät eben in die falsche Richtung

Jener schweizerische Physiker hatte nachgewiesen, daß ein Drittel des bisherigen Energieverbrauches ausreichen kann. Das bedeutet: mit dem richtigen Heizsystem könnte Elektroheizung auch tagsüber mit einem Drittel der heutigen Kosten betrieben werden; billiger, als zur Zeit mit Nachtstrom.

Ein Drittel des Energieverbrauches könnte reichen, und diese Heizungen wären auch noch gesünder! Wäre es da nicht sinnvoller, in dieser Richtung zu entwickeln, anstatt für die schlechten Nachtstrom-Luftheizungen zu werben?

Wirklich peinlich!

In den USA ist der Einfluß des Heizsystems auf den Wärmebedarf bekannt. Die Anwendung der Erkenntnis ist kurioserweise in einer Sackgasse stecken geblieben. Man hat einen Korrektur-Faktor geschaffen. Er wird von Heizkörper-Herstellern gebraucht. Seine Bezeichnung »Heating-effect« läßt allerdings kaum auf die Korrektur-Funktion schließen.

Baseboard-heating – wir nennen das Heizleisten-Systeme – wurden regelmäßig zu groß dimensioniert, solange übliche Wärmebedarfszahlen und übliche Leistungswerte der Heizregister die Ausgangsgrößen für die Berechnung waren. Im Laufe der Zeit fand man heraus, um wieviel die Anlagen in der Praxis zu groß ausgefallen waren. Um diesen Betrag machte man fortan die »Baseboards« kleiner, indem man deren Leistungsangaben um einen entsprechenden Wert erhöhte.

Beispiel lt. Prüfstand gibt ein Meter »Baseboards« stündlich 500 kcal ab. Mit diesem Wert berechnete Anlagen fielen um 20 Prozent zu groß aus. Die Hersteller erhöhten daraufhin den Prüfstandswert um 20 Prozent auf 600 kcal/h. Den Aufschlag nannten sie »Heating-effect«, was sinngemäß heißen sollte »besondere Heizwirkung« eben der »Baseboards«.

USA: Hauptsache, man findet einen Namen

Alle Heizungsanlagen wurden in der Folge von selbst kleiner. Die amerikanischen Heizungsleute haben das hingenommen, ohne lange zu fragen. In Deutschland hat man mit den Baseboards auch den Heating-effect übernommen. Selbstverständlich ohne zu fragen! Durch fragen wäre man früher daraufgekommen, daß Heizleisten nicht zu den Luftheizungssystemen gehören. Sondern zur Gruppe der Strahlungsheizsysteme. Hier, wie in Amerika, hätte diese Entdeckung die weitere Entwicklung der Heiztechnik schon längst beeinflußt.

Heizleistenanlagen brauchen erwiesenermaßen weniger Brennstoff, als solche mit luftheizenden Radiatoren. Am Tegernsee ist es in einer Reihenhauszeile darüber vor Jahren zum Streit gekommen. Die Käufer der einzelnen Häuser konnten wählen zwischen Heizleisten und althergebrachten Radiatoren. Die meisten entschieden konservativ. Und danach ärgerten sie sich. Die fortschrittlichen Heizleistenkäufer brauchten in den gleichen Häusern bis zu 40 Prozent weniger Heizöl im Jahr. Dazu hatten sie es noch spürbar angenehmer in ihren Häusern.

Die konservativen Radiatoren-Käufer fingen daraufhin einen Streit mit der Heizungsfirma an. Es sei offensichtlich erwiesen, meinten sie, daß mit ihren Heizungen etwas nicht stimmen konnte. Die Heizungsfirma tat sich schwer. Der Sachverständige hatte es nicht leichter. Seitenweise wurde Papier beschrieben. Alles Erdenkliche stand darauf. Nur kein Wort über den wesentlichen Unterschied der Heizungssysteme.

Solche und ähnliche Fälle gibt es zu tausenden. Sie wurden alle hingenommen. Dabei sind das unübersehbare Zeichen dafür, daß eine ganze Branche falsch liegt.

Die Methode der Wärmebedarfsrechnung ist für luftheizende Systeme wie Radiatoren oder Konvektoren empirisch entwickelt, d. h. nach praktischen Beobachtungen. Für andere, insbesondere für Strahlungsheizsysteme ist sie kein geeignetes Mittel zur Vorausberechnung von Wärmebedarf oder Leistungsgrößen.

Die DIN 4701 ist aber auch für orthodoxe Heizungen überholt. Zu umständlich sind die Rechengänge, stellenweise übertrieben genau und doch haushoch über der Notwendigkeit mit ihren Ergebnissen. Dieser, als Norm DIN 4701 zu den »anerkannten Regeln der Technik« zählende Irrtum, darf nicht mehr allzulange „für normale Fälle bindend" vorgeschrieben bleiben. Die Heizungsindustrie erschwert sich sonst den Weg zu neuerer, moderner Heizungstechnik. Ohne an den Ballast der DIN 4701 gebunden zu sein, könnten sehr leicht andere Sparten, z. B. Elektriker, die Heizungsleute von morgen stellen.

Die Heizungsleute müssen endlich damit aufhören, alle Anlagen größer, ja sogar viel größer zu bauen, als das notwendig wäre. Ein verantwortungsbewußter Heizungstechniker muß sich seinen Kunden gegenüber verpflichtet fühlen, nicht seinen Lieferanten. Gesparte Heizkörper, Rohrleitungen werden nur für den Direktor des Lieferwerkes zur Umsatzeinbuße. Dem Heizungsmann bringen sie Gewinn. Weil seine Monteure die kleineren Anlagen schneller fertig bringen, weil er mehr Aufträge ausführen kann. Weil er an der kleineren Anlage mehr verdienen kann, obwohl sein Kunde weniger dafür bezahlt.

»Nach DIN 4701«

Einige wissen das, nur wagen sie es nicht danach zu handeln. Vielfach will es der Kunde auch garnicht. Nach der Regel »Was leer steht, weint nicht«, haben Bauern und Braumeister in früheren Zeiten die Stadel und Keller lieber etwas größer angelegt, als es eigentlich notwendig gewesen wäre. Und nach eben diesem Motto sehen viele Kunden in großen Heizungen eine Art von Reserve. Doch das ist grundfalsch. Das Geld für die Anschaffung der größeren Anlage verzinst sich keineswegs. Es kommt im Gegenteil sehr teuer. Der Wirkungsgrad sinkt mit zunehmender Übergröße; genauso die Lebensdauer. Und zwar aus ganz verständlichen Gründen.

Bei Heizungen ist die Bauernregel falsch!

Richtig ausgelegte Heizungen sind in unseren Breiten jährlich 1 800 Stunden voll in Betrieb. Heizöl- oder Gasbrenner können nur mit voller Leistung, oder gar nicht arbeiten. Wird z. B. halbe Kraft gebraucht, weil es gerade nicht kälter ist, steht der Brenner eben die Hälfte der vorgesehenen Laufzeit.

Was insgesamt an »Betriebsstunden« für kalte Januartage und kühle Juni-Abende zusammenkommt, macht jährlich rund 1 800 Stunden aus.

Nun hat ein Jahr aber 8 766 Stunden. In einem wünschenswert schönen Sommer wird zwei Monate d. s. 1 440 Stunden überhaupt nicht geheizt. Bleiben 7 326 Stunden! Davon wiederum sind 1 800 Vollbetriebsstunden ziemlich genau ein Viertel und das bedeutet, daß eine Heizung der richtigen Größe während der Heizperiode schon Dreiviertel der Zeit steht.

Heizungen, die doppelt so groß sind, wie eigentlich nötig, gibt es häufiger. Die laufen durchschnittlich nur siebeneinhalb Minuten in jeder Stunde. Durchschnittlich heißt nicht tatsächlich. Von Januar bis März sind es gewiß mehr als stündlich siebeneinhalb Minuten. In diesen drei Monaten werden rund die Hälfte der 1 800 Betriebsstunden gebraucht. Dadurch wird aber die tatsächliche Laufzeit während der restlichen Monate noch kürzer. So kommt es, daß die Brenner mancher Heizungen gerade in der Übergangszeit immer nur für Sekunden anspringen und anschließend wieder minutenlang stehen.

Zu große Heizungen sind unwirtschaftlich, . . .

So kurze Laufzeiten reichen niemals aus, um Abgasrohre und Schornstein zu durchwärmen. Die Abgase werden zu stark abgekühlt und weil der Hauptbestandteil aller Rauchgase Wasserdampf ist, kommt es zu dessen Kondensation. Der Niederschlag ist chemisch sauer. Er durchfeuchtet den gemauerten Schornstein, zerfrißt Rauchrohre und häufig auch die Heizkessel.

... fressen Schornsteine und Heizkessel!

In den langen Stillstandszeiten kühlen sich alle Teile der Heizungsanlagen ab. Aber nur die Abkühlung der Heizkörper ist erwünscht. Was sie an Wärme abgeben ist letztlich der Nutzeffekt der Heizung. Die Abkühlung der übrigen Teile, des Kessels, den stundenlang der Luftstrom durch den Kamin kühlt, die Abkühlung aller Rohrleitungen ist größtenteils verlorene Energie. Bezogen auf die eigentlich genutzte Wärme ist das ein beträchtlicher Anteil, denn an den zu groß ausgelegten Heizungen ist ja alles im gleichen Verhältnis größer als nötig. Nicht nur der Brenner, auch der Kessel, die Rohrleitungen, die Abgasrohre, die Kamine usw.

Zu große Heizungen sind schneller kaputt

Leistungsreserven sind bei Heizungsanlagen Unfug. Mit der Größe steigen die Stillstandszeiten, die Wärmeverluste, das Ausmaß der Abnutzung. Zu große Heizungen sind nicht nur teuerer in der Anschaffung, sie sind im Betrieb weniger wirtschaftlich und werden schneller verschlissen.

Möglich sind diese Fehlinvestitionen, weil der Hausbesitzer für gewöhnlich zur Beurteilung seiner Anlage keinen Maßstab hat. Würde ein Baumeister für ein Einfamilienhaus 51 cm dicke Ziegelmauern vorschlagen, wüßte der »Bauherr« einiges einzuwenden. Wie dick die Mauern eines Hauses sein können, weiß man.

Gibt es für die richtige Heizungsgröße keinen Anhaltswert? – So etwas liefe zunächst einmal auf eine Faustformel hinaus. Faustformeln sind zementiertes Halbwissen, Vorstufen der Bauernregeln, die verschwinden müssen. Außerdem würde man ihre Richtigkeit zurecht bezweifeln können.

Die Heizungen werden von selbst kleiner, wenn die Bauherrn, also die Kunden der Heizungsindustrie ein bißchen klüger geworden sind. Solange jedermann nämlich einen Vorteil darin sieht, seine Heizung, seinen Ofen nie voll aufdrehen zu müssen, auch nicht im kältesten Winter, solange wäre der Heizungsmann, der Ofenverkäufer schon fast ungeschickt zu nennen, wenn er die Gelegenheit, seinen Umsatz mühelos zu steigern, nicht wahrnähme.

Bauherren, die Reserven verlangen, verdienen nichts anderes!

Solange der Kunde lauthals Reserven fordert, braucht sich auch die Industrie nicht umzustellen. Sie kann weiterhin den Erfolg ihrer Werke nach Tonnen verkauften Gußeisens werten. Die Manager können zufrieden sein, wenn ihre Betriebe zu denen zählen, die die meisten Kessel, die meisten Heizkörper, die meisten Pumpen herstellen. Die Frage, wer jeweils die besten fabriziert, erübrigt sich.

Weil es der Heizungsindustrie so leicht gemacht wird, hat sich in den letzten hundert Jahren das Entscheidende nicht geändert. Der Heizungsindustrie wird aber nicht nur vieles leicht gemacht, sie macht auch anderen vieles leicht. Ein treffendes Beispiel dafür ist die Kaminfrage. Noch lange vor dem Kamin gab es Feuer im Haus. Offenes Feuer, das den Rauch in dicken Schwaden unters Dachgebälk trieb. Durch ein Loch im Giebel konnte der Qualm ins Freie, oder einfach durch die Spalten zwischen den Schindeln. Im Laufe der Zeit aber wurde dem Rauch ein Weg zugewiesen, ein abgeteilter, von den Dachbalken getrennter Raum, ein Schacht durch den die beißenden Schwaden abziehen konnten.

Warum sagen Heizungsleute nicht, daß gemauerte Hauskamine für Ölheizungen nichts taugen?

Es war eine lange Entwicklung, die der Kamin durchzumachen hatte. Wie alles, was zu einem Haus gehörte, wurden die ersten Kamine von den Baumeistern errichtet. Kein Wunder, daß die Baumeister einen Kamin als gemauerten Schacht entwickelten. Ein paar Jahrhunderte lang waren die »deutschen« Kamine in allen Häusern so groß, daß die Schlotfeger innen auf und ab klettern konnten. Der Rauch konnte zwar abziehen, aber von kräftigem Zug, der Luft durchs Feuer saugt, war keine Rede. Die Schornsteine wurden niemals richtig warm.

Erst Ende des 19. Jahrhunderts kamen kleinere Kamine auf. Insbesondere für mehrstöckige Mietshäuser entwickelte sich die Praxis, eine Gruppe von Kaminen gemeinsam aufzumauern. Noch etwas später gab es die ersten Vorschriften für den Bau von Kaminen.

Seither darf ein Kamin z. B. nicht als Pfeiler zwischen den Decken stehen. Ein richtiges Fundament muß er haben, zwei Inspektionstürchen, usw. Die Väter dieser Vorschriften waren vom Bau. Deshalb ist alles Bauliche aufs Beste gelöst. Wer sich an die zerbombten Städte des Zweiten Weltkriegs erinnert, weiß von ungezählten Schornsteinen, die den Einsturz der Häuser »überstanden« haben. Nur ist das nicht ganz der Hauptzweck eines Kamines.

Ist das der Hauptzweck eines Hauskamins?

Darunter wäre doch wohl vor seiner Standfestigkeit zu verstehen, daß er Abgase von Feuerungen sicher, ohne Beeinträchtigung der Wirtschaftlichkeit ableitet. Warum aber ist der Kamin »nach Vorschrift« auch heute noch nicht geeignet diesen Hauptzweck zu erfüllen? Ursächlich: weil sich die gewerbsmäßigen Richtlinienverfasser zuwenig um die Feuerungstechnik kümmern, und tatsächlich: weil sich die Feuerungskonstrukteure zu wenig um die Kamine kümmern.

Ein folgenschwerer Irrtum!

Kamine werden als Bauwerke betrachtet, zumindest als Teile davon. Das ist falsch, Kamine sind technische Einrichtungen. In jedem Fall sind sie als Bestandteil der Feuerung zu sehen. Mit Ausnahme vielleicht eines äußeren Mantels sollte daran nichts gemauert sein.

Gemauerte Kamine entziehen den Rauchgasen Wärme, die diese besser behalten sollen, um genügend Auftrieb zu haben, um Auftrieb auch noch außerhalb des Schornsteins zu erfahren.

Abgekühlte Rauchgase setzen Wasser ab. Die Schornsteinwandungen saugen es auf, die Kamine versotten, d. h. sie werden durch und durch feucht. Feuchte Kamine sind nicht nur unansehnlich, sondern auch unbrauchbar. Sie müssen, selbst innerhalb von Wohnungen, abgetragen und erneuert werden.

Wasserfreie, abgekühlte Rauchgase sind aber auch schwerer als Luft von gleicher Temperatur. Sie haben zwar noch die Eigenschaft sich in Luft zu lösen, sich gleichmäßig zu verteilen, aber das geht nicht schneller, als mit Zucker in kaltem Wasser, das keiner umrührt. Darum sinken kalte Rauchgase, die gerade noch aus dem Kamin quellen, sofort abwärts, fließen gleichsam übers Dach nach unten, in Gärten, auf Terrassen, in Straßenschluchten und Nachbarfenster. Deshalb riecht es mancherorts zu mancher Zeit so sehr nach Abgasen. Natürlich kann man als Gegenmaßnahme Abgase kurzerhand verbieten, und damit zwangsweise die Feuerungen. Klüger wäre es allerdings, mit dem Verbot des gemauerten Hauskamins anzufangen.

Wie lang mauern wir Hauskamine noch?

Der technisch einwandfreie Kamin muß nämlich nicht erst erfunden werden. Es gibt ihn seit Jahren. Als Reparatur-Maßnahme!

Meist sind es Spezial-Unternehmen, die fertige, nicht ausschließlich defekte, aber nach Vorschrift viel zu groß gemauerte Kamine verkleinern. Ein quergerilltes Rohr aus dünnem, nicht rostendem Chromnickel-Stahlblech wird von oben in den Kamin getäuft. Der Raum zwischen dem runden Blechrohr und dem meist viereckigen Kaminschacht wird mit körnigem Isolationsmaterial aufgefüllt. Schon ist der ideale Kamin fertig.

Es gibt den idealen Kamin!

Was ist daran so ideal? Zunächst stimmt der Querschnitt. Der Rohrdurchmesser wird nach Art und Menge des Abgases der angeschlossenen Feuerungen und nach der Höhe des Kamins genau festgelegt. Außerdem, und das ist der Witz, wiegt dieses leichte Blechrohr insgesamt nicht mehr, als ein paar Ziegelsteine. Dementsprechend wenig Wärme nimmt es aus den Rauchgasen: Gegenüber den tausenden von Ziegeln aus denen ein gemauerter Kamin ist, eben nur wenige Tausendstel.

Diesen »Blechkamin« verlassen immer heiße Rauchgase, auch wenn die automatisierte Feuerung nur kurze Zeit in Betrieb ist. Was sich im ersten Augenblick des Kaltstarts an Feuchtigkeit aus dem Rauchgas niederschlägt, wird unmittelbar darauf vom heißgewordenen Blechrohr wieder verdampft. Und sollte wirklich einmal ein Tropfen hängen bleiben, schadet er auch nicht, denn das Blech ist korrosionsfest. Außerdem ist es dicht, und es kann sich niemals vollsaugen.

Deshalb ist der Blechkamin so richtig

Obwohl dieser »Blechkamin« unbegrenzt hält, muß er nicht ewig halten. Erfordert eine andere Feuerung andere Abmessungen, kann das Rohr ausgewechselt werden. Rundum eine gute Lösung aller Kamin-Probleme!

Sind Kaminkehrer nicht die eigentlichen Kamin-Spezialisten?

Außer den Bauämtern, den Feuerungstechnikern und den Hausbesitzern, sollten sich die Kaminkehrer damit beschäftigen. Anstatt darauf zu vertrauen, daß ihnen weiterhin behördlicherseits Arbeit zugewiesen wird, etwa in Form von Inspektionen an Abgasanlagen rußfreier Feuerungen, könnten sie mit dieser Futterrohr-Technik weiterhin Kamin-Spezialisten bleiben. Wer könnte besser als sie über die Firste turnen und Kamine präparieren, nicht nur defekte sanieren, sondern auch neue herstellen? Wie leicht wäre es möglich, im Neubau nur den Mantel des Kamines einzurichten und zum Schluß für die fertige Feuerung vom Kaminkehrer das passende Futterrohr zu beziehen. Natürlich nicht als neue Pfründe, nicht als Ersatz für schwindende Erträge aus dem Kehr-Monopol, sondern ruhig im Wettbewerb mit denen, die diese neuere Technik entwickelt haben.

Kaminkonstruktionen sind nur in zweiter Linie etwas für Bauleute. Deshalb sind die Ansichten von Bauleuten nebensächlich. Hauskamine müssen von Feuerungstechnikern bestimmt werden, die obendrein ihre Verantwortung gegenüber der Umwelt erkennen.

Zu groß gemauerte Hauskamine sind Umwelt-verschmutzer!

Zu große Heizungen und zu große, gemauerte Kamine sind schuld daran, wenn heute von Umweltverschmutzung durch »Hausbrand« gesprochen wird. Falsche Kamine lassen kaltes Rauchgas in Straßenschluchten gleiten, anstatt, wie eigentlich beabsichtigt, heiß in die Lüfte steigen. Damit sei nicht behauptet, daß Rauchgase in höheren Luftschichten unschädlich seien, nur können sie dort weniger belästigen. Rauchgase müssen über den Dächern bleiben, wenn wir sie auf der Straße, im Garten nicht riechen wollen.

Vorschriften hindern den Wettbewerb!

Weil sie der Blechkamin dorthin bringt, sollten wir ihn einführen. Wenn wir es uns heute verkneifen, ihn ausschließlich vorzuschreiben, kann sein, daß es morgen etwas noch besseres gibt.

Der technischen Entwicklung des Hauskamins standen bisher nicht nur falsche Vorschriften im Wege. Ein Hindernis, wenn auch kleinerer Art, ist eine falsche Vorstellung richtiger Großmütter. Großmütter kennzeichnet Güte, Geduld und die Kunst Märchen zu erzählen. Was sie davon auf die Enkel verwenden ist selten verschwendet. Enkel glauben, was Großmütter sagen, und niemand findet etwas daran. Aber die meisten halten es auch für natürlich, daß denselben Großmüttern von ihren eigenen Söhnen und Töchtern nichts geglaubt wird. Schuld daran ist, wie man sagt, der Generationen-Konflikt, der unerschütterliche Wille aller Jüngeren, um jeden Preis eigene Erfahrungen zu machen, und möglichst nichts von etwas Älteren anzunehmen.

Das alte Märchen!

Um so erstaunlicher ist es, daß Töchter und ausgerechnet Schwiegersöhne die einzige ganz und gar unwahre Weisheit der Mütter und Schwiegermütter glauben: das Märchen vom Kamin, der nicht zieht, weil die Sonne hineinscheint. Es wird kaum zwei Dinge im Kosmos geben, die einander so gleichgültig sind, wie die Sonne und ein Kamin.

Weil Holz im Wasser schwimmt, zieht auch der Schornstein

Ein Schornstein, wie der Kamin landstrichweise auch heißt, ist ein senkrechtes Rohr und zieht ganz von selbst, wenn es in diesem Rohr wärmer ist, als außerhalb.
Die warmen, vielleicht sogar heißen Rauchgase im Schornstein sind leichter als die Luft, die das Rohr (und das Haus) umgibt. Deshalb erfährt das heiße Rauchgas im Schornstein gegenüber der kalten Umgebungsluft einen Auftrieb. Es will nach oben, getrieben durch die gleiche Kraft wie ein Stück Holz, das man unter Wasser

losläßt. Und das oben am Kaminende ausströmende heiße Rauchgas zieht unten am Kaminfuß Luft durch das Feuer im Ofen, im Herd. Ein Teil dieser Luft unterhält die Verbrennung, wird wieder zu heißen Rauchgasen, die den Zug des Schornsteins aufrechterhalten. Geht das Feuer aus, so läßt auch der Zug nach. Zwar erwärmt sich zunächst noch Luft an den heißen Teilen des Ofens, an den Steinen des Kamins und strömt weiter nach oben, aber, wenn alle Wärme abgeführt ist, kommt der Luftstrom schließlich zum Stehen. Die Luft im Kamin hat dann die gleiche Temperatur (das gleiche Gewicht), wie die Luft drum herum.

Bisweilen funktioniert Physik auch rückwärts

Nun gibt es aber auch zu gewissen Zeiten Fälle, in denen die Luft innerhalb des Kamins kälter ist, als die außerhalb. Dann ist diese kältere Luft im Kamin schwerer, als die drum herum und es passiert ihr ähnliches, wie einem Stein, der im Wasser losgelassen wird: sie sinkt nach unten.

In der Nähe eines Ofens riecht es dann nach Ruß. Will man Feuer machen, drückt weißer Rauch aus der Ofentür.

Mit den Großmüttern hat diese Erscheinung insofern zu tun, als sie davon betroffen waren. Sie mußten nämlich, die Enkel glauben es kaum, auch sommers wegen der allmittäglichen Kocherei Feuer machen. Weil im Sommer aber hierzulande öfter die Sonne scheint, kamen die geplagten einst auf die Idee, daß die Sonne es sei, die mit ihren Strahlen die Kamine »zuhält«.

Mittlerweile ist es im Ernstfall immer nur die kühle Nachtluft, die noch im Kamin hängt, die aus dem Ofenloch drängt, wenn die Sonne schon hoch steht.

Nicht nur auf Märchenhäusern haben Kamine Märchendächer

Jede echte Großmutter wird diese Enthüllung verzeihen. Jener Schwiegersohn aber, der Architekt geworden ist und immer die schmucken Landhäuser baut, wird solange kleine Dächer aus Kupfer, Schmiedeeisen, mit Ziegeln oder aus Beton auf die Kamine setzen, bis er selbst nicht mehr weiß, daß er es einst angefangen hat, damit die Sonne nicht in den Kamin scheint.

Diese Sonnendächer auf den Kaminen hindern nicht nur die Kaminkehrer beim Geldverdienen, sondern was viel schlimmer ist, die Rauchgase am Aufsteigen. Der Weg nach oben ist versperrt. Metallplatten entziehen den Rauchgasen außerdem noch die letzte Wärme, die weiteren Auftrieb bringen könnte. Aber auch Hauben aus Beton sind Prallplatten, die den Miev in Nachbars Garten lenken.

Abgedeckte Kamine hatten einst einen Zweck, wenn sie zu Feuern gehörten, die tagelang nicht brannten, in Gegenden, in denen oft meterhoch Schnee fällt. Der Schnee konnte Kamine ohne Dach tatsächlich zuschneien, als Haube draufsitzen und nichts rauslassen.

Die vergessene Ausnahme!

Automatische Feuerungen in modernen Häusern stehen nicht tagelang still, lassen nie zu, daß die Kamine zuschneien. Deshalb sind Dächer auf Kaminen Unsinn.

Wenn Landhaus-Architekten echte oder gar künstliche Steine zu Dekorationskaminen auftürmen, sollen sie diese Dächer weglassen und dafür ein bißchen mehr darüber nachdenken, wie sie die Mündungsfläche um das schlanke Kaminrohr so entwässern, daß Regenwasser weder innen noch außen am Kamin herunterlaufen kann. Die Lösung dieses Problems kostet wahrscheinlich mehr als das teuerste Kupferdach und bringt so am Ende auch nicht weniger Honorar ein. Nur stimmt dann außer der Kasse auch die Lösung.

Auch Schau-Kamine könnten weiß bleiben!

Mit den Kamindächern nahe verwandt sind die Kamin-Aufsätze.

Sie gehören zu den Dingen, mit denen sich stets gute Geschäfte machen lassen. Auch wenn ihr Wert höchst zweifelhaft oder überhaupt nicht vorhanden ist, fallen landauf, landab immer wieder Käufer darauf herein. »Rauchimmerfort«, »Niewiederföhn«, wie sie auch heißen mögen, geben sie einem Kamin meist den Rest.

Hier stimmt nur die Kasse!

Geschickte Erfinder kommen auf immer neue Formen. Da gibt es welche, die aussehen wie Ritterhelme mit heruntergeklapptem Visier. Ganz ausgeklügelte drehen sich nach dem Wind. Aber es gibt auch Betonkunstwerke darunter, mit verschachtelten Gängen und Kammern. Auf den Prospekten zeigen kleine rote Pfeilchen wo ein pausbackiger Wind hineinblasen muß, auf das der schwarze Rauch an anderer Stelle abziehe. Die Erfinder haben an alles gedacht. Nur, wie sagt man es dem Winde?

Fachleute wissen Bescheid!

Es gibt Fehler oder Schäden an Kaminen. Sie lassen sich von Fachleuten herausfinden und beseitigen. Leute, die Kaminaufsätze empfehlen oder gar anordnen, haben den tatsächlichen Fehler nicht gefunden, sind nicht vom Fach.

Aber es gibt Fälle, in denen Aufsätze in dieser oder jener Form tatsächlich geholfen haben. Oft ist es nur ein meterlanges Ton- oder Blechrohr, das den Kamin verlängert und seit es drauf sitzt, raucht der Ofen auch bei Wind nicht mehr! – Zugegeben! In diesem Fall war der Kamin zu kurz. Seine Mündung geriet bei Böen besonderer Stärke aus besonderen Richtungen in einen Staudruck; d. h. der Wind staute sich am Dach, am Nachbarhaus, am eigenen Haus, am Kamin, vor einer Baumgruppe usw. . . . Dieser Staudruck kehrt die Rauchgasströmung im Kamin um. Eine geringfügige Verlängerung durch Rohre oder Aufsätze kann ausreichen, um die Kaminmündung über den Staudruckbereich der meisten Böen zu heben.

Kamine sind sehr oft zu niedrig!

Vielleicht war die Kaminmündung ohne Aufsatz bei steifem West zwar im Lee des Hausdaches, aber das Lee vor dem Ostfenster war stärker. Auch dann änderte der Rauch seine Richtung und kam aus dem Ofenloch. Wenn hier eine Kaminverlängerung geholfen hat, ist die Mündung aus einem Wirbel-Lee in den Wind geraten. Wind über einer Kamin-Öffnung wirkt auf den Rauch stärker, als jedes Fenster-Lee. Um so mehr, je dünner die Wandung um die Mündung herum ist. Die Kraft des Windes wird dabei ganz von selbst zum Zug. Das ist Physik, die in der Spray-Dosen-Zeit leicht in Vergessenheit gerät. Früher, als diverse Wässerchen noch mittels Lungenkraft oder Blasebalg zerstäubt werden mußten, gab das Fixier-Röhrchen ein treffendes Beispiel für »Zug durch Wind«. So ein Fixier-Röhrchen war aus zwei strohhalmdicken Blechröhrchen zusammengelötet. Das erste stand in Gebrauchslage senkrecht in der Flüssigkeit. Bei Malern im Fixativ, daher der Name! Durch das zweite, waagrechte, konnte man genau über die Mündung des ersten blasen. Der dabei im senkrechten Teil entstehende »Zug« ist so stark, daß die Flüssigkeit hochsteigt und oben herauskommt, wo sie der waagrechte Luftstrom tröpfchenweise wegschleudert. Aber das ist schon Nebensache. Wichtig ist das Beispiel des Zuges, als Folge des Luftstromes über dem Rohr. Wind über dem Kamin ist nichts anderes. Es gibt nur eine Physik.

Physik mit Wind!

Wenn also ein Kaminaufsatz den Zug nur bei Wind verstärkt und auch nur dann, wenn der Wind die rechten Löcher findet, ist dieser Aufsatz überflüssig. Einem zu kurz geratenen Kamin hilft das billigste Verlängerungsrohr mehr, als der teuerste Aufsatz. Es muß nur mindestens so lang sein wie der fragliche Aufsatz.

Daß Beton-Monumente oder Blechrüstungen als Kamin-Abschlüsse weniger nach Architekten-Fehlern aussehen, als mahnende Kanonenrohre, ist einer der Gründe, warum das Geschäft mit den Kaminaufsätzen wahrscheinlich auch weiterhin blühen wird.

Die Rechnung bekommt der Falsche!

Es gab einmal eine Zeit, in der jedermann über Heizung alles wußte. Das waren die Jahrhunderte vom offenen Kamin bis zum Kachelofen. Heizung bedeutete Feuer im Haus. Wer dabei einen Fehler machte, dessen Haus war im Feuer.

Technik auf Kredit?

Mittlerweile folgte die Strafe der Untat nicht mehr wie dem Blitz der Donner. Die Menschheit hat es gelernt, die Folgen, selbst der größten Fehler, aufzuschieben. Auf allen Gebieten, nicht nur in Sachen Heizung! An die Stelle eines fundierten Wissens ist der Glaube an Halbheiten getreten. Nach einem ausgeklügelten System der Teilinformation wird Halbwissen verbreitet und solange wiederholt, bis es geglaubt wird; auch von denen, die es eigentlich besser wissen müßten. Das war nicht immer so.

Vor dem Krieg konnte man noch mit jedem Architekten über Heizungsfragen diskutieren. Heute nicht mehr! Heizung, Lüftung und Klimatechnik sind inzwischen unterteilte, sorgsam getrennte Spezialgebiete der »Fachberater« geworden.

Diese Mode ist verhängnisvoll!

Manche jungen Baukünstler halten es geradezu für modern, nichts zu verstehen. Sie berufen sich auf Teamwork, reden viel von Koordination und Kooperation und merken dabei gar nicht, daß das meiste ihrer vielleicht sogar guten Ideen auf diese Weise verloren geht. Sie übersehen, daß sie mit der Verantwortung auch die Entscheidung aus der Hand geben. Die Entscheidung etwa, welches Klima in ihren Bauwerken herrschen soll, ob sich die Menschen wohlfühlen, oder darin krank werden. Architekten und Bauherren lassen sich über Heizung und Klima einfach zu vieles vorgaukeln, lassen sich darüber hinwegtäuschen, wie wenig die eigentliche Heiztechnik in den letzten 100 Jahren weitergekommen ist.

Was an Überlieferungen tausendfach nachgeplappert, abgeschrieben, was an Halbwissen zur Lehrmeinung erhoben wurde, was unnötigerweise für Heizungen vorgeschrieben wurde, sollte deshalb einmal erklärt werden.

Nicht nur der Architekt, auch der Besitzer oder Bewohner eines Hauses, einer Wohnung, kurz jedermann soll wieder Bescheid wissen in Sachen Heizung.

Ohne Volksweisheiten!

Die falschen Leitsätze »Wärme steigt nach oben«, oder »trockene Luft ist ungesund« und »Öfen verbrauchen den Sauerstoff aus der Luft« sollen nicht länger verkündet werden.
Die törichten Sprüche »Ein kaltes Schlafzimmer ist gesund«, »Kacheln halten die Wärme«, »Wenn die Sonne in den Kamin scheint, zieht der Ofen schlecht« sollten richtiggestellt werden. Die unsinnigen Binsenweisheiten »Lange Ofenrohre nützen die Wärme besser aus«, »Durch große Fenster strahlt die Kälte herein« und die ganz dummen »Strom ist die sauberste Energie«, oder »Wärmezähler an Heizkörpern helfen sparen« müssen verschwinden.
Einige dieser Überlieferungen sind die Grundlage guter Geschäfte, ganze Innungen bauen darauf. Trotzdem sind Überlieferungen dieser Art das Gegenteil von Erkenntnis. Daß einige jener Leute, die diese falschen Sätze immer wieder verbreiten, etwas anderes, vielleicht sogar richtiges meinen, kann nicht als Entschuldigung gelten. Falsches, anstelle der Wahrheit, ist immer und überall das schlimmste Übel und durch keine Übereinkunft zu retten.
Ob wir uns künftig an Überlieferungen oder an Erkenntnissen orientieren, wird immer mehr zur Frage unserer Zeit. Die Antworten darauf werden von Jahr zu Jahr immer klarer, eindeutiger sein müssen. Jede Rücksicht auf Überkommenes um seiner selbst willen, wird sich rächen. Jedes Tun und noch mehr jedes Lassen wider bessere Erkenntnis, wird schneller und gründlicher als bisher unangenehme, ja ungeahnte Folgen für die menschliche Gesellschaft haben. Eine Heizungsindustrie, die an Staubverschwelung glaubt, die trockene Luft befeuchtet und Kaminversottung als Naturereignis hinnimmt, hat keine Zukunft. Sie muß es sich auch gefallen lassen, daß ihr einer den Spiegel vorhält. Einer aus den

Es gibt keinen Aufschub

eigenen Reihen! Den nichts weiter auszeichnet, als daß er von Anfang an gefragt hat, wo denn, in aller Welt, Wärme nach oben steigt. Einer, der die Antwort darauf, und auf vieles andere, durch vierzig, mitunter recht mühsame Berufsjahre gesucht hat. Der nur mit richtigen Antworten zufrieden war. Mit Antworten, die mit den Naturgesetzen übereinstimmen, die sich mit Erkenntnissen der Naturwissenschaft decken, die nicht davon abhängen, wie sehr man daran glaubt, sondern die gelten, wenn und solange auf dieser Welt Wasser bergab fließt.

Er hat seine Erfahrungen jetzt niedergeschrieben, weil es sonst zu spät sein könnte. Zu spät für eine Industrie, die seit mindestens 50 Jahren von Fortschritt redet, dabei aber nichts weiter tut, als die Auswirkungen des letzten Fehlers durch einen neuen zu mildern!

Der erste Knopf muß stimmen

Auch die Heizungsbranche muß begreifen, daß an keinem Hemd für das letzte Loch ein Knopf bleibt, wenn der erste schon ausgelassen wurde, daß sich aber im Technischen vieles von selbst ergibt, wenn schon das Allererste richtig gemacht wurde.

Das meiste ist verblüffend einfach, entsprechend groß die Betroffenheit derer, die sich bisher nicht darum gekümmert haben. Möglicherweise brauchte man sich nicht viel Gedanken zu machen, weil die Regenerationskraft einer starken Natur die Auswirkungen der meisten Fehler ausgleichen konnte. Doch daran hat sich einiges geändert. Die Belastung des einzelnen Menschen und seiner Umwelt hat Grenzwerte erreicht, die nicht mehr ohne Folgen bleiben können. Verkraften wird die Menschheit diese Folgen am ehesten, wenn sie nicht unnütz verstärkt werden, etwa durch falschen Ehrgeiz, oder verletzte Eitelkeit. Schließlich kann niemand einem Heizungsmann Vorwürfe machen, weil er Zusammenhänge nicht erkannt hat, die den Heizungsexperten aller Wirtschaftssysteme ebensowenig zugänglich waren. Schlech-

ter ist es um einen Hersteller von Luftbefeuchtern gestellt, der aus Angst ums eigene Geschäft wie wild geworden vom Leder zieht und mit Gutachtern aller Art zu beweisen versucht, was aller Natur zuwider läuft.
Die Menschheit kann auf kleinliche Rechtfertigungen früherer Unkenntnis verzichten. Besser, als jene kleinen Geister versteht der „kleine Mann" – so es ihn überhaupt noch gibt – daß Porsche erst nach Benz und Ford für ihn wirken konnte; von Langen und Otto ganz zu schweigen. Auch Planck hätte sich schwerer getan ohne Boltzmann, Stefan, Kirchhoff und ohne Aristoteles. Nicht einen Vorwurf gibt es in der Geschichte des menschlichen Geistes für zu spät entdeckte Zusammenhänge des Naturgesetzes. Aber es gibt beschämende Prozesse ungezählter Galilei.
Herzerfrischend wirkt das Eingeständnis eines Hochschul-Mediziners, der zugibt, daß die Physiologie der Atmung als erforscht gilt und Studien über Krebsformen oder Nierentransplantate bisher mehr Geld und Ansehen einbrachten, als Ratschläge über klimatische Nutzanwendungen medizinischer Binsenweisheiten. Ermunternd der Zuspruch eines Heizkörper-Fabrikanten, der erzählt, er wollte dieses Buch als Urlaubs-Bettlektüre verwenden, und habe nach der ersten schlaflosen Nacht in Sachen Lektüre umdisponiert, und nach dem Urlaub in Sachen Produkt-Planung!
Die Wirkung ist das Ziel, der Angriff nur das Mittel.
Unser Siedlungsbau der Nachkriegszeit ist ofenbeheizt. Die Bewohner brauchen keine Aufzählungen der Gründe, sondern eine Sanierung mit humaner Heiztechnik. Keine veralteten Luftheizungssysteme, keine Spiegelfechtereien über angebliche Rohrverleger-Vorteile, sondern gesundes Strahlungsklima! Mit Heizleisten solange die Industrie keine Strahlflächen liefert. Die Mieter des Altbaubesitzes, insbesondere der gemeinnützigen Siedlungsträger haben ein Recht darauf, daß nach jüngsten Erkenntnissen die Gesundheit der oberste Maßstab ist und nicht die Rechthaberei des Häuserverwalters

oder die bewährten Geschäftsbeziehungen des Technischen Direktors.

Der Hausbesitzer und der es werden will, können von ihren Beratern Heizungen verlangen, die Strahlungsklima bieten. Weil das gesund erhält und Aufwand erübrigt, wie z. B. für Super-Isolation, derer nur krankmachende Luftheizungen bedürfen.

Unsere Architekten müssen lernen, daß Schönheit ihrer Schöpfungen nichts mit deren Durchsichtigkeit zu tun hat. Nur der Narr sucht hinter einem Schaufenster Geborgenheit.

Der Mensch aber hat ein Recht, daß ihm dieser seelische Pranger erspart wird. Womöglich wären unseren Fluren ein paar tausend Kilometer Trimmdich-Pfade erspart geblieben, wenn die Nachkriegs-Baukünstler mehr Verstand als Glas verwendet hätten. Wer den Wald tagtäglich bis zum Überdruß aus dem Wohnzimmerfenster in Breitwand sieht, von November bis März auch noch fröstelnd Kälte ahnt, bleibt lieber im Schaukelstuhl, als daß er seinen Wald erwandert.

Was uns eine humane Zukunft schneller bescheren kann, ist mehr Umsicht bei der öffentlichen Förderung wissenschaftlicher Forschung. Ein 10-Millionen-Scheck zum Bau eines unbewohnten Experimentierhauses, das mit Sonnenenergie beheizt werden soll, ist fragwürdig. Das Ergebnis kann sich nicht innerhalb einer Zeit auszahlen, die eine Verwendung heutiger Steuern dafür rechtfertigt. Was wir brauchen, ist ein Netz aus neuen Informationen mit denen wir möglichst schnell das Loch schließen können, das gleichgültige Selbstzufriedenheit auf einem Gebiet belassen hat, das in seiner Bedeutung nicht elementarer sein könnte, als eben humane Heiztechnik.

Ein Liste derjenigen Zusammenhänge oder Tatsachen, die mittlerweile zwar augenfällig, aber für angewandte Technik noch zu wenig griffig sind, soll deshalb den Abschluß dieses Buches bilden.

Messungen des Staubgehaltes der Raumluft verschiedener Heizungssysteme in Abhängigkeit von der Betriebstemperatur.

Thermographische Ermittlung der Strahlungstemperatur in Räumen bei verschiedenen Heizungssystemen.

Untersuchung der erzielbaren Oberflächentemperatur unterschiedlicher Baustoffe in Abhängigkeit der Emissionstemperatur strahlender Heizflächen (Einstrahlungsleistung).

Einfluß des Anteiles der Fensterflächen an der Außenwand eines Wohnraumes auf die Strahlungstemperatur, insbesondere auf deren Minima und Maxima.

Empirische Ermittlung des unterschiedlichen Wärmeverbrauches luftheizender und strahlender Heizungssysteme unter sonst gleichen Bedingungen.

Ermittlung des Wassergehaltes von gleichen Baustoffen der Außenwände bei verschiedenen Heizungssystemen und des daraus resultierenden Wärmewiderstandes.

Ausarbeitung neuer Grundlagen für die rasche Berechnung des relativen Wärmebedarfes und der zu installierenden Heizleistung bei strahlenden Heizflächen.

Ermittlung des tatsächlichen Ausnutzungsgrades von Heizungsanlagen mit einer Leistungsgröße die nach geltenden Berechnungsregeln ausgelegt sind. (DIN 4701 – 4704).

Untersuchung der Witterungseinflüsse, insbesondere des Ganges der Außentemperatur auf die erforderliche Leistungsabgabe strahlender Heizflächen in Gebäuden mit und ohne Speicherwirkung des Mauerwerkes.

Untersuchung der Reflexion langwelliger Infrarot-Strahlung an Fensterglas, das auf der Innenseite teilverspiegelt ist.

Bestimmung einer physiologisch richtig bemessenen durchschnittlichen Fenstergröße im Hinblick auf die Strahlungstemperatur.

Ermittlung der innenbarometrischen Verhältnisse im Vergleich zum natürlichen barometrischen Gang in Normalbauten, in winddichten (vollisolierten) und in vollklimatisierten Bauten sowie in Einzelräumen dieser Gebäude.

Untersuchungen über die elektrostatische Aufladbarkeit von Ausbaustoffen wie Wandflächen, Bodenbelägen und dergleichen. – Bestimmung der Kapazität der elektrischen Spannungsfelder – Entwicklung von Methoden zu deren Ableitung.

Feststellung der Kühlrippenwirkung von Mauervorsprüngen wie Sichtblenden, Gesimsen, oder angegossenen Balkonplatten, Vordächern usw. Entwicklung von Isolationsvorschlägen für den Bestand und für die Planung.

Erfassung der statischen Erfordernisse an Auffangwannen für oberirdische Heizölbehälter.

Ermittlung der praktischen Wirksamkeit der einzelnen Schutzvorkehrungen zur angeblichen Vermeidung von Schäden durch leckgewordene Heizölbehälter und der übrigen sog. Ölunfälle.